KB188744

부모의 내면이

아이의
세상이 된다

PARENTING FROM THE INSIDE OUT

소아정신과 최고 권위자
대니얼 J. 시겔의 40년 연구
결실을 담은 9가지 육아 원칙

부모의 내면이 아이의 세상이 된다

Parenting from the inside out

대니얼 J. 시겔, 메리 하첼 지음
신유희 옮김

page2

우리 삶에 기쁨과 지혜를 가져다준 아이들에게,
삶이라는 소중한 선물과 가르침을 준 부모님께 감사하며

『부모의 내면이 아이의 세상이 된다』에 대한 찬사

"부모를 위한 필독서. 육아는 세상에서 제일 중요한 일이며, 이 책은 육아를 더 쉽게 이해할 수 있도록 돕는다."

_ 헤럴드 코플위츠 NYU 아동연구센터 대표,
『우울함 그 이상: 청소년 우울증의 인지 및 치료』 저자

"육아에 대한 새로운 접근 방식으로 생각을 자극하는 책."

_ 엘렌 갤린스키 가족과 직장 문제 연구소 대표, 『아이들은 답을 알고 있다』 저자

"부모라면 누구나 이 책을 읽어야 한다. 그 어떤 육아서에서도 찾아보기 어려운, 뇌 발달에 대한 흥미로운 정보가 가득한 이 책은 아이가 배우고 성장하는 과정을 지켜보는 일을 지금보다 훨씬 재미있게 만들어 줄 것이다."

_ 베티 에드워즈 『오른쪽 두뇌로 그림 그리기(나무숲, 2015)』 저자

"부모의 실수를 반복할까 두려운 사람이라면 누구나 이 책을 집어 들어야 한다. 독자들은 과거의 문제를 탐구하고 해결하는 법을 배움으로써 과거에서 벗어나 유연하고 온전하게 양육하는 최고의 부모가 될 수 있을 것이다."

_ 제시카 타이히
『나무가 최고의 모빌이다: 복잡한 세상에서 아이를 키우는 쉬운 방법』 저자

"이 책은 육아를 위한 특별한 도구다. 선물 같은 이 책은 아이들에게, 똑같이 중요한 우리 자신에게 조금 더 연민을 품으라고 말한다. 우리가 오랜 상처를 치유하고 내면의 아이를 다시 양육하기에 아직 늦지 않았음을 알려 준다. 책에서 소개하는 방법을 시도함으로써 당신은 아이와의 여정을 좀 더 온전히, 기쁘게 함께할 수 있을 것이다. 그리고 부모와 자녀 모두 더욱 완전하고 사랑스러운 모습으로 거듭날 것이다."

_ **제시 넬슨** 감독, 제작자, 시나리오 작가

"이 책의 독특한 구성은 어린 시절 내가 겪은 양육 방식을 되돌아보면서 그중 효과가 있는 것은 유지하며, 동시에 아이들을 어떻게 양육하고 싶은지 생각해 볼 흔치 않은 기회를 제공한다. 흥미로운 통찰을 통해 우리는 과거의 경험이 현재 우리에게 미치는 영향을 받아들이는 방식을 바꿀 수 있다."

_ **리처드 볼비 경** 애착 기반의 정신분석적 심리치료센터 이사회 의장

"정신과 의사의 임상 경험과 가장 가까운 현장에서 매 순간 아이들의 절망, 기쁨, 낙담, 흥분을 지켜본 유치원 교사의 깊은 지혜가 독창적으로 어우러진 책이다. 시겔과 하첼은 육아를 겹겹이 둘러싼 껍질을 섬세하게 벗겨 내어 그 핵심에 있는 관계의 순수한 본질을 드러낸다."

_ **닐 할폰** UCLA 공동체 보건 과학 및 정책 연구 소아청소년과 교수,
UCLA 더 건강한 아이와 가족과 공동체를 위한 센터 대표,
『미국의 자녀 양육: 부모가 어린 자녀들을 키우며 마주하는 문제들』 편집자

* 먼저 자신을 이해해야 한다

육아 방식은 부모가 자신의 어린 시절을 어떻게 받아들이는가에 따라 크게 좌우된다. 책에서 우리는 자기 이해가 부모의 역할에 접근할 때 어떤 영향을 미치는지 살펴볼 것이다. 자신을 깊이 이해할수록 부모는 자녀와 훨씬 효율적이고 즐거운 관계를 형성할 수 있다.

스스로를 이해하며 발전하는 부모는 아이들에게 정서적 안녕과 안정감의 토대를 마련해 줌으로써 아이의 성장을 돕는다. 유아 발달 연구에 따르면, 아이들이 부모에게 안정적인 애착을 느끼는 것은 부모가 자신의 어린 시절 경험을 얼마나 잘 받아들이고 있는지와 밀접하게 연관되어 있다. 흔히 생각하는 것과 달리 유년기의 경험이 한 사람의 평생을 결정하지는 않는다. 아무리 힘든 어린 시절을 보냈어도 그 경험을 바르게 받아들이기만 하면 아이와 부정적인 상호작용 없이 건강한 관계를 맺을 수 있다. 그러나 자기 이해가 제대로 이루어지지 않는다면, 가족 간의 부정적인 상호작용 패턴이 대대로 이어지면서 똑같은 역사가 반복될 가능성이 크다. 우리는 어린 시절 경험이 각자의 삶과 육아 방식에 미치는 영향을 설명함으로써 자신의 과거와 현재를 더 깊이 이해할 수 있도록 돕고자 이 책을 썼다.

부모가 되는 순간 우리는 다시 한번 끈끈한 부모-자식 관계를 맺는다. 이전과는 다른 역할을 맡지만 말이다. 이는 개인적으로 성장할 수 있는 엄청난 기회다. 많은 부모는 말한다. "어렸을 때 제게 상처가 된 말이나 행동을 제 아이들에게 할 것이라고는 꿈에도 상상하지 못했어요. 그런데 그렇게 하고 있네요." 부모들은 비효율적이고 반복적인 패턴에 갇혀 처음 부모가 되었을 때 꿈꾼 다정한 관계를 유지하기가 어렵다고 느끼곤 한다. 그러나 자신의 삶을 이해하는 순간, 나를 가둔 과거의 굴레로부터 자유로워질 것이다.

* 관계 형성은 자기 이해로부터 시작된다

부모가 자녀와 소통하는 방식은 아이들의 성장에 큰 영향을 미친다. 섬세하고 호의적인 소통은 아이들의 안정감을 키우고, 신뢰를 기반으로 한 안정적인 관계는 아이들이 살아가는 동안 다양한 분야에서 잘 해낼 수 있도록 돕는다. 아이들에게 안정감을 주는 대화 능력은 부모가 자신의 어린 시절을 어떻게 받아들였는지와 연관이 있다. 삶을 제대로 받아들이면 유년기 경험(그것이 부정적인 것이든 긍정적인 것이든)을 이해하고 그것을 자기 인생 이야기의 한 부분으로 수용할 수 있다. 이미 일어난 일을 바꿀 수는 없지만, 그것을 받아들이는 방식은 바꿀 수 있다.

삶을 다른 시각으로 받아들이려면 감정과 지각을 포함한 현재의 경험을 인지하고, 현재가 과거로부터 어떤 영향을 받고 있는지 알고 인정해야 한다. 우리가 어떻게 기억을 처리하는지, 자신을 어떻게 세계의 한 부분으로 받아들이는지를 이해하면 과거가 삶에 미치는 영향을 이해하는 데 도움이 된다.

자신의 삶을 이해하는 것이 아이들에게는 어떤 도움이 될까? 과거의 속박에서 자유로워짐으로써 우리는 아이들에게 마음에서 우러나는 연대 관계를 제공할 수 있다. 그리고 이러한 관계를 바탕으로 아이들은 마음껏 성장할 수 있다. 정서적 경험을 이해하는 능력을 키울수록 아이들과 더 깊이 공감하는 관계를 맺고, 아이들이 스스로를 이해하고 건강하게 발전하도록 도울 수 있다.

과거를 돌이켜 보지 않으면 역사는 반복되며, 부모는 자신이 과거에 겪은 부정적인 패턴을 자녀에게 물려주기 쉽다. 우리가 유년기에 받은 상처를 아이들에게 되풀이하지 않으려면 자신의 삶을 이해하고 받아들이는 과정이 꼭 필요하다. 이러한 과정이 없으면 어린 시절 겪은 사건이 자녀의 애착 형성에 영향을 준다는 사실을 명확히 보여 주는 연구 결과도 있다. 자신의 삶을 이해함으로써 우리는 자기 이해 능력을 키우고 정서적 경험, 세계관, 자녀와의 상호작용에 일관성을 가질 수 있다.

물론 아이들의 전체적인 성격 발달은 유전, 기질, 신체 건강, 경험 등 많은 것에 영향을 받는다. 그러나 부모 자녀 관계 또한 아이들의 성격 형성에 직접적인 영향을 미치는 것이 분명하다. 감정 지능, 자존감, 인지능력, 사회적 기술은 이러한 초기 애착 관계를 바탕으로 만들어진다.

당연한 이야기지만, 우리가 아무리 스스로를 잘 이해한다고 하더라도 아이들은 다시 자기만의 여정을 만들어 나갈 것이다. 우리가 더 깊은 자기 이해를 통해 안정적인 토대를 공급하더라도, 부모로서 우리의 역할은 자녀의 발전을 지지하는 것일 뿐 그 결과를 보장하지는 못한다.

그러나 연구에 따르면 긍정적인 유대감을 가진 아이일수록, 삶에서 어려움을 마주할 때 다시 일어설 수 있는 힘인 회복 탄력성이 많다고 한다. 아이들과 긍정적인 관계를 형성하려면 우리 자신의 성장과 발전에도 열린 마음을 가져야 한다.

누구도 완벽한 어린 시절을 보낼 순 없다. 남들보다 유난히 어려운 시간을 보낸 사람도 있을 것이다. 그러나 힘든 과거를 보낸 이도 얼마든지 문제를 해결하고 자녀와 의미 있고 바람직한 관계를 형성할 수 있다. '충분히 괜찮은 부모'를 만나지 못한 부모, 심지어 유년기에 트라우마를 가진 부모도 삶을 받아들이고 자녀와 건강한 관계를 맺을 수 있다는 연구 결과가 나오고 있다. 아이들을 잘 키우는 데는, 자신이 경험한 사건 그 자체보다는 그것을 어떻게 처리하고 받아들이는지가 훨씬 중요하다. 변화와 성장의 기회는 평생 주어진다.

* '우리는 어떤 사람인가'를 생각하게 하는 책

이 책을 통해 우리는 기억하고, 인지하고, 이해하고, 소통하고, 애착을 느끼고, 관계를 단절하고 다시 맺는 과정을 살펴볼 예정이다. 아이들과 내면 경험의 본질을 함께 성찰함으로써 육아에 대한 새로운 통찰을 탐구할 것이다. 부모 자녀 관계에 관한 연구와 여러 이슈를 살피고, 이것들을 뇌과학 분야에서 새롭게 발견된 사실들과 융합해 볼 것이다. 인간이 경험하고 관계 맺는 방식을 연구한 과학을 보면 자기 자신과 자녀, 그리고 서로 간의 관계를 더 깊이 이해하는 데 도움 될 새로운 관점이 드러난다.

각 장의 본문 끝에 있는 '실전 training'은 내면을 이해하고 대인 관계 소통을 위한 새로운 가능성을 찾는 데 활용할 수 있다. 주어진 질문에 따라 성찰하다 보면 현재와 과거 경험에 대해 깊이 이해하고 자녀와의 관계를 개선하는 데 도움이 될 것이다.

그 내용을 노트에 적으면 더 깊이 성찰할 수 있다. 글쓰기는 과거의 굴레에서 벗어나 자신을 더 잘 이해할 수 있도록 한다. 그림, 생각, 묘사, 이야기 등 무엇을 끼적여도 좋다. 누군가는 글을 쓰기보다 혼자서 곰곰이 생각하거나 친구들과 이야기 나누는 것을 선호할 것이다. 매일 글 쓰는 것을 좋아할 수도 있고 어떤 경험이나 감정에 마음이 동할 때만 글을 쓰고 싶을 수도 있다. 어떤 방식이든 상관없다. 중요한 것은 열린 마음으로 깊이 성찰하는 것이다.

각 장의 마지막에 있는 '부모라면 알아야 할 우리 아이 뇌과학'은 관심 있는 독자들에게 자녀 양육과 관련된 다양한 연구 결과를 더 많이 소개하기 위해 마련했다. 책의 주된 내용을 이해하고 활용하는 데 꼭 필요한 정보는 아니지만, 여기에 등장하는 여러 개념을 뒷받침하는 과학적 근거를 좀 더 넓고 깊게, 그러나 이해하기 쉽게 제공하고자 준비했다. 부디 이것이 여러분께 유용하게 쓰이면 좋겠다.

'부모라면 알아야 할 우리 아이 뇌과학'은 각 장의 본문과 관련 있되 독립적인 내용이어서 순서와 무관하게 읽을 수 있다. 이 부분을 모두 읽고 나면 자녀 양육에 대한 다양한 과학적 관점을 얻을 수 있을 것이다.

'기회는 준비된 자에게 찾아온다'는 말이 있다. 발달과 경험에 관한 과학적 지식을 갖추면 자녀와 자기 자신의 정서적 삶을 이해하는 마음이 생겨날 것이다. 장이 끝날 때마다 읽든, 본문을 다 읽은 뒤에 다시 찾아보든, 자신만의 방식대로 자유롭게 즐기기를 바란다.

* 육아에 접근할 때 고려해야 할 것들

이 책은 내면 이해와 대인 관계의 기본 원칙에 토대를 두고 육아에 접근하기를 장려한다. 부모와 자녀 관계에 접근할 때는 다음과 같이 마음 챙김, 평생 학습, 반응 유연성, 마인드사이트Mindsight, 삶의 기쁨을 고려해야 한다.

마음 챙김

마음 챙김은 관계를 꽃피우는 핵심이다. 마음 챙김을 할 때 우리는 현재를 살고 자신의 생각과 감정을 인지하며 아이들의 생각과 감정에도 마음을 열 수 있다. 나의 현재에 선명하게 집중할 수 있으면 다른 사람과의 현재에도 온전히 집중할 수 있고, 서로의 사적 경험도 존중할 수 있다. 두 사람이 무언가를 완전히 똑같은 방식으로 보는 것은 불가능하다. 마음 챙김은 서로가 가진 고유한 마음의 자주성을 존중한다.

우리가 부모로서 온전히 현재에 집중할 때, 즉 우리가 마음을 챙길 때 아이들도 그 순간 온전히 자기 자신을 경험할 수 있다. 아이들은 부모가 자신과 소통하는 방식을 통해 자신을 바라본다. 부모가 미래에 대한 걱정이나 과거의 일에 사로잡혀 있으면 몸은 아이들 곁에 있어도 정신은 부재한다. 부모가 매 순간 아이들에게 오롯이 집중해야 하는 것은 아니지만, 아이들과 상호작용을 주고받는 동안만큼은 부모의 실재가 필요하다. 부모의 마음 챙김이란 목적을 가지고 행동하는 것이다. 아이들의 정서적 행복을 고려하여 의도를 갖고 행동을 선택하는 것이다. 아이들은 의도를 바로 파악하며, 부모와 목적의식 있는 상호작용을 주고받을 때 더 발전할 수 있다. 아이들의 자기 이해와 대인 관계 능력은 부모와의 정서적 유대에 달려 있다.

평생 학습

우리는 자녀를 통해 어린 시절 해결하지 못한 문제를 자세히 들여다보고 성장할 기회를 얻는다. 그 과정을 짐으로 받아들이면 육아는 힘들게만 느껴진다. 반대로 그 순간을 학습 기회로 여기면 계속해서 성장하고 발전할 수 있다. 평생 배우겠다는 마음가짐이 있으면 자녀 양육을 새로운 발견의 여정으로 생각하고 열린 마음으로 육아에 접근할 수 있다.

마음은 평생에 걸쳐 계속 성장한다. 마음은 뇌 활동에서 출발하며, 따라서 뇌과학 분야의 연구는 자신을 이해하는 데 많은 정보를 제공한다. 최근 신경 과학 분야 연구 결과, 뇌에서 평생 새로운 시냅스가 연결되며 심지어 새로운 뉴런이 만들어질 수도 있다는 흥미로운 사실이 밝혀졌다. 뇌의 신경 연결망은 정신 작용이 어떻게 일어나는지를 결정한다. 그리고 경험은 뇌의 신경 연결망을 형성한다. 즉 경험이 마음을 형성한다는 이야기다. 대인 관계와 자기 성찰은 마음의 지속적인 성장을 돕는다. 부모가 됨으로써 우리는 끝없이 새롭게 진화하는 관점에서 지난 경험을 성찰하며, 계속해서 학습할 기회를 얻는다. 또한 아이들의 호기심과 세상에 대한 지속적인 탐구를 지지함으로써 아이들이 개방적인 태도를 갖추도록 양육할 수 있다. 복잡하고 어렵긴 하지만 육아의 상호작용은 아이들은 물론 부모의 성장과 발전 가능성까지 열어 준다.

반응 유연성

유연하게 반응하는 것은 어려운 과제 중 하나다. 반응 유연성은 이성을 잃지 않고 충동, 생각, 기분 등 다양한 정신 작용을 검토하여 신중하고 의식적인 반응을 보이는 능력이다. 상황에 무의식적으로 대응하는 대신 곰곰이 생각해서 의도적으로 적절한 행동 방향을 선택하는 것이다. 이는 '자동 반사적 반응'과는 반대로 즉각적인 욕구 충족을 지연하고 충동적인 행동을 억제한다. 이러한 능력은 정서적 성숙과 공감 어린 관계의 초석이 된다.

특정 조건에서는 반응 유연성이 떨어질 수 있다. 피곤하거나 배고플 때, 낙심하거나 실망하거나 화났을 때 우리는 신중하게 행동을 고르는 능력을 제대로 발휘하지 못하고 감정에 휩쓸려 평정심을 잃을 수 있다. 명확하게 사고하지 못하고 과한 반응으로 아이들에게 상처 줄 가능성이 커진다.

아이들은 부모의 유연성과 평정심을 끊임없이 시험한다. 아이들은 유연성과 원칙의 중요성 사이에서 균형 잡기가 어렵다. 부모는 아이와의 상호작용에서 유연한 반응을 본보기로 보임으로써 균형을 이루고 유연성을 가르칠 수 있다. 반응 유연성이 있는 부모는 어떤 행동을 보일 것인지, 그리고 어떠한 양육 태도와 가치를 지지할 것인지를 선택할 수 있다. 또한 상황이 일어난 뒤 반응하는 능력뿐 아니라 사전에 대비하는 능력도 갖추고 있다. 반응 유연성이 있으면 폭넓은 감정을 수용하고 상대방의 관점을 고려해서 반응을 결정할 수 있다. 부모가 유연하게 자녀를 대할 때, 아이들도 유연하게 자랄 확률이 높다.

마인드사이트

마인드사이트는 자신과 타인의 마음을 감지하는 능력이다. 마음은 사물과 생각의 표상을 만들어 낸다. 우리는 꽃이나 강아지의 모습을 머릿속에 떠올릴 수 있다. 하지만 그것들이 실제로 머릿속에 있는 것은 아니다. 신경이 그에 대한 정보를 포함한 상징을 구성한 것이다. 마인드사이트는 마음 자체의 정신적 상징을 만들어 내는 능력에 달려 있다. 이 능력 덕분에 우리는 자신은 물론 타인의 생각, 기분, 감각, 신념, 태도 등 마음의 기본 요소를 들여다볼 수 있다. 이것들을 인지하면 자신과 자녀를 이해하는 데 활용할 수 있다.

부모는 종종 깊은 내면이 아닌 표면적인 사건에만 초점을 두고 아이들의 행동에 대응한다. 때로는 그렇게 행동하게 된 내면의 정신 작용은 보지 않은 채, 그의 태도와 행동 방식에만 주목한다. 그러나 어떤 행동 뒤에는 더 깊은 차원이 존재하며, 그것이 동기와 행동의 근원이 된다. 더 깊은 차원에 있는 것이 바로 '마음'이다. 마인드사이트는 표면적인 경험 이상의 것에 집중한다. 아이들의 마음을 살피는 부모는 감정적 이해와 공감의 발달을 돕는다. 아이들의 생각, 기억, 기분에 관한 대화는 자기 이해와 사회적 기술 발달에 꼭 필요한 대인 관계 경험을 제공한다.

마인드사이트는 부모가 인지할 수 있는 기초적인 신호를 통해 아이들의 마음을 '볼 수 있게' 한다. 언어 정보, 즉 사람들이 쓰는 말은 우리가 타인을 이해하는 여러 방법 중 하나일 뿐이다. 눈 맞춤, 표정, 목소리 톤, 몸짓, 자세, 반응의 타이밍과 강도 등과 같은 비언어적 메시지도 의사소통에서 아주 중요한 요소다. 아니, 이런 비언어적 신호가 어쩌면 언어 정보보다 더 적나라하게 우리의 내면 작용을 드러낼 수도 있다. 비언어적 의사소통에 민감하면 아이들을 더 잘 이해할 수 있으며 아이들의 시각을 고려하고 공감하는 데 도움이 된다.

삶의 기쁨

이 멋진 세상에서 한 인간으로 살아가는 의미를 발견하는 경이를 자녀와 함께 공유하고 즐기는 것은 아이들의 자기 긍정감 발달에 핵심적이다. 자기 자신과 자녀를 존중하고 안쓰럽게 여길 때, 함께하는 삶을 더 풍요롭게 가꿀 새로운 시각을 얻을 수 있다. 일상의 경험을 기억하고 성찰할수록 우리가 서로 연결되어 있고 이해받고 있음을 더 진하게 느낄 수 있다.

아이들은 부모가 속도를 늦추고 삶이 주는 아름다움과 유대에 감사하기를 바란다. 부모가 빠른 일상 속에서 압박을 받으면 가족 일정을 챙길 때도 부담을 느낄 수 있다. 아이들은 관리해야 할 대상이 아니라 소중하고 즐겁게 여겨야 할 존재다. 우리는 즐거움과 배움의 가능성 대신 삶의 문제에만 집중할 때가 많다. 아이들을 위한 일을 처리하느라 너무 바쁜 나머지, 아이들과 함께하는 것 자체가 얼마나 중요한지를 놓친다. 우리는 아이들과 함께 성장할 수 있음에 기뻐해야 한다. 삶의 기쁨을 나누는 법을 배우는 것은 의미 있는 부모 자녀 관계의 핵심이다.

부모가 되면 아이를 가르쳐야 한다고 생각하지만, 반대로 우리가 아이한테 배울 때도 많다는 사실을 금세 깨닫는다. 이 긴밀한 관계를 통해 경험을 공유하고 삶을 풍요롭게 만들 추억을 쌓으면서 우리의 과거, 현재, 미래는 새로운 의미를 얻는다. 당신이 한 인간으로서, 그리고 부모로서 성장하고 발전하기를, 그래서 자녀와의 관계가 평생에 걸쳐 점점 더 깊어지기를 바란다. 거기에 이 책이 일조할 수 있다면 더없이 좋겠다.

차례

Parenting from the inside out

1장

어떻게 기억하는가?
: 경험

부모의 과거 문제는 현재의 자녀 양육 방식에 영향을 미친다. 어린 시절 제대로 처리되지 않은 경험은 풀리지 않은 문제로 남아 부모가 자녀를 대하는 방식에 지장을 준다. 트리거가 당겨지면 우리는 종종 강한 감정적 대응, 충동적인 행동, 인지 왜곡 등의 형태로 아이들에게 반응한다. 격렬한 마음 상태는 명확하게 사고하고 유연성을 유지하는 능력을 마비시키고 아이들과의 상호작용 및 관계에 악영향을 미친다. 이럴 때 우리는 이상적인 부모의 모습과는 거리가 먼 행동을 하게 되고, 부모의 역할이 때로는 내 안에 있는 최악의 모습을 꺼내는 것 같다며 자책한다. 우리가 인지하지 못할 때도 과거에 뿌리를 둔 문제들은 현재에 영향을 미치며 아이들과 함께 경험하고 상호작용 하는 방식을 좌우한다.

부모 역할을 수행할 때 감정적 짐을 가져오면 자녀와의 관계에 의도치 않은 방해가 된다. 남겨진 문제 또는 해결되지 않은 트라우마와 상처는 유년기 힘들었던 경험에서 비롯된 중요한 사건과 관련 있다. 그것을 깊이 성찰하여 자기 이해로 통합하는 과정을 거치지 않으면 문제는 계속해서 현재에 영향을 미친다.

예를 들어 아이가 울까 봐 엄마가 인사 없이 몰래 외출하는 경우가 많으면, 아이는 특히 다른 사람과 떨어질 가능성이 있는 상황에서 사람을 신뢰하지 못하고 불안과 초조함을 느끼게 된다. 아이가 알아차리지 못하는 사이 엄마가 나가면 아이는 엄마의 부재에 당황한다. 이때 아이를 돌보던 다른 양육자가 울지 말라고 다그치면 아이의 스트레스는 더욱 커진다. 엄마가 사라졌다는 사실에 배신감과 절망을 느낄 뿐 아니라, 마음과 감정에 귀 기울이고 공감하며 달래 주는 어른이 없어 정서적 괴로움을 처리할 방법이 없기 때문이다.

아이가 커서 부모가 되면 이러한 분리 경험이 다양한 감정적 반응을 자극한다. 아이를 두고 나가야 할 때마다 어린 시절 엄마가 나가면 버림받은 것 같은 기분을 느낀 것이 상기되어 마음이 불편해질 수 있다. 아이는 엄마의 불편함을 감지하여 불안과 스트레스가 커지고, 엄마는 아이를 두고 나가는 것에 더더욱 괴로움을 느끼게 된다.

이런 식으로 자신의 유년기 역사를 반영하는 일련의 연쇄 반응이 감정의 폭포로 발산될 수 있다. 물론 성찰과 자기 이해가 없다면 이러한 반응은 그저 현재에 일어나는 '일반적인' 분리불안 문제로 여겨질 것이다. 자기 이해는 이처럼 남겨진 문제를 해결할 수 있는 길을 열어 준다.

다음은 메리가 엄마로서, 아이로서 겪은 문제에 관한 이야기다.

* 신발 쇼핑 방식을 대물림하다

엄마가 된 뒤 나는 내게 남은 여러 문제가 아이들과의 관계에 영향을 미치고 우리의 시간을 망친다는 것을 알아챘다. 그중 하나가 신발 쇼핑 시간이었다. 나는 아이들의 테니스화가 닳는 게 두려웠다. 두 아이를 데리고 신발 가게에 가야 한다는 뜻이기 때문이다. 아이들은 새 신발 사는 것을 좋아했고, 여느 아이들처럼 처음에는 이 외출을 기대했다. 얼마든지 즐거운 외출이 될 수 있었으나 상황은 그렇게 흘러가지 않았다.

신발 가게에 들어선 아이들은 마음에 드는 신발을 고르기 시작했고 나도 말로는 그렇게 하라고 했다. 아이들은 꽤 열성적으로 신발을 골랐지만 나는 색깔, 가격, 사이즈 등 내가 생각할 수 있는 온갖 이유를 대며 아이들의 경험을 망치기 시작했다. 자기 신발을 직접 고른다는 즐거움이 옅어졌고 급기야 아이들은 "엄마 마음에 드는 거면 난 다 좋아요."라며 순응적인 태도를 보였다. 나는 이 신발 저 신발을 비교하며 한참을 재고 따진 뒤에야 신발을 사서 나왔다. 세 사람 모두 녹초가 됐다. 새 신발을 산다는 설렘은 짜증스러운 기억 아래 묻힌 지 오래였다.

그러고 싶지 않았지만 우리는 계속해서 같은 경험을 반복했다. 가게를 나오면서 아이들에게 사과한 적도 많았다. 그러나 결과는 언제나 갈등으로 끝나곤 했다. '겨우 신발 하나 때문에 이러다니 얼마나 말도 안 되는 짓이야.' 나는 자책했다. 이렇게나 바꾸고 싶은 마음이 간절한데 도대체 왜 같은 행동을 반복하는 것일까?

어느 날, 또 한 번의 실망스러운 쇼핑을 끝낸 뒤 여섯 살 아이가 기운이 잔뜩 빠진 목소리로 물었다. "엄마는 어릴 때 신발 사는 것을 안 좋아했어요?" 바로 그 순간, 어린 시절 신발 쇼핑을 할 때마다 크게 실망했던 일들이 떠오르면서 '맞아, 싫어했어.'라는 생각이 머릿속에서 메아리쳤다.

우리 형제는 아홉 남매다. 아이가 많다 보니 사야 할 신발도 많았던 어머니는 항상 할인 기간, 그것도 가급적 할인 폭이 큰 기간에만 신발을 샀다. 그때마다 가게는 엄청난 인파로 북적였고, 어머니의 구매 기준은 오로지 가격이었다. 아홉 남매 중 서너 명은 꼭 동시에 신발이 닳았기에 나는 어머니와 단둘이 쇼핑을 간 적이 한 번도 없었다.

나는 사람들로 미어터지는 가게에서 풀죽은 표정으로 신발을 골랐다. 마음에 드는 신발을 살 가능성이 거의 없다는 것을 알기 때문이었다. 안타깝게도 내 발은 완전히 평균 크기여서 할인 기간에는 고를 수 있는 것이 거의 없었다. 대개 마음에 드는 신발은 할인하지 않는 신상이었다. 당연히 어머니는 내 의견을 들어주지 않았다.

반면 언니는 발이 작아서 언니 발에 맞는 신발은 어차피 거의 팔리지 않았기에 항상 원하는 신발을 살 수 있었다. 나는 화나고 속상했지만 아무 신발이나 잘 맞는다는 사실에 감사하라는 핀잔만 들었다. 각자에게 맞는 신발을 고르고 나면 어머니는 극도로 지치고 예민해졌다. 어머니의 망설임과 돈 걱정이 극에 달했고, 나는 엄마 눈치를 봤다. 감정의 바다에서 길을 잃었고 그저 한시라도 빨리 가게에서 벗어나 집에 가고 싶었다. 나만의 물건을 고르는 모험을 이렇게 망쳤다.

그로부터 수십 년이 흐른 지금, 나는 여전히 신발 쇼핑 '멘털 모델 Mental model'을 갖고 있었고, 이는 내가 어릴 때 느낀 불안을 아이들에게 똑같이 물려주었다. 어머니는 새로 산 신발을 트렁크에 싣고 우리 모두를 차에 태우느라 바빠서 신발 가게에서 내가 느낀 속상함을 들어 주기는커녕 알아차리지도 못했다.

아이의 질문 덕분에 이러한 경험이 의식의 수면 위로 떠오르면서 나는 어린 시절의 불안을 되돌아볼 수 있었다. 이는 아이들을 대하는 내 행동까지 바꿔 놓았고 덕분에 이후로는 아이들과의 신발 쇼핑을 즐거운 마음으로 마칠 수 있었다. 알고 보니 진짜 문제는 현재의 신발 쇼핑이 아니라 과거에 수차례 반복한 경험이었다. 그리고 나는 남겨진 문제에 대응했다.

해결되지 않은 문제도 남겨진 문제와 비슷하지만, 우리의 내면과 대인 관계에 더 파괴적인 영향을 미친다는 점에서 더욱 심각하다. 해결되지 않은 문제의 뿌리에는 깊은 무력감, 절망감, 상실감, 공포감, 어쩌면 배신감까지 동반된 압도적인 경험이 있는 경우가 많다.

다시 한번 분리 불안 문제를 예로 들되, 이번에는 좀 더 극단적인 상황을 가정해 보자. 만약 엄마가 우울증으로 오랜 기간 입원하는 바람에 아이가 여러 양육자의 손에서 길러진다면, 아이는 엄청난 상실감과 절망감을 경험할 것이다. 주 양육자가 없는 상황은 계속해서 불안을 초래하고, 이는 훗날 자신의 아이와 건강하게 떨어지는 능력에도 영향을 미칠 것이다. 갑자기 애착 관계가 무너지고 아무런 도움도 받지 못한 아이는 부모가 되어서도 자기 아이와 유대감을 갖는 데 어려움을 느낄 수 있다.

어린 시절의 두려운 경험을 받아들이고 처리할 기회를 얻지 못한 채 부모가 되면 정서적, 행동적, 지각적, 신체적 기억이 계속해서 삶에 끼어든다. 해결되지 않은 문제는 이처럼 부모 자녀 관계를 심각하게 망가뜨릴 수 있다.

부모가 스트레스를 받는 상황에서는 과거의 문제에 대응하기가 특히 더 어렵다. 다음은 대니얼이 아빠가 된 뒤 인지하게 된, 자신의 미해결 문제에 관한 이야기다.

* 울지 마, 아가야

아들이 갓난아이였을 때, 나는 아이가 자지러지게 울 때마다 이상한 기분을 느끼곤 했다. 불안과 두려움이 차오르면서 공포가 나를 덮칠 것만 같은 느낌에 깜짝 놀랐다. 인내심과 통찰력으로 평정심을 찾는 대신, 두렵고 초조해졌다.

나는 이러한 감각을 이해하기 위해 내 안을 들여다보기로 했다. 내가 갓난아이일 때 오랜 시간 울도록 방치된 일이 있었을까 생각해 봤다. 그런 기억을 직접 떠올릴 수는 없었지만, 아동기 기억 상실이라는 지극히 정상적인 과정 때문에 어릴 적 기억을 의식적으로 떠올리지 못할 수도 있다는 것을 알고 있었다. 그 외에는 이러한 공포를 설명할 만한 다른 이유를 찾지 못했다.

나는 이것을 이야기로 풀어 보았다. "그래, 어렸을 때 나는 내 울음소리를 듣고 스스로 겁에 질렸던 게 틀림없어. 방치되고 있다는 기분에 적응해야 했던 거지. 지금 내가 이런 공포를 느끼는 건 아이의 울음소리가 그때 당시 내가 느낀 두려움을 자극하기 때문일 거야." 나는 이 서사를 오랫동안 열심히 곱씹었다. 그러나 아무런 기분도 들지 않았다. 어떤 이미지도, 감각도, 감정도, 행동적 충동도 생기지 않았다. 다시 말해서 이 서사는 비언어적 기억을 끌어내지 못했다. 공포심을 해소하는 데도 전혀 도움이 되지 않았다. 그렇다고 해서 이것이 꼭 사실이 아니라는 뜻은 아니었다. 단지 지금은 내 기분을 이해하는 데 도움이 되지 않을 뿐이라고 여겼다.

그날도 아들과 같이 있는데 아이가 울기 시작했다. 쉽사리 달랠 수 없었고 도망치고 싶다는 이상한 공포감에 사로잡혔다. 그 순간 머릿속이 꽉 차는 느낌이 들더니 어떤 이미지가 떠올랐다. 공포가 가라앉는 듯했다. 외부를 보던 시야에 내면의 무언가가 겹쳐 보였다. 눈을 감자 외부 시야가 차단되면서 내면의 이미지가 선명해졌다.

한 아이가 검사대에 앉아 겁에 질린 표정으로 얼굴이 벌게지도록 소리를 지르고 있었다. 인턴십 파트너는 아이의 몸을 꽉 붙잡고 있었다. 소아청소년과 병동의 채혈실이었다. 나는 한밤중에 콜을 받고 일어나 이 조그만 아이에게 왜 열이 나는지 알아내야 했다. 얼굴도, 비명도 외면할 수밖에 없었다. 아이 몸은 불덩이였고 감염 가능성을 배제하기 위해 채혈을 시도했다.

대학병원이 다 그렇듯 UCLA 대학병원에 입원한 아이들도 상태가 좋지 않았다. 대부분 오랫동안 입원 생활을 한 아이들이었지만, 그렇다고 주삿바늘이 무섭지 않은 것은 아니었다. 잦은 채혈에도 아이들의 두려움은 계속됐고, 그 과정에서 혈관이 손상됐다. 파트너와 나는 매일 밤 콜이 올 때마다 피를 뽑아야 했다. 이번에는 내가 주사기를 잡을 차례였다.

팔에 있는 혈관이 손상되어 피를 뽑을 수 없으면 다른 혈관을 찾아야 했다. 때로는 제대로 된 혈관을 찾을 때까지 여기저기에 바늘을 찌르기도 했다. 나와 파트너는 번갈아 가면서 한 명은 주사기를, 다른 한 명은 아이를 잡았다. 귀를 닫고 마음을 단단히 먹어야 했다. 아이의 얼굴에 떠오른 공포를 외면하고, 손으로 뚝뚝 떨어지는 눈물을 모른 체하고, 귓속을 울리는 울음소리를 듣지 않으려고 애썼다.

그러나 지금 나는 비명을 듣고 있었다. 피가 나오지 않아 다른 부위를 찾아야 했다. "딱 한 번만 더 할게." 내 말을 듣지 못하는, 듣더라도 알아듣지 못할 아이에게 말을 건넸다. 아이는 아파서 열이 펄펄 났고, 겁에 질린 채 몸부림치며 비명을 질렀다.

눈을 뜨자 온몸에 땀이 흥건하고 손이 떨렸다. 6개월 된 아이는 아직도 울고 있었다. 그리고 나도 울었다.

나는 이러한 플래시백에 깜짝 놀랐다. 인턴 기간이 끝난 뒤에는 홀가분했고, 그 이후로는 "괜찮은 한 해였다."라는 감상 말고는 별로 떠올릴 일이 없었다. 플래시백이 있고 며칠 동안 나는 계속해서 그 이미지를 생각하고 또 생각했다. 친한 친구와 동료들에게도 내 경험을 이야기했다. 밤 근무 이야기를 하면 속이 메스꺼웠다. 손이 욱신거리고 감기라도 걸린 것처럼 몸이 아팠다. 이미지를 떠올릴 때마다 궁지에 몰린 듯 두려웠고, 병원에서 만난 아이들의 모습이 밀물처럼 나를 덮쳤다. 나는 기억 속으로 가라앉았다. "아이 얼굴을 쳐다볼 수가 없었는데, 그래도 채혈은 해야 했어."

나는 기억을 떠올릴 때도, 친구들과 이야기할 때도 시선을 피하려고 노력했다. 아이들에게 고통을 줬다는 사실에 수치심과 죄책감을 느꼈다. 콜이 울릴 때마다 두려움을 억눌렀던 경험이 또렷하게 기억

났다. 당시 아이들이 얼마나 아픈지, 또 우리를 얼마나 무서워하는지를 이야기할 시간은 없었다. 우리가 얼마나 압박감을 느끼고 괴로운지 살펴볼 겨를도 없었다. 그저 계속할 뿐이었다. 생각하기 위해 멈추면 너무 고통스러워 다시 시작할 수 없을 것 같았다.

그렇다면 아이가 태어나기 전에는 왜 이러한 트라우마가 플래시백이나 그 밖의 감정, 행동, 감각으로 드러나지 않았던 걸까? 이 질문에 답하려면, 기억 인출과 해결되지 않은 트라우마의 발현 조건에 대해서 살펴봐야 한다. 특정 기억을 더 쉽게 불러오는 요인이 몇 가지 있는데 기억과의 연관성, 경험의 주제 또는 요점, 기억을 떠올리는 이의 삶의 단계, 회상 당시 그 사람의 대인 관계 및 마음 상태 등이 포함된다.

나는 가족 중 막내여서 인턴 기간이 끝난 뒤 아이가 태어나기 전까지는 자지러지게 우는 아이를 볼 일이 없었다. 그래서 끈질기게 우는 아이와 함께 있는 상황이 된 뒤에야 공포라는 감정적 반응이 나타나기 시작한 것이다. 나의 공포는 우는 아이와 함께 있을 때 활성화되는 비언어적 감정 기억으로 볼 수 있다.

공포 반응이 나타나고 처음에는 내 마음의 회상 장치가 그 원인을 찾고자 자전적 기억을 뒤졌으나 아무것도 발견하지 못했다. 당시에는 소아청소년과 인턴 기간과 엮을 서사적 기억이 없었던 것이다. 그해는 재밌었고 그 기간은 이미 끝났으니 의식적으로 그때를 되돌아보지 않았다. 그러다가 플래시백이 나타났다.

트라우마가 된 경험이 금세 떠올릴 수 있는 기억으로 처리되지 않는 데는 이유가 있다. 트라우마를 겪을 때 사람은 그 경험의 끔찍한 측면을 외면하는 쪽으로 적응해 왔다. 또한 트라우마 중에 발생하는 과도한 스트레스와 호르몬 분비가 자전적 기억을 저장하는 데 필요한 뇌 기능을 직접적으로 저해할 수도 있다. 트라우마를 겪은 뒤 그 경험의 세부 사항은 비언어적 형태로만 부호화되어, 그것을 회상하면 괴로운 감정이 일어나기 쉽다.

병원 아이들이 느끼는 공포에 나는 지나치게 깊이 이입하고 공감했다. 그해는 정말 치열했다. 일에 대한 부담이 컸고 환자 수는 많았으며, 병상 회전율은 높고 아이들의 상태는 심각했다. 언제나 신경을 곤두세우고 있어야 했다. 내가 아이들의 고통과 두려움의 원인이 되고 있다는 생각에 괴로웠다. 인턴십이 끝난 뒤, 나는 이렇게 말했어야 했다. "그래, 이제 내가 아픈 아이들에게 준 고통을 전부 기억해 보자." 그러나 나는 그해를 다시 돌이켜 보지 않은 채 트라우마를 연구하는 길로 넘어갔다.

인턴이었던 우리는 스스로를 능동적이고 힘 있는 무적의 의료진으로 설정함으로써, 수동적이고 무력한 환자의 경험을 직면하는 괴로움을 피하려 했다. 아이의 연약함은 우리의 무력함과 나약함을 피하려는 적극적인, 그러나 무의식적인 노력에 위협이 됐다. 돌이켜 보면 아이의 연약함이 적이 됐다. 끔찍한 질병으로 고통받는 아이들을 보면서도 해 줄 수 있는 것이 없을 때가 많았고, 아무런 힘이 되지 못한다는 무능함이 우리가 느끼는 슬픔과 절망감에 더해졌다.

우리는 1년간 제대로 쉬지도, 자지도 못하면서 죽음과 절망의 실재적 현실에 맞서며 질병과 싸웠다. 무력감은 우리 의식에서 가장 멀리 떨어진 것이어야 했다. 그것을 의식하는 순간 무너질 것이었다. 정복할 수 없는 질병을 향한 분노는 어느새 연약함을 표적으로 삼고 있었다.

이는 해결되지 않은 문제로 남아 있다가 내가 초보 아빠가 된 뒤에 모습을 드러냈다. 내 아이의 울음소리와 그의 연약함, 그리고 아이를 달래지 못하는 내 무력함에 나는 (견딜 수 없을 정도로) 강렬하고 수치스러운 감정을 느꼈다. 다행히 고통스러운 자기 성찰을 통해 이것이 내 아이의 결핍이 아닌, 나 자신의 미해결 문제임을 인지할 수 있었다. 그것을 이해하는 순간, 무력함을 향한 나의 동요가 어떻게 아이의 연약함을 표적으로 한 공격으로 이어졌는지 쉽게 상상할 수 있었다.

아무리 엄청난 사랑과 선한 의도가 있더라도, 부모에게는 자녀의 행동을 받아들이지 못하게 만드는 오래된 방어기제가 있을 수 있다. 이것이 아마도 '부모의 양가감정'의 근원일 것이다. 자녀의 행동이 내게 견디기 힘든 감정을 유발할 때 그것을 의식적으로 인지하고 받아들이지 못하면 아이들의 모습을 견디지 못할 위험이 있다. 이는 아이들의 감정을 외면하거나 무시하는 형태로 나타날 수 있는데, 그러면 아이들은 현실에 무감각해지고 자신의 감정과 단절될 수 있다.

혹은 더 적극적인 형태로 아이들에게 쉽게 짜증을 내거나 아이의 취약하고 무력한 감정적 상태에 의도하지 않은 공격을 가할 수도 있다. 그러면 순진한 아이들은 적대적인 반응의 대상이 되어 내적 정체성에 상처를 받고 마찬가지로 자신의 감정을 잘 조절하지 못하는 아이로 자랄 수 있다.

만약 우리에게 남겨진 문제 또는 해결되지 않은 문제가 있다면, 잠시 멈춰서 아이들을 대하는 우리의 감정적 반응을 깊이 생각해 보는 것이 중요하다. 자신을 이해해야만 아이들이 제약이나 두려움 없이 감정 세계를 경험하도록 할 수 있다.

* 기억이 우리가 어떤 사람인지 결정한다

그렇다면 우리는 왜 해결되지 않고 남겨진 문제를 갖고 있는가? 과거의 사건이 현재에 영향을 미치는 이유는 무엇인가? 경험은 어떻게 실제로 마음에 영향을 미치는가? 현재를 인식하고 미래를 건설하는 데 있어 과거 일이 계속해서 개입하는 이유는 무엇인가?

기억에 관한 연구는 이러한 근본적인 질문에 흥미로운 답변을 제시한다. 인간의 뇌는 세상에 태어나는 순간부터 뇌의 기본 구성 요소인 뉴런 간 연결을 전환함으로써 경험에 반응할 수 있다. 뇌의 구조는 이러한 연결성으로 구성되며, 뇌는 이를 통해 경험을 기억하는 것으로 보인다. 뇌 구조는 뇌 기능을 형성하며, 뇌 기능은 마음을 형성한다. 물론 유전 정보도 뇌 구조의 중요한 측면을 결정하긴 하지만, 개인의 기초적인 뇌 구조를 만들고 고유한 연결망을 구성하는 것은 경험이다. 이런 식으로 경험은 뇌 구조에 직접적인 영향을 미치고, 우리가 어떤 사람인지를 정의하는 마음을 결정한다.

기억은 뇌가 경험에 반응하여 새로운 시냅스를 만드는 방식이다. 연결망은 주로 암묵 기억Implicit memory과 외현 기억Explicit memory, 두 가지 형태로 만들어진다. 암묵 기억은 뇌에서 감정, 행동적 반응, 지각, 그리고 아마도 신체 감각의 부호화를 담당하는 특정 회로를 만든다. 암묵 기억은 초기 비언어적 기억의 형태로, 태어날 때부터 존재하며 평생 지속된다. 암묵 기억의 또 다른 중요한 측면에 멘털 모델이 있다.

마음은 멘털 모델을 통해 반복되는 경험을 일반화한다. 예를 들어 아기가 불편함을 느낄 때마다 엄마가 반응해서 달래고 위로하면, 아기는 이러한 경험을 일반화하여 엄마의 존재로부터 안정감과 편안함을 느낀다. 그 뒤 스트레스 상황에 놓일 때마다 멘털 모델이 활성화되어 마음을 진정시키기 위해 엄마를 찾는다.

마음은 애착 대상과의 반복적인 경험을 통해 멘털 모델을 만들고, 이는 타인과 자신을 바라보는 관점에 영향을 준다. 앞서 살펴본 예시에서 아기는, 엄마는 언제나 내게 즉각 반응하는 안전한 존재이며, 자신은 얼마든지 환경을 바꾸고 욕구를 충족시킬 수 있는 존재라고 받아들인다. 이러한 모델은 우리가 세상을 인지하고 그에 반응하는 방식을 결정하는 필터를 형성한다. 그리고 이러한 필터링 모델을 통해 세상을 바라보고 세상에 존재하는 자기만의 방식을 발전시킨다.

암묵 기억의 흥미로운 특징은 기억이 인출될 때 무언가를 회상하고 있다는 감각이 없으며, 개인은 이러한 내면적 경험이 과거로부터 만들어졌다는 사실을 인지조차 못 한다는 점이다. 따라서 무의식적인 특정 멘털 모델이 만들어 낸 감정, 행동, 신체 감각, 지각적 해석, 편견은 우리가 과거에 의해 형성되고 있음을 알아차리지 못하는 사이 현재의 지각, 행동 경험에 작용할 수 있다. 특히 놀라운 점은 우리 뇌가 의식의 경로를 통하지 않고도 암묵 기억을 부호화할 수 있다는 사실이다. 다시 말해서 우리가 의식적으로 주의를 기울이지 않더라도 사건이 암묵 기억으로 부호화될 수 있다.

생후 1년이 되면 뇌에서 해마가 발달하면서 두 번째 주요 기억의 형태인 외현 기억이 시작될 회로가 생성된다. 외현 기억은 의미 기억(또는 사실적 기억)과 자전적 기억(또는 일화 기억)으로 이루어진다. 의미 기억은 생후 약 18개월부터, 자전적 기억은 생후 약 24개월부터 발달하기 시작한다. 아동기의 기억 상실은 자전적 기억이 발달하기 전에 문화와 무관하게 전 세계 보편적으로 일어나는 현상으로, 트라우마와는 상관이 없고 뇌의 특정 구조가 성숙하지 않아서 나타나는 것으로 보인다. 암묵 기억과 다르게 외현 기억은 인출될 때 기억을 회상하는 감각이 존재한다. 외현 기억의 두 가지 형태 모두 부호화하려면 의식적인 주의가 필요하다.

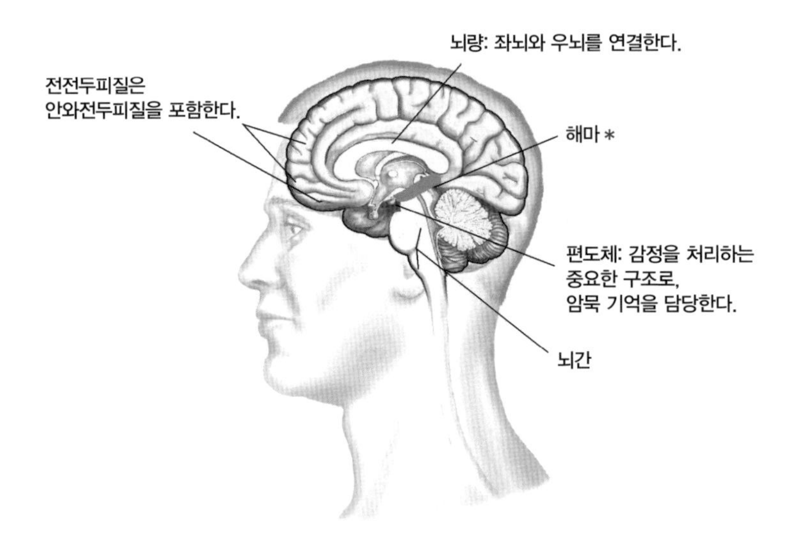

그림 1 뇌의 정중앙 단면을 오른쪽에서 본 그림. 편도체(감정적 암묵 기억), 해마(외현 기억), 안와전두피질(자전적 외현 기억) 등 기억에 관여하는 몇 가지 주요 구조가 표시되어 있다. 다음 장에서 살펴보겠지만, 삶의 이야기를 일관성 있게 구성하려면 뇌량을 통한 우뇌와 좌뇌의 정보 통합이 필요하다.

* 음영 부분은 이 그림에서 뇌간의 뒤편에 가려진 해마의 위치를 가리킨다. 해마의 머리 부분에는 감정을 처리하는 편도체가 있다. 해마와 편도체 모두 뇌의 정중앙 양옆에 있는 내측 측두엽의 일부다.

자전적 기억의 특징은 자신과 시간에 대한 감각을 포함한다는 것이다. 자전적 기억이 있으려면 생후 24개월을 전후로 이러한 형태의 기억을 회상하는 데 필요한 뇌 영역이 충분히 성숙해야 한다. 이 부분을 전전두피질이라고 하는데, 이는 뇌의 가장 바깥층인 신피질 중에서도 가장 앞부분에 위치한다. 전전두피질은 자전적 기억, 자기 인식, 반응 유연성, 마인드사이트, 감정 조절 등 다양한 과정에서 아주 중요한 역할을 한다. 그리고 이러한 과정은 애착에 의해 형성된다. 전전두피질의 발달은 대인 관계 경험에 지대한 영향을 받는 것으로 보인다.

유년기에 형성하는 인간관계가 우리 삶에 큰 영향을 미치는 이유도 바로 여기에 있다. 그러나 다행히 전전두피질은 성인이 되어서도 계속 발달하며, 따라서 우리는 평생 변화하고 성장할 수 있다.

[표 1] 기억의 형태

암묵 기억
- 태어나는 순간부터 존재한다.
- 기억을 인출할 때 회상하는 감각이 없다.
- 행동적, 감정적, 지각적, (아마도) 신체적 기억을 포함한다.
- 멘털 모델을 포함한다.
- 부호화하는 데 의식적인 주의가 필요 없다.
- 해마가 관여하지 않는다.

외현 기억
- 생후 약 24개월부터 발달한다.
- 기억을 인출할 때 회상하는 감각이 있다.
- 자전적 기억의 경우, 자아와 시간에 대한 감각을 포함한다.
- 의미(사실적) 기억과 일화(자전적) 기억으로 이루어진다.
- 의식적인 주의가 필요하다.
- 해마가 관여한다.
- 자전적 기억의 경우, 전전두피질도 관여한다.

* 문제를 인지하면 해결책이 보인다

뇌가 기억을 부호화하는 방법을 어느 정도 이해했으니 이제 미해결 문제를 해결할 방법을 살펴볼 수 있다. 대니얼의 경우, 아동기 기억 상실에서 그럴듯한 이유를 찾는 것은 아무런 효과가 없었고 그의 경험을 바꾸는 데도 도움이 되지 않았다. 의식적으로 떠올릴 수는 없었지만 아마도 인턴 기간의 경험이 암묵적으로 그 시기의 감정적 동요를 만들어 낸 것으로 보인다. 끊임없는 성찰이 없었다면 대니얼의 공포와 짜증은 계속해서 그의 육아 방식에 개입하여 대니얼이 아이의 불편함을 달래지 못하도록 막았을 것이다. 대니얼은 아마 무의식적으로 무력함과 연약함에 위협을 느낀 것 같다.

이처럼 내면에서 일어나는 무의식적인 감정 작용이 아이와의 관계에 개입하면, 아이가 부모에게 의존하는 것은 지극히 당연한데도 그에 거부감을 느끼고 아이에게 빨리 자주적인 존재가 될 것을 강요할 수 있다. 만약 대니얼이 깊은 성찰 없이 자신의 경험을 정당화했다면 '달래도 소용 없고 너무 많이 우는 아이'를 '버릇없고 욕심 많은 아이'라고 여기며, 계속해서 아들에게 짜증을 느꼈을 것이다.

부모의 양가감정은 다양한 형태로 나타나며, 대개 부모의 미해결 문제에서 비롯된다. 부모는 종종 상충하는 감정 때문에 아이에게 마음을 열고 사랑을 줄 수 있는 능력을 제대로 발휘하지 못한다. 어린 시절과 그 이후에 형성된 견고한 방어기제 때문에 일관적이고 명확한 태도로 아이를 돌봐야 하는 새로운 역할에 잘 적응하지 못한다. 아이의 무력함, 연약함, 의존성, 감정적인 태도 등 아이니까 당연히 보이는 행동에 위협을 느끼고 견디기 어려워한다.

대니얼의 이야기를 이어서 들어 보자: 아이가 울 때마다 나는 아이에게 공감해 주고 싶었지만, 양가감정 때문에 내가 생각하는 이상적인 반응과 실제 행동 사이에 괴리감이 생겼다. 아이의 감정을 수용하고 달래는 대신 짜증 내고 불안해했다. 그러나 일단 이 문제를 의식적으로 인지하고 나니 다음으로 나아갈 수 있었다.

나는 친구들에게 내가 겪은 플래시백과 인턴 기간의 기억들을 이야기했고 일기도 썼다. 감정적으로 트라우마가 된 경험을 글로 쓰면 심리적, 생리적 변화가 생겨 해결책을 이끌어 낼 수 있다는 연구 결과를 알고 있었기 때문이다. 대화, 산책, 글쓰기를 통해 나는 그 모든 것이 내게 얼마나 두렵고 생생했는지를 깨달았다. 나는 본능적으로 반응했다. 몸이 아팠고, 팔이 떨렸고, 손에서 통증이 느껴졌다.

처음에는 아이가 울면 두렵고 짜증이 났다. 그럴 때마다 스스로 이렇게 다독였다. "이건 내가 인턴 기간 때 겪은 일 때문이지, 내 아이 때문이 아니야." 그러면 불안은 남았지만 왠지 기분은 조금 나아졌다. 시간이 흐르고 인턴 기간에 관한 대화와 글쓰기를 계속할수록 나와 아이의 무력함과 나약함을 인지하고 수용하고 존중하는 것이 얼마나 중요한지 느낄 수 있었다. 두려움과 짜증이 현저히 줄었다. 과거를 받아들이자 갓난아이의 울음소리는 물론이고, 아이를 달래고 아빠가 되는 법을 배우는 과정에서 느끼는 무력함까지도 편안하게 수용할 수 있게 됐다.

플래시백은 다시 나타나지 않았다. 나를 압도하는 두려움도 들지 않았다. 암묵 기억으로만 남아 있던 경험이 의식적인 과정을 통해 외현 기억의 형태로 처리된 것이다. 나는 그 경험의 중심에 있는 연약함과 무력함에 대한 감정적 문제를 포용함으로써 해결책을 찾을 수 있었다.

* 받아들이면 나아갈 수 있다

부모가 자신의 남겨진 문제를 책임지지 않으면, 그들은 더 나은 부모가 될 기회는 물론 스스로 발전할 기회도 놓친다. 자신의 행동과 감정적 대응의 근원을 알지 못하는 부모는 미해결 문제와 그것들이 만든 양가감정을 파악할 수 없다.

인생은 어려운 상황에서도 빠르게 적응하고 최선을 다해야 하는 순간들로 가득하다. 사람들 대부분은 남겨진 문제 또는 해결되지 않은 문제를 갖고 있고, 그것들은 우리에게 주기적으로 도전장을 내민다. 해결되지 않은 문제가 있는 부모는 아이들을 유연하게 대하지 못하고 종종 아이들의 발달에 도움 되지 않는 반응을 보인다. 내면이 너무 시끄러운 탓에 아이들의 소리를 듣지 못한다. 과거 경험에서 비롯된 반사적인 반응에 갇혀 아이들과 제대로 된 관계를 맺지 못하고, 자신과 아이 모두에게 실망스러운 행동만 반복한다.

해결되지 않은 문제가 핸들을 잡는 순간 우리는 자신의 인생 이야기를 능동적으로 쓰는 작가가 아니라, 과거가 현재의 경험에 개입하고 미래의 방향을 조종하는 모습을 받아 적는 서기에 불과하게 된다.

육아에 영향을 미치는 경험 떠올려 보기

01 감정이 요동치고 격해질 때마다 일기를 써라. 그러다 보면 아이와의 상호작용에서 이러한 감정이 자주 나타나는 특정 패턴을 찾을 수 있을 것이다. 이제 그것을 의식하라. 아직은 자신의 반응을 바꾸려고 할 때가 아니다. 일단은 그냥 관찰하라.

02 다음 단계로 넘어가 아이에 대한 내 반응의 암묵적 특성을 생각해 보라. 암묵 기억에는 회상하는 감각이 없다는 점을 유념해야 한다. 무의식적으로 처리된 요소에 의식적으로 집중함으로써 암묵 기억을 외현 기억으로 꺼내 오는 것은 자기 자신을 더 깊이 이해하고 자녀와 유대를 형성하는 능력을 발달시키는 데 중요하다.

03 자녀와의 유연한 소통을 가로막는 문제가 무엇인지 생각해 보라. 그 문제의 과거, 현재, 미래 측면에 초점을 맞춰라. 과거의 상호작용 중에서 마음속에 떠오르는 주제나 패턴이 있는가? 이러한 문제를 생각하면 어떤 감정과 신체 감각이 나타나는가? 이런 기분을 느낄 때가 또 있는가? 원인이 될 만한 과거의 요소가 있는가? 이러한 주제와 감정이 자녀와의 관계와 자아의식에 어떤 영향을 미치는가? 어떠한 미래를 기대하게 하는가?

아이를 양육할 방식을 신중하게 판단해서 선택하는 대신 과거의 경험을 기반으로 반응하게 된다. 이는 스스로 나아갈 방향을 선택할 능력을 빼앗긴 채 조종사가 이끄는 대로 끌려다니는 것과 같다. 우리는 종종 아이들의 기분과 행동을 통제하려 하지만, 사실 아이의 행동에 화가 나는 이유는 자기 자신의 내적 경험 때문일 때가 많다.

아이의 행동에 화가 날 때 자신의 경험에 주의를 기울이면 그동안 내가 보인 반응이 아이들과의 이상적인 관계를 얼마나 방해해 왔는지를 깨닫기 시작한다. 미해결 문제에 대한 해답을 찾으면 더 많은 선택지와 유연성을 가지고 아이들을 대할 수 있다. 과거의 기억을 인생 이야기에 통합함으로써 우리는 자신의 경험을 받아들이고 자기 자신과 아이들의 건강한 성장을 격려할 수 있게 된다.

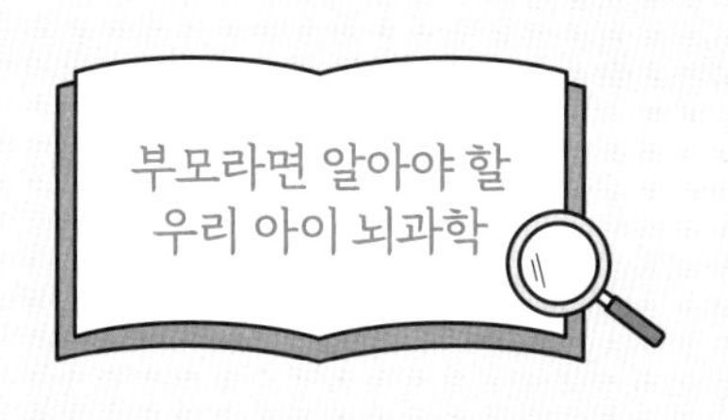

* 과학과 지식

인류가 역사를 기록한 이래로 사람들은 세상을 이해하는 데 많은 관심을 가져 왔다. 과학 기술이 발달함에 따라 묻고 답할 수 있는 질문의 종류가 정교해졌고, 사용할 수 있는 도구도 기술적으로 발전했으며, 지식을 탐구하는 영역도 훨씬 다양해졌다. 우리가 사는 세상을 이해하려는 적극적인 노력으로 과학계 안에서도 수많은 하위 전문 분야가 생겨났으며 엄청나게 많은 논문이 쏟아져 나오고 있다.

이 책에서는 대니얼의 또 다른 저서 『마음의 발달』에서와 같이 여러 학문 분야를 아우르는 접근 방식을 사용한다. 이는 인간의 경험을 비롯한 세상에 대한 '현실'이 존재하며 철저하게 연구하면 깊이 알 수 있다는 믿음을 근거로 한다. 그러나 한 가지 방식으로만 접근하는 데는 한계가 있다. 시각 장애인 세 사람이 각자 코끼리의 한 부분만 만져 보고 전체 모습을 상상했다던 옛이야기처럼, 하나의 경험이나 관점으로는 더 큰 현실의 일부만 볼 수 있다. 세 명이 함께 각자가 경험한 코끼리의 모습을 공유할 때 비로소 코끼리의 전체 그림이 드러나기 시작한다.

학제 간 관점은 독립적인 분야 간의 융합을 통해 지식의 통합을 실현하는 것을 목표로 한다. 각 연구 분야에는 고유한 접근 방법, 개념, 단어, 질문 방식이 있다. 학제 간 접근 방식은 모든 학문을 동등하게 존중하며, 학제 간 협력이 우리가 이해하고자 하는 더 큰 현실에 대한 관점을 심화하는 방법이라는 것을 인정한다.

우리가 활용할 과학 분야는 인류학에서부터 심리학, 뇌과학, 정신의학, 언어학, 교육학에 이르기까지 다양하다. 이처럼 협력적 접근 방식이 이루어지는 기관 중 하나가 바로 심리문화연구재단-UCLA 문화, 뇌 발달센터다. 이곳에서는 학제 간 연구에 관심 있는 학생과 교수진을 대상으로 새로운 세대의 융합 연구자, 교사, 실무자를 양성하기 위한 훈련과 교육을 제공한다.

* 애착과 마음과 뇌: 대인 관계의 신경생물학

사람들은 오랫동안 다른 동물과 구분되는 인간의 본질을 이해하려고 노력해 왔다. 영혼, 지성, 마음 등으로 정의되는 인간의 정신은 뇌 활동에서 비롯되는 과정의 기능적 독립체다. 오늘날 신경 과학의 새로운 발견이 폭발적으로 증가하는 가운데 신체 자체의 통합 시스템인 뇌가 활발히 연구되고 있다. 뇌과학은 뇌에서 일어나는 뉴런 활동이 어떻게 여러 정신 작용을 만들어 내는지 탐구한다.

그와 동시에 심리학 분야에서는 기억, 사고, 감정, 발달 등 다양한 차원에서 인간의 마음을 연구해 왔다. 아동 발달 분야의 한 가지인 애착 이론은 아동 발달에 대한 이해를 크게 확장했다. 애착 연구는 부모 자녀 간의 상호작용이 자녀의 발달 과정에 미치는 영향을 새롭게 조명했다. 아이와 양육자 간의 관계와 의사소통 패턴은 정신 작용 발달에 직접적인 영향을 미치는 것으로 나타났다.

따라서 우리는 뇌의 정신 작용에 대한 지식(신경 과학)과, 관계가 정신 작용에 미치는 영향에 대한 지식(애착 연구)을 나란히 두고 볼 수 있다. 이러한 융합은 소위 '대인 관계 신경생물학'이라고 불리는 과학적 접근 방식의 본질이며, 부모와 자녀의 일상적인 경험을 이해할 수 있는 뼈대를 제공한다.

대인 관계 신경생물학은 다음의 기본 원칙을 토대로 발달에 접근한다.

- 마음은 에너지와 정보의 흐름을 포함하는 작용이다.
- 마음(에너지와 정보의 흐름)은 신경생리학적 작용 및 대인 관계를 처리하는 과정에서 나타난다.
- 마음은 유전적으로 프로그램된 뇌가 성숙하는 과정에서 다양한

경험에 반응하면서 발달한다.

과학자들은 뉴런 네트워크의 발화(뉴런이 전기 신호와 신경전달물질을 통해 자극받는 것) 패턴이 관심, 감정, 기억 등을 일으키는 '마음'을 형성한다고 보고 있지만, 뇌 활동이 정확히 어떻게 마음의 주관적인 경험을 만드는지는 알지 못한다. 뇌와 마음 사이의 교류를 해석하는 한 가지 방법은 마음을 에너지와 정보의 흐름으로 보는 것이다. 예를 들어 마음에서 관찰할 수 있는 에너지는 목소리 크기, 정신의 각성 정도, 타인과의 의사소통 강도 등과 같은 물리적 성질이다. 신경 과학자는 뇌 스캔(특정 부위의 대사가 증가함에 따라 어디에서 다양한 화학물질이 소비되고 있는지 또는 혈류가 증가하고 있는지를 보여 줌) 또는 뇌전도 검사(전기적 뇌파 패턴을 보여 줌)를 이용해서 뇌의 여러 부분에서 얼마나 많은 에너지가 쓰이고 있는지 알 수 있다.

마음에서 일어나는 정보의 흐름은 지금 당신이 읽고 있는 단어의 의미(종이 위의 잉크나 단어의 소리가 아닌)를 가리킨다. 마크 트웨인이 정확한 단어 선택을 강조하면서 한 말처럼, 번개Lightning와 반딧불이Lightning bug는 완전히 다르다. 의미는 마음에서 처리되는 정보의 중요한 측면이다. 우리가 세계를 기호화하는 방식은 현실을 지각하는 방식에 직접적인 영향을 미친다. 뇌는 다양한 회로에서 나타나는 뉴런의 발화 패턴으로 정보를 생성한다. 발화 위치가 정보의 종류(시각인지 청각인지)를 결정하고, 특정 패턴이 정보의 내용(금문교인지 에펠탑인지)을 결정한다.

인간은 가장 미성숙한 상태로 태어나는 동물 중 하나다. 영유아는 뇌가 미성숙하기에 어른의 집중적인 보살핌이 필요하다. 아기의 복잡한 뇌 발달은 유전 정보와 경험에 따라 달라진다. 즉 아기의 뇌가 미성숙하다는 것은 뇌의 고유한 연결성을 결정하는 데 있어 경험이 핵심적인 역할을 한다는 뜻이다. 그러한 경험을 감지하고 기억할 수 있는 뇌 구조까지도 경험에 의해 형성된다.

어른들의 보살핌은 생존에 꼭 필요한 정신적 도구의 발달을 돕는다. 이러한 애착 경험을 통해 아이들은 바르게 성장하고 자신의 감정, 사고, 타인과의 공감적 관계를 유연하고 균형 있게 조절하는 능력을 키운다. 신경 과학은 이러한 정신적 능력이 뇌의 특정 회로 통합에서 나온다고 주장한다. 애착 분야의 연구 결과는 아이가 성장하고 정신적 능력이 잘 발달하기 위해서는 어떤 종류의 관계 경험이 필요한지 보여 준다. 대인 관계의 신경생물학적 접근에 따르면 아이가 뇌의 통합 능력 발달을 촉진하는 데는 애착 관계가 중요한 역할을 한다.

* 기억, 뇌, 발달: 기억이 우리를 만든다.

기억의 과학은 경험이 마음과 뇌를 형성하는 방식에 대해 새로운 통찰력을 보여 주는 흥미로운 분야다. 이제 우리는 경험이 뉴런 간 연결을 바꿈으로써 평생에 걸쳐 뇌를 변화시킨다는 사실을 알게 됐다. 뇌에서 '경험'이란 이온이 뇌의 기다란 신경 세포(뇌에는 약 320만km 이상의 신경 섬유가 있다.)를 따라 흐를 때 뉴런이 발화하는 것을 뜻한다. 뇌에 있는 약 200억 개의 뉴런은 각각 평균 1만여 개의 다른 뉴런과 연결되어 있다. 그 결과 뇌에는 수조 개의 시냅스(뉴런 간 연결)가 거미줄처럼 복잡하게 얽힌 네트워크가 형성되어 있다.

일부 학자들은 뇌의 발화 패턴 수(뇌의 활성화가 온/오프 될 수 있는 총 경우의 수)가 10의 제곱을 100만 번 한 수, 즉 10의 100만 제곱에 달한다고 추정한다. 인간의 뇌는 인공물과 자연물을 합친 것 중에 우주에서 가장 복잡한 물질로 여겨진다.

과학자들은 기억이 뉴런 간 연결의 변화로 작동한다는 사실을 밝혀냈다. 뉴런이 동시에 활성화되면 둘을 연관 짓는 연결고리가 만들어진다. 그래서 만약 불꽃놀이를 보다가 개한테 물린 경험이 있으면 마음은 개뿐만 아니라 불꽃놀이도 고통, 두려움과 연결 짓는다.

캐나다의 의사 겸 심리학자 도널드 헵의 말에 따르면 이러한 연상 연결이 일어나는 이유는 동시에 발화하는 뉴런이 서로 연결되기 때문이다.

좀 더 최근에는 정신과 의사이자 신경 과학자인 에릭 캔델이 뉴런이 반복적으로 발화(활성화)하면 뉴런의 핵 내부에 있는 유전 물질이 켜지면서 새 단백질이 합성되어 새로운 시냅스가 연결된다는 사실을 입증하여 노벨상을 받았다. 뉴런 발화(경험)가 뇌의 내부 연결(기억)을 변화시킬 수 있는 유전 시스템을 가동한 것이다.

또한 뇌 발달은 뉴런이 성장하고 새롭게 연결될 때 일어난다. 과학에서 기억과 발달이 서로 겹치는 과정이라고 말하는 이유도 경험이 뇌의 발달 구조를 형성하기 때문이다. 뉴런의 연결 방식을 대부분 결정하는 것은 유전자지만, 경험이 유전자를 활성화하여 이러한 연결 과정에 영향을 미치는 것도 마찬가지로 중요하게 작용한다.

이렇게 상호 의존적인 과정을 두고 경험 대 유전 정보, 환경 대 천성과 같은 단순한 논쟁을 펼치는 것은 바람직하지 않다. 실제로 경험은 뇌 구조를 형성한다. 즉 경험이 곧 유전 정보다. 부모가 아이를 대하는 방식이 아이의 자아와 발달 양상을 바꾼다. 아이들의 뇌는 부모의 개입이 필요하다. 천성은 환경이 필요하다.

뇌는 일반적으로 정상적인 발달을 위한 기본 토대를 잘 쌓을 수 있도록 설계되어 있다. 따라서 부모는 그저 과도한 감정적 반응과 신체적 자극은 지양하고, 아이들의 사회적 뇌가 성장하는 데 필요한 상호작용과 자기 성찰적 경험만 제공해 주면 된다. 부모는 아이들의 자라나는 뇌를 능동적으로 조각하는 존재다.

아이들의 미성숙한 뇌는 사회적 경험에 매우 민감해서 부모가 만들어 주는 가정환경과 경험이 뇌의 생물학적 구조에 직접적인 영향을 미친다. 이렇게 보면 사실 양부모도 생물학적 부모와 다를 것이 없다. 낳아 준 부모가 되는 것은 자녀의 삶을 생물학적으로 형성하는 여러 방법 중 하나일 뿐이다.

* 경험과 기억과 자아의 발달

기억은 경험이 신경 연결망을 형성하여 뉴런 발화의 현재 및 미래 패턴을 특정하게 변화시키는 방식이다. 샌프란시스코에 사는 사람이 금문교라는 단어를 보면 그에 관한 감각, 감정, 그 밖의 연관성을 쉽게 떠올릴 수 있겠지만, 금문교에 대해 한 번도 들어 본 적 없는 사람은 그와는 완전히 다른 반응을 보일 것이다. 기억의 두 가지 주요 형태인 암묵 기억과 외현 기억은 상당히 다르다. 갓난아이에게도 암묵 기억(감정적, 행동적, 지각적, 신체적 양식)에 필요한 신경 회로가 이미 기능하는 형태로 존재하기 때문에(아직 발달 중이긴 하지만), 암묵 기억은 태어나는 순간부터, 어쩌면 그 이전부터도 사용될 수 있다. 암묵 기억은 또한 경험을 요약하여 멘털 모델을 만들기도 한다.

외현 기억은 암묵 기억의 기본적인 부호화 메커니즘을 이용하지만, 그와 더불어 해마라는 통합 영역을 통해 정보를 처리하므로 생후 1년 반 이후 해마의 발달에 따라 좌우된다. 따라서 외현 기억은 그 전까지는 전혀 사용할 수 없다. 해마가 발달함에 따라 마음은 이제 암묵 기억의 흩어진 요소들을 연결하고 경험에 대한 통합된 신경 표상(시각적 대상을 지각하고 인지할 때 쓰는 정신 구조 및 그러한 구조가 뇌에서 실현되는 방식)의 맥락적 지도를 만들 수 있다. 이것은 의미 기억과 자전적 기억 형태의 근본적인 토대가 된다. 따라서 해마는 '인지적 지도 작성자'로서 시간과 지각(시각, 청각, 촉각)과 개념(아이디어, 관념, 이론)을 넘나드는 표상의 연관성을 생성한다.

생후 24개월경에는 전전두엽의 발달과 함께 자아와 시간에 대한 감각 또한 발달하면서 자전적 기억이 시작된다. 이러한 발달이 이루어지기 전의 영유아는 암묵 기억은 있지만 자전적 외현 기억은 아직 없는 '아동기 기억 상실'의 첫 번째 단계에 있는 것으로 생각된다. 자전적 외현 기억이 시작된 후에도 아이들이 5세 이전에 겪은 일을 지속적으로 명확하게 기억하기는 어렵다.

그 이유는 아직 알려진 바가 없다. 한 가지 가능성으로는 우리가 기억을 통합하는 방식, 즉 기억 저장 장치에 방대한 양의 정보를 통합하는 방식이 미취학 아동일 때는 충분히 성숙하지 않기 때문이라는 추측이 있다. 외현 기억은 해마의 활동에 따라 초기 기억 저장 장치인 단기 기억에서 장기 기억으로 이동한다. 시간이 지나면서 장기 기억은 기억 응고화 과정을 거쳐 영구적인 기억이 된다.

기억 응고화를 통해 장기 기억을 영구적인 형태로 바꾸려면 렘REM, Rapid Eye Movement수면이 필요하다. 그렇게 되면 해마가 자유롭게 기억을 인출할 수 있게 된다. 렘수면은 우리가 꿈을 꾸는 시간이다. 꿈을 꾸는 동안 감정과 기억을 통합하고 우뇌와 좌뇌가 정보를 처리하려면 특정 통합 회로가 필요한데, 미취학 아동은 그것이 아직 충분히 성숙하지 않았기 때문에 훗날 자전적 외현 기억에 접근하려고 하면 기억이 잘 나지 않는 것일 수 있다.

미취학 아동도 꿈을 꾸고 경험에 대한 외현 기억을 회상하기도 하지만, 그 나이대에는 기억 응고화 과정이 아직 미성숙하여 자전적 장기 기억을 영구적인 형태로 바꾸기는 어렵다는 추측이다. 이처럼 어릴적 기억을 제한하는 원인이 기억 응고화 회로의 미성숙이라면, 초등학생 이상의 사람 대부분이 영유아기 경험을 지속적으로 기억하기 어려워하는 이유를 설명할 수 있다.

어린아이들은 역할놀이를 하면서 자신의 경험을 처리한다. 상상하거나 직접 겪은 일의 시나리오를 만들어 냄으로써 새로운 기술을 연습하고 자신이 속한 사회의 복잡한 정서를 흡수한다. 놀이와 꿈을 통해 이야기를 만드는 것은 자신의 경험을 이해하고 이러한 이해를 세상 속의 내 모습으로 통합하려는 노력일 것이다.

미취학 시기를 지나면 뇌량과 전전두엽이 성숙하면서 기억 응고화가 일어날 수 있다. 그러면 시간을 초월하는 자아의식을 받아들이고 우리가 자전적 기억이라고 부르는 자기 이해의 발판을 마련할 수 있다. 이러한 신경생물학적 성숙 과정으로 자전적 회상에 지속적인 접근이 시작되는 시기가 지연되는 것을 설명할 수 있다. 기억 응고화를 통해 경험으로 형성되어 평생에 걸쳐 발전하는 자전적 자아의식을 생성하는 것이다.

고통스러운 경험은 그렇지 않은 사건과는 다르게 기억에 영향을 미친다. 해결되지 않은 트라우마는 기억 부호화와 저장에 개입해 정상적인 기억 처리 과정을 방해한다. 예를 들어 충격적인 경험은 해마가 입력값을 처리하지 못하도록 방해하고, 그 기억은 암묵 기억으로는 처리되지만, 외현 기억으로는 처리되지 않는다. 이는 고통스러운 사건이 일어나는 동안 신경전달물질 또는 스트레스 호르몬이 과도하게 분비되어 해마의 부호화 메커니즘을 막기 때문인 것으로 추측할 수 있다.

또 다른 차단 메커니즘으로는, 사람들이 의식적으로 트라우마를 유발하지 않는 환경에 집중함으로써 주의를 분산시키기 때문이라는 설명이 있다. 이때도 마찬가지로 암묵 기억의 부호화는 일어나지만, 해마가 외현 기억을 부호화할 때 필요한 의식적인 주의가 차단되어 외현 기억으로는 처리되지 않는다. 어느 쪽이든, 기억이 인출될 때 무언가를 회상한다는 감각 없이 암묵 기억의 흔적만 넘쳐 나는 결과를 낳는다.

게다가 암묵 기억은 해마에 의해 형성되는 연상 연결이 부족해서 그것들을 이해의 맥락에 놓고 보지 못한다. 경험이 외현 기억으로 처리되지 않고 암묵 기억으로만 남은 경우, 극단적으로는 플래시백이 나타나는 원인이 될 수 있고, 더 일반적으로는 부모가 아이에게 유연하고 적절하게 대응하는 능력을 막는 견고한 암묵적 멘털 모델의 뿌리로 작용할 수 있다.

Parenting from the inside out

2장

어떻게 세상을 이해하는가?
: 이야기

이야기란 살면서 벌어지는 일들을 받아들이는 방식이다. 개인적으로도, 사회적으로도 우리는 자신에게 일어난 일을 이해하고 그러한 경험에서 의미를 만들어 내기 위해 이야기를 한다. 스토리텔링은 모든 인간 문화의 근간이며, 우리는 이야기를 공유함으로써 공동체에 소속감을 느낄 수 있는 연결고리를 만든다. 한 문화의 이야기는 공동체 구성원의 세계관을 형성한다. 이야기는 우리를 만들고 우리는 이야기를 만든다. 이러한 이유로 이야기는 인간의 개인적, 사회적 경험에서 중심적인 역할을 한다.

우리는 모두 자기만의 이야기, 각자의 경험에 대한 나름의 서사를 갖고 있다. 이를 통해 자기 이해를 높이고 타인과의 관계를 잘 이해할 방법을 발전시켜 나간다. 다시 말해 우리는 자전적 서사를 구성함으로써 자신에게 일어난 사건 측면에서, 그리고 개인의 고유하고 주관적인 삶의 감각을 더욱 풍부한 질감으로 만드는 내적 경험 측면에서 삶을 이해하려 노력한다. 자신에게 벌어진 일과 그때의 감정을 처리하는 과정을 탐구하여 자기 이해를 높일 때, 우리의 자전적 이야기는 더욱 성장하고 진화한다.

어떤 사건을 겪었을 때 아이들은 그 경험을 받아들이고 이해하려 노력한다. 이때 아이들에게 그것을 이야기로 풀어 주면, 아이들은 자신에게 일어난 일과 감정적 요소를 좀 더 쉽게 통합할 수 있다. 이러한 상호작용은 아이들이 자신에게 일어난 일을 잘 받아들이게 하고, 깊이 사고하고 통찰력 있는 사람이 될 수 있도록 돕는다. 따뜻한 어른의 감정적 이해와 수용이 없으면 아이는 스트레스를 받으며 심지어 자괴감마저 느낄 수 있다.

아니카가 처음 메리네 유치원에 온 것은 세 살 때였다. 아니카는 아버지가 UCLA 방문 교수로 초청받으면서 2년 전 미국으로 왔고, 당시에는 핀란드어만 할 줄 알았다. 적응 기간 동안 아니카의 어머니는 아니카가 새로운 환경과 선생님들에게 익숙해질 때까지 유치원에 함께 머물렀다. 아니카는 사랑스러웠고 다른 친구들과 노는 것을 좋아하는 외향적인 아이였다. 아이들끼리 활동하고 어울리는 데 언어 장벽은 거의 문제 되지 않았다.

아니카의 어머니가 마음 놓고 아이를 유치원에 맡긴 지 몇 주쯤 됐을 때, 아이들이 스트레스를 처리하는 과정에서 이야기가 얼마나 큰 도움이 되는지를 보여 주는 사건이 벌어졌다. 오전 내내 즐겁게 놀던 아니카가 넘어져서 무릎이 까졌다. 여느 아이들처럼 아니카도 엄마를 찾으며 울기 시작했다. 선생님이 아니카를 달랬지만 아니카는 울음을 그치지 않았다. 선생님은 보조 교사에게 아이 엄마에게 연락해 달라고 부탁한 뒤 계속해서 아니카를 달래려 애썼다.

이럴 때는 대개 아이에게 사건의 내용과 아이가 느꼈을 감정을 다시 이야기해 주는 것이 큰 도움이 된다. 이야기를 통해 자신의 경험을 받아들이고 자신에게 공감해 주는 어른에게서 안정을 찾기 때문이다. 그러나 선생님은 핀란드어를 하지 못했고 아니카는 영어를 잘 알아듣지 못한 탓에 이야기가 전혀 통하지 않았다.

선생님은 얼른 인형 몇 개와 장난감 전화기를 가져와서 다시 이야기를 시작했다. 작은 인형이 아니카였고, 선생님은 그 인형으로 아니카의 경험을 재연했다. 스토리텔링에는 일련의 사건과 등장인물의 경험이 포함된다. 먼저 인형이 아니카처럼 즐겁게 놀고 있다가 넘어졌다. 선생님은 우는 소리를 내면서 아니카의 울음을 표현했다. 그러자 아니카가 울음을 멈추고 그것을 쳐다보았다. 이야기는 계속됐다. '선생님 인형'이 아니카 인형에게 따뜻한 말을 건네자 실제 아니카가 다시 흐느끼기 시작했다. 그러나 '선생님 인형'이 장난감 전화기를 들고 '엄마 인형'에게 전화를 거는 순간 아키나는 다시 울음을 그치고 인형극에 눈길을 주고 귀를 기울였다.

선생님은 인형으로 아니카의 무릎이 까진 이야기와 엄마에게 유치원으로 와 달라고 전화하는 이야기를 여러 번 반복했다. 아니카는 자기 이름과 "엄마"라는 단어를 알아들었고, 시각적인 재연과 함께 이야기가 반복되자 자기에게 무슨 일이 일어났는지, 그리고 앞으로 어떤 일이 일어날 것인지를 이해했다. 이야기가 반복될수록 아니카는 안정을 되찾았다. 잠시 후 아니카는 엄마가 곧 올 것이라는 사실에 안심한 듯 선생님의 무릎에서 일어나 즐겁게 놀기 시작했다. 엄마가 도착하자 아니카는 다시 인형과 장난감 전화기를 선생님에게 가져갔다. 무릎이 까져서 무섭고 아팠던 경험을 다시 한번 이야기로 듣고 엄마와 공유하고 싶었기 때문이다.

이야기는 아니카를 안심시켰고, 아니카가 방금 일어난 사건을 이해하고 엄마가 올 것이라는 미래의 결과를 예측하도록 도왔다. 성인은 대개 언어로 이야기를 전하지만 아이들에게는 인형이나 장난감 같은 소품을 활용해 이야기하거나 그림을 그려서 보여 주는 것이 좋다. 말귀를 잘 알아듣는 아이여도 마찬가지다. 자신에게 일어난 일과 앞으로 일어날 일을 이해하는 순간 아이들의 스트레스는 대부분 크게 완화된다.

아마 당신의 어린 시절에도, 겪은 일을 받아들이도록 돕는 따뜻한 어른이 없어서 상황을 이해하지 못한 채 그냥 넘어간 경험이 있을 것이다. 사람은 태어나면서부터 부모와의 관계를 바탕으로 세상을 이해하고 내면 상태를 조절하려고 노력한다. 그리고 부모는 아이들이 자신의 내면 상태를 조절하고 경험에서 의미를 찾도록 도와준다. 이러한 상호작용을 통해 아이들은 자랄수록 자전적 서사를 구성하는 능력을 키워 나간다. 스토리텔링 능력은 아이가 세계를 이해하고 자신의 감정적 상태를 조절하는 근본적인 방식을 반영한다.

사람이 인생 이야기를 전하는 방식은 자신이 인생의 사건을 이해하는 방식을 드러낸다. 살면서 겪은 일들을 이야기할 때 당신은 어떠한가? 한 발짝 물러선 채 덤덤하게 경험을 묘사하는가, 아니면 이야기할수록 마음이 후련해지는가? 아주 오래전에 있었던 일인데도 감정이 격해지고 해소되지 않은 듯한 일이 있는가? 어린 시절에 대한 기억이 많이 남아 있는가? 어릴 적 경험을 이야기할 때 어떤 기분이 드는가?

이야기는 과거가 현재를 어떻게 빚어냈는지를 보여 주는 실마리를 제공한다. 이야기를 어떻게 전달하는지, 그리고 경험의 여러 측면 중 무엇을 강조하는지를 보면, 그 사람이 세상과 자기 자신을 이해하는 방식을 가늠할 수 있다. 예를 들어 당신은 가족에게 일어난 일을 생각할 때 가족 관계의 본질에는 별로 초점을 두지 않는 사람일 수 있다. 어떤 가족은 서로 어느 정도 거리를 둔 채 관계를 유지한다. 가족끼리 감정을 거의 공유하지 않고 감정적으로 독립된 존재로 살아가기도 한다.

이러한 가족의 경우는 부모와 아이 모두 자전적 이야기를 풍부하게 구성하기 어렵다. 사건을 세세하게 떠올리지 못하고 때로는 이야기에 감정이 부재하기도 한다. 이들의 의사소통은 대개 가족 구성원의 정서와 마음 상태보다는 겉으로 드러나는 사건을 위주로 이루어진다. 이처럼 서로 감정적인 거리가 먼 가족은 자기 자신과 타인의 마음을 인지하는 중요한 마인드사이트 능력이 부모와 자녀 모두에게서 상당히 낮게 나타난다. 이야기는 우리의 마음이 자신과 타인의 다채로운 내면세계를 이해하려 시도하는 것이다.

* 좌뇌와 우뇌로 세상을 인지한다

마음은 뇌 활동에서 비롯되며 매우 다양한 정보처리 모드를 갖고 있다. 가장 기본적인 차원에서 보면 인간은 시각, 청각, 촉각, 미각, 후각과 같은 여러 지각 체계를 갖추고 있다. 또 다른 차원으로는 언어, 공간, 신체 운동, 음악, 수학, 자기 성찰, 대인 관계 등을 포함한 여러 형태의 '지능'을 갖고 있다. 마음은 복잡하며, 인간이 세상을 인지하고 세상과 상호작용 하는 아주 경이롭고 독특한 방식을 무수히 많이 드러낸다.

우리가 세상을 인지하는 방식은 행동 패턴에 직접적인 영향을 미친다. 입력과 출력 경로를 갖춘 유기체인 인간은 외부 세계로부터 데이터를 받아들여 내부적으로 처리하고(흔히 인지라고 부른다.) 상황에 맞는 반응을 내보낸다. 입력-내부 처리-출력. 이것이 뇌와 신경계 전반의 역할을 설명하는 가장 기본적인 방식이다.

이제 우리는 좌뇌와 우뇌의 정보처리 방식이 어떻게 다른지 살펴볼 수 있다. 좌뇌와 우뇌는 하등동물의 비대칭적 신경계에서부터 수백만 년에 걸쳐 진화했으며, 서로 매우 뚜렷하게 구분된다. 물리적으로 분리되어 있는 좌뇌와 우뇌는 뇌량이라는 띠 모양의 신경조직으로 연결되어 있다. 이렇게 분리된 덕분에 좌뇌와 우뇌는 다소 독립적으로 기능하면서 서로 다른 형태의 처리 방식을 수행한다. 신경 정보가 양쪽 뇌를 오갈 수 있기에 통합된 형태의 정보처리가 가능하며 그로 인해 우리 뇌는 더 높은 수준의 기능을 수행할 수 있다.

좌뇌와 우뇌는 각각 고유한 방식으로 정보를 받아들이고 서로 다르게 처리한다. 뇌의 각 부분이 각각의 기능에 특화된 덕분에 뇌는 혼자서도 많은 기능을 발휘할 수 있다. 각기 다르게 특화된 좌뇌와 우뇌가 통합된 전체를 만들 때 우리는 좌뇌 또는 우뇌가 개별적으로 할 수 있는 것보다 더 많은 것을 이룰 수 있다. 만약 양쪽 뇌가 똑같은 모습이었다면 우리는 지금보다 훨씬 단순하고 세상에 덜 적응한 존재였을 것이다.

좌뇌와 우뇌에서 서로 다르게 지각-내부 처리-출력하는 방식을 가리켜 각각 우측 및 좌측 처리 모드라고 한다. 우측 처리 모드는 주로 우뇌의 활동으로 일어나며, 비선형적이고 전체론적인 방식으로 정보를 처리한다. 이 모드는 시각 및 공간 정보를 받아들이고 처리하

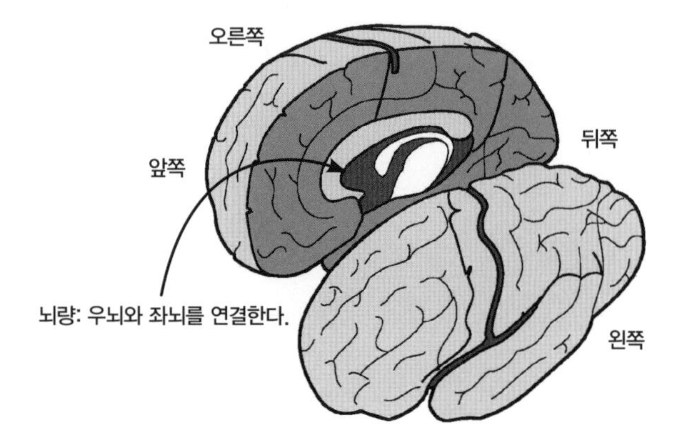

그림 2 뇌 단면의 측면도

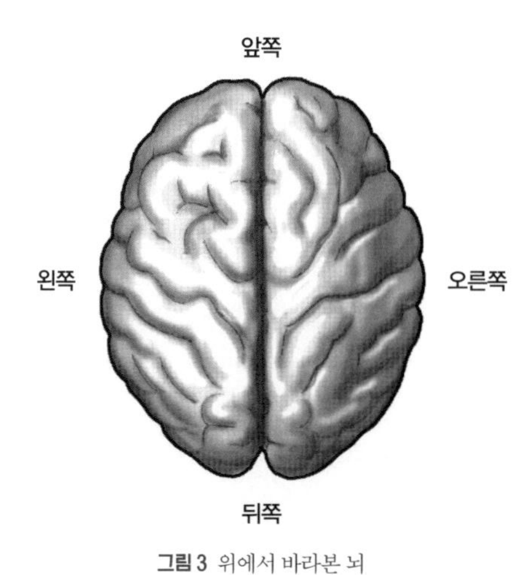

그림 3 위에서 바라본 뇌

는 데 특화되어 있다. 자전적 데이터, 비언어적 신호의 처리 및 전송, 통합된 신체 감각, 자아에 대한 멘털 모델, 강렬한 감정, 사회적 이해 등은 모두 우측에서 주로 처리된다.

반면 주로 좌뇌에서 일어나는 좌측 처리 모드는 우측 모드와는 반대로 선형적, 논리적, 언어 기반의 방식으로 정보를 처리한다. '선형적'이란 각각의 데이터 조각이 일렬로 이어진다는 뜻이다. '논리적'이라는 것은 인과 관계를 바탕으로 세상의 패턴을 이해하는 것이다. 언

[표 2] 우측/좌측 처리 모드

우측 처리 모드

- 비선형적
- 전체론적
- 시각-공간
- 다음에 특화되어 있음
  자전적 정보
  비언어적 신호의 전송 및 지각
  강렬하고 원초적인 감정
  의식, 조절, 통합적인 신체 지도
  사회적 인지와 마인드사이트: 타인 이해 능력
- 주로 우뇌가 처리함

좌측 처리 모드

- 선형적
- 논리적
- 언어 기반
- 다음에 특화되어 있음
  삼단논법적 추론: 인과 패턴을 찾음
  언어 기반의 분석: 단어를 사용하여 세상을 정의
  '옳고 그름'을 나누는 사고방식
- 주로 좌뇌가 처리함

어 기반의 처리 방식은 지금 이 책을 읽고 있는 것과 같이 단어에 포함된 디지털 정보(예/아니오, 온/오프)를 활용하는 것이다.

* 좌측/우측 처리 모드의 협력으로 서사가 만들어진다

책 『마음의 발달』의 제안에 따르면 삶을 이해하는 서사는 논리적 설명을 찾는 좌측 처리 모드와 자전적, 사회적, 감정적 정보를 저장하는 우측 처리 모드가 협력하여 만들어진다. 삶의 경험을 이해하는 일관성 있는 서사는 좌측과 우측 처리 모드가 유연하게 혼합될 때 나타난다. 논리적으로 설명하는 좌측 처리 모드와 비언어적, 자전적 정보를 처리하는 우측 처리 모드가 자유롭게 통합될 때 일관성 있는 서사가 드러나는 것이다.

부모가 자신의 삶을 이해하는 것은 중요하다. 자녀와 정서적으로 연결되고 유연한 관계를 맺을 수 있는 능력이 거기에 달렸기 때문이다. 인생의 서사를 일관성 있게 이해하는 부모는 자녀가 본인의 삶을 이해하는 데도 도움을 줄 수 있다. 좌측과 우측 처리 모드가 어떤 것인지 알면 자신의 삶을 좀 더 잘 이해하는 데 도움이 된다. 우리 개개인은 원초적인 감정적 경험을 했을 때 느끼는, 통제할 수도, 예측할 수도 없는 자유로운 형태의 감각으로부터 스스로 거리를 두는 능력을 갖추고 있다. 이러한 거리 두기는 주로 좌측 처리 모드 상태로 볼 수 있는데, 그 순간에는 좌측 처리 모드가 우뇌의 입력값보다 우선시 된다.

반대로 논리적인 설명이나 이해 불가능한 감각에 휩싸일 때도 있다. 머릿속에 떠오르는 이미지, 신체적 감각, 의식의 안팎을 떠다니는 관념들이 나타나 인과 관계나 시간의 흐름은 잊은 채 지각하는 것과 밀접하게 연결되어 있음을 느낀다. 우리는 경험의 신체적, 감정적, 지각적 측면에 몰입하는데, 이는 모두 우측 처리 모드에서 다루는 것들이다.

좌측 처리 모드에서 인생 이야기를 구성할 때는 언어 기반의 선형적이고 논리적인 접근 방식을 사용하여 인과 관계를 이해한다. 이렇게 좌측 처리 모드에서 자아에 대한 선형적 서사를 말하려면 반드시 우측 처리 모드로부터 정보를 받아야 한다. 정보를 즉각 구할 수 없거나 정보가 해일처럼 범람하면 일관성 있는 이야기를 만들 수 없다. 미해결 문제는 이처럼 이야기에 일관성을 잃게 할 수 있는데, 감정적, 자전적 풍부함과 의미가 부족하거나 우측 처리 모드에서 제공하는 정보를 제대로 받아들이지 못하기 때문이다. 삶을 이해하는 이야기를 만들려면 명확한 사고는 물론 경험의 감정적, 자전적 측면에 대한 접근도 모두 필요하다.

청소년기에 아버지를 여읜 30대 중반의 한 여성은 아버지를 잃은 상실감을 한 번도 온전히 애도한 적 없었다. 10대 시절을 떠올리면 갑자기 눈물이 쏟아져 더는 이야기를 이어가지 못했다. 아버지와의 마지막 기억은 갈등이었다. 아버지가 심장마비를 일으키기 직전에 남자 친구 문제로 아버지와 싸운 것이다. 죄책감을 극복한 뒤에야 그녀는 아버지의 죽음을 온전히 애도하고 인생에 상실을 더할 수 있었다.

자기 성찰을 계속하면서 두 가지 모드가 자신의 주관적인 경험을 각각 어떻게 처리하는지 느껴 보라. 일관성을 형성하고 일관적인 삶의 이야기를 구성하려면 두 가지 모드가 어우러져야 한다.

* 일관성 있는 이야기가 통합을 이룬다

자녀와의 관계는 수많은 시간을 공유하면서 쌓은 경험을 발판으로 세워진다. 다양한 내면 작용을 활용하는 경험은 균형 잡힌 대인 관계를 뒷받침하는 것으로 보인다. 우리는 뚜렷하게 구분되는 프로세스가 하나의 기능적인 존재로 합쳐질 때 '통합'이라는 용어를 사용한다. 그렇다면 뇌가 통합될 수 있는 방법을 생각해 보자.

첫 번째 가능성은 수직적 통합이다. 해부학적으로 바깥쪽에 있는 대뇌피질은 더 복잡하고 사색적이며 개념적인 처리를 담당한다. 이것이 뇌의 깊은 곳에 있는, 좀 더 기본적이고 감정적이며 동기 부여적인 영역과 결합하면 우리는 수직적으로 통합된 상태에 도달하여 더 높은 차원의 처리 모드에서 반응할 수 있다. 그러나 대뇌피질의 사고 기능이 차단되면 통합되지 않은 더 낮은 차원의 반응 모드로 들어가면서 유연성이 떨어진다.

두 번째로, 좌뇌와 우뇌가 함께 작동하는 수평적 통합도 있을 수 있다. 이러한 좌우 통합은 우리가 삶을 이해할 때 나타나는 일관성 있는 서사를 만들 때 핵심적이다. 일관성 있는 서사는 자녀가 부모와 안정적으로 애착을 형성하고 있는지를 가장 잘 예측할 수 있는 지표이므로, 이러한 좌우 통합이 자녀에게 좋은 양육 환경과 안정적인 기반을 제공하는 능력의 핵심일 수 있다.

인생 이야기를 만드는 데는 수직적, 수평적 통합 외에도 시간 간의 프로세스를 연결하는 시간적 통합이 있을 수 있다. 이야기는 근본적으로 과거, 현재, 그리고 예상되는 미래의 자아를 연결한다. 이러한 정신적 시간 여행은 전 세계에서 발견되는 이야기의 핵심적인 특징이다.

건강한 관계와 내적 일관성 및 행복감은 마음에서 벌어지는 유동적이고 적극적인 통합 작용에 달려 있다. 여러 차원의 통합을 통해 타인과의 유대감을 심화할 수 있는지에 따라 정신적 행복감이 달라진다. 다양한 영역에서 통합을 이루면 자기 이해와 대인 관계가 깊어지고 우리와 아이들의 삶이 풍요로워질 수 있다.

서로 이야기를 공유하는 것은 사람들이 유대감을 형성하는 보편적인 방식이다. 이야기를 통해 대인 관계의 통합을 이룰 수 있다. 삶에서 중요한 사람들을 떠올릴 때면 종종 개인적으로 소중히 간직하고 있는 유대의 순간을 떠올리곤 한다. 결혼식, 졸업식, 동창회, 장례식 등에서 사람들은 함께 시간의 흐름을 목격한다. 이때 공유한 경험을 되돌아보며 서로 유대감을 느낀다. 이야기가 공기를 가득 메운다.

인생의 서사를 돌이켜 보면 자신을 더 깊이 이해할 수 있고 감정을 일상에 통합할 수 있으며 그토록 소중한 자기 이해의 방식을 존중할 수 있다. 자기 성찰과 함께 마음이 변화할수록 자녀와의 경험 또한 바뀌는 것을 느낄 것이다. 마음이 경험을 만들고, 경험이 마음을 만든다. 인생 이야기를 발전시키면서 얻을 수 있는 개인적인 성장과 깊은 자기 이해는 마인드사이트 능력을 키워 주고 자녀에 대한 민감도를 높여 준다.

이야기 다시 써 보기

01 다양한 처리 모드에 대한 인지를 높이는 훈련으로 71페이지 [표 2]를 살펴보고 두 가지 모드의 각 요소에 대한 자신의 경험을 글로 쓰거나 그림으로 그려 보라. 자기 이해가 깊어질수록 우측과 좌측 처리 모드에 대한 민감도가 높아지는 것을 느낄 것이다. 특히 자신과 아이들에게서 종종 예측할 수 없이 나타나는 비언어적, 비논리적 감각에 주의하라.

02 글을 쓰다 보면 좌측 처리 모드가 우세해지기 쉬우므로, 경험을 되돌아볼 때는 비언어적인 우측 처리 모드의 이미지를 존중하려고 노력해야 한다. 우측 처리 모드가 인지하는 정보는 우리의 언어 기반 사고가 적절하게 표현할 수 있는 것보다 더 섬세한 경우가 많다! 이를 염두에 두고 자녀와의 관계에 영향을 미친 특정 문제의 의미와 역사를 말하려할 때 떠오르는 이미지와 기억에 주목해 보라. 그것이 언제 시작됐는지, 당신의 발달에 어떤 영향을 미쳤는지, 그리고 현재 당신과 자녀 간의 관계에는 또 어떠한 영향을 미쳤는지를 적어 보라. 이 문제에서 가장 어려운 측면은 무엇인가? 남겨진 또는 해결되지 않은 문제를 해결한다고 상상해 보라. 치유하면 어떤 모습일지 새로운 이야기를 써 보아라. 현재와 미래가 어떻게 달라지겠는가?

03 당신과 자녀의 관계를 묘사하는 세 단어를 생각해 보라. 그 단어가 어린 시절 당신과 부모님의 관계를 묘사하는 단어와 비슷한가? 혹은 어떻게 다른가? 단어가 관계를 정확하게 요약하는가? 중요한 관계에 대한 기억 중 일반화와 잘 맞지 않는 부분이 있는가? 그러한 예외가 부모님, 자녀와의 생활에 대한 전체 인생 이야기에 어떻게 들어맞는가?

* 이야기의 과학

이야기의 과학은 인류학에서부터 심리학, 문화 연구, 사람들이 기억의 내용을 서로 어떻게 연관시키는지에 대한 연구까지 다양한 학문 분야로 우리를 안내한다. 가족 내에서의 경험은 우리가 주변 세계를 인식하는 방식을 형성한다.

우리가 살아가는 더 넓은 범위의 문화 또한 마음이 정보를 처리하고 삶의 의미를 만들어 내는 방식에 지대한 영향을 미친다. 최근 뇌과학 분야에서 발견된 연구 결과들은 이야기가 우리 삶에서 얼마나 중요한 역할을 하는지 보여 준다.

이러한 과학은 우리에게 많은 것을 알려 준다.

- 이야기는 보편적이다. 이야기는 지구상의 모든 인간 문화에서 발견된다.

- 이야기는 인간의 전 생애에 걸쳐 발견된다. 어릴 때는 어른과 아이 간의 상호작용에서 존재하고, 어른이 되어서도 인간관계에서 계속 중요한 역할을 한다.
- 이야기는 인간에게서만 나타나는 고유한 특징인 것으로 보인다. 다른 동물들은 이야기를 만들고 전하는 본능을 가지지 않은 것으로 보인다.
- 이야기는 논리적인 사건의 순서를 포함하기도 하지만 감정을 조절하는 데도 큰 역할을 한다. 이야기는 감정과 분석적 사고가 서로 어떻게 얽혀 있는지를 보여 주는 좋은 예다.
- 이야기는 일상적인 소통뿐만 아니라 내면의 자아의식에도 중요한 역할을 한다. 타인과의 상호작용과 개인의 내면이 밀접하게 얽혀 있는 것은 인간 정신의 큰 특징이며, 이는 인간이 얼마나 사회적인 동물인지를 보여 준다!
- 이야기는 기억 처리 과정에서 중요한 역할을 하는 것으로 보인다. 이는 외현 기억과 외현 기억이 꿈을 통해 영구적 기억, 즉 '대뇌피질에서 통합된' 기억으로 처리되는 과정을 연구한 결과에서 비롯된 것이다.
- 이야기는 뇌 기능과 관련 있다. 특히 좌뇌는 비트Bit와 정보 조각끼리의 논리적 연관성을 추측하고, 우뇌는 개인적인 인생 이야기를 이해하는 데 필요한 감정적 맥락과 자전적 데이터를 공급하는 것으로 보인다.

* 멘털 모델: 자신의 현실을 보고, 만들고, 행동하는 방식에 경험이 미치는 영향

과학에 따르면 아주 어린 영유아의 뇌도 반복되는 경험으로 멘털 모델을 만들 수 있다고 한다. 이러한 멘털 모델은 암묵 기억의 한 부분으로, 반복되는 상호작용으로 시각, 청각, 촉각, 후각 등에서 축적된 뉴런 발화 패턴을 통해 만들어지는 것으로 보인다. 뇌에서 생성된 모델은 일종의 관점 또는 마음 상태로서 세상을 인식하고 미래에 대응하는 방식에 직접적인 영향을 미친다. 암묵 기억, 특히 여러 형태의 경험으로 만들어진 멘털 모델은 구성하는 이야기의 주제와 의사 결정 체계를 형성할 가능성이 크다.

멘털 모델은 깔때기처럼 정보를 여과하고 렌즈처럼 미래를 예측하여, 행동하기 위한 마음의 준비를 도와준다. 이러한 렌즈는 의식 밖에 있어서 우리가 그 존재를 알지도 못하는 사이 선입견을 품게 한다. 멘털 모델은 과거의 경험을 바탕으로 만들어져 특정한 방식으로 활성화되며 현실에 대한 우리의 관점, 신념과 태도, 주변 세계와 소통하는 방식을 형성할 때 빠르게 작용한다.

어릴 때 고양이에 물린 적 있는 사람이 커서 고양이를 만나면 마음 상태가 빠르게 전환되어 즉각적인 공포를 느낀다. 길을 건너는 고양이에 대한 경계, 고양이 이빨에의 집중, 내면의 공포감, 혹시 고양이가 다가오면 빠르게 도망칠 수 있는 준비 태세 등의 변화가 나타난다. 이러한 인식의 변화, 내면의 감정 상태, 생존 반응(투쟁-도피-경직)의 활성화는 자동으로 이루어진다. 이는 뇌가 의식적인 생각이나 계획 없이도 인식을 형성하고 몸이 행동을 대비할 수 있는 마음 상태를 만드는 방식이다. 이것이 바로 멘털 모델이 입력되는 정보를 깔때기처럼 여과하여 마음 상태를 빠르게 전환하는 방식의 본질이다.

멘털 모델과 그로 인한 마음 상태는 암묵 기억의 근본적인 부분이다. 그래서 멘털 모델의 영향(고양이를 보고 두려움을 느낀다.)은 잘 인지하면서도 그 기원은 의식적으로 알지 못하는 경우가 많다. 과거의 문제는 우리가 주변과 내면에서 일어나는 일들을 인식하는 방식을 형성함으로써 현재에 영향을 미치고 미래의 행동을 변화시킨다.

암묵적 멘털 모델이 우리의 의사 결정과 인생 이야기에 드리운 그림자는 집중적인 자기 성찰을 거치면서 겉으로 드러날 수 있다. 이러한 의식적인 과정은 자기 이해를 심화할 수 있고, 어쩌면 멘털 모델을 바꾸고 평생에 걸쳐 계속 발전할 수 있는 문을 여는 길일지도 모른다. 자기 자신을 이해함으로써 과거의 그림자가 만든 감옥에서 벗어나려면, 이러한 지각 편향과 행동 충동의 패턴이 우리 내면에 깊이 새겨진 멘털 모델과 유연하지 못한 마음 상태의 근원임을 성찰해야 한다. 성찰하는 시간을 가지면 의식적인 인식의 문이 열리고 변화의 가능성이 찾아온다.

기억 부호화에 관한 연구에 따르면 경험은 우리의 지각 방식을 형성하고, 지각은 다시 경험을 처리하는 방식을 형성한다. 스스로를 이해하게 되면서 외현 기억과 암묵 기억은 자신을 바라보는 관점과 세상과 상호작용 하는 방식을 결정한다. 캐나다 토론토에서 엔델 툴빙과 그의 동료들은 전전두엽 영역의 통합 신경 회로에서 나타나는 자기 이해에 대한 의식, 자율 의식Autonoesis의 과정을 설명했다. 자기 이해는 뇌 전체에 저장된 기억의 다양한 요소, 즉 과거의 요소, 현재의 지각, 미래에 대한 예측이 혼합되어 만들어진다.

경험의 상호작용적 피드백 고리가 멘털 모델 안에서 실제 지각 방식과 미래 예측 방식을 형성한다는 것은, 우리가 자신의 현실을 빚는 능동적인 조각가인 것은 맞지만, 경험 역시 현실을 바라보는 관점에 영향을 미친다는 뜻이다. 신체적 경험과 소중한 타인과 관계에서의 경험을 통합하는 것은 자아 발달의 기본 구성 요소가 될 수 있다.

폴 존 이아킨은 태어날 때부터 눈과 귀에 장애가 있었던 헬렌 켈러의 경험을 예로 들며, 사람이 자신의 인생 이야기를 구성하고 이러한 발달적 연관성을 표현하는 방식을 다음과 같이 설명했다.

"헬렌 켈러의 글은 언어를 습득하는 순간에 자아가 등장하는 것을 보여 주는, 드물고 아마도 특별한 사례다. … 켈러는 이전에 앤 설리번 선생님이 손가락으로 손에 짧은 단어를 써 주어 이미 철자는 알고 있었다. 하지만 언어와 자아 감각을 동시에 얻게 된 것은 설리번이 켈러의 손을 수도꼭지 아래에 놓고 다른 쪽 손에 '물'이라는 단어를 적어 줬을 때다. 그것이야말로 진정한 의미의 지적, 영적 세례였다. '그제야 저는 'ㅁ-ㅜ-ㄹ'이라는 것이 손으로 흐르는 시원하고 멋진 무언가를 뜻한다는 것을 깨달았어요. 그 살아 있는 단어가 제 영혼을 깨웠습니다.' 나는 수돗가 에피소드의 결론을 이렇게 요약했다. … 켈러 에피소드에 대한 분석은 정체성 형성에 대한 사회적 구성주의자의 관점과 대략 일치한다. 내가 도식화하여 나타낸 설명(자아/언어/타인)은, 일반적인 사람들은 수개월이 걸리는 발달 과정이 켈러의 사례에서는 깨달음의 순간으로 압축되었음을 보여 준다. … 켈러는 에피소드의 관계적 차원(선생님의 결정적 역할)과 몸으로 느끼는 전체 경험의 기초를 모두 강조한다."

뇌의 전전두엽, 특히 안와전두피질은 대인 간 의사소통, 신체 표현, 자전적 인식을 조정하는 데 핵심적이다. 안와전두피질의 성장이 평생 가능하다는 사실을 알면, 자기 이해가 자기 자신과 타인을 경험하는 방식에 어떤 영향을 미치는지를 이해하는 데 도움이 된다. 우리가 타인과 하는 경험 그리고 내부에서 하는 경험들은 우리의 자아의식이 평생에 걸쳐 성장할 수 있는 토대가 될 것이다.

대인 관계와 내면의 경험을 성찰하는 시간을 가지면 더 깊은 자기 이해와 인식을 통해 성장할 수 있다. 더 깊은 자기 이해는 자신의 과거, 현재, 그리고 예상되는 미래를 받아들이는 방식에 대한 일관성 있는 자율 의식을 바탕으로 이루어진다. 여기서 꼭 기억해야 할 메시지는 우리가 자서전의 능동적인 저자가 될 수 있다는 것이며, 그렇게 함으로써 우리 아이들 또한 자신의 삶을 인식하고 만들어 나가는 방식을 능동적으로 형성하는 법을 배울 수 있다는 것이다!

* 논리와 이야기, 마음과 뇌

발달심리학자 제롬 브루너는 마음이 정보를 처리하는 두 가지 기본 방식을 설명했다. 첫 번째는 선형적으로 관련된 일련의 사실을 인과 관계를 고려해 논리적 추론으로 연결하는 '전형적인' 연역적 모드다. 이는 좌뇌에서 일어나는 논리적, 선형적, 언어 기반의 좌측 인지 모드와 유사하다. 두 번째는 서사 모드로, 마음이 이야기를 만들어서 정보를 처리하는 방식이다. 서사 모드는 더 일찍 발달하고 모든 문화권에서 발견되며, 실제로 일어난 현실뿐만 아니라 가능성의 세계까지 창조한다는 점에서 뚜렷하게 구분된다. 브루너는 이야기가 일련의 사건은 물론 이야기 속 등장인물의 내적 정신생활까지 모두 포함한다고 봤다. 이러한 서사적 과정을 통해 우리는 사람들의 주관적인 세계를 더 깊이 파고들 수 있다.

서사 모드는 딱히 뇌의 어떤 영역에서 이루어진다고 정의하기가 어렵다. 그러나 자전적 회상과 작화(진짜처럼 보이는 허구의 이야기를 지어내는 것) 등의 정신 작용에 관한 연구는 흥미로운 가능성을 제시한다. 좌뇌는 이야기를 만들 때 주도적인 역할을 하는 것으로 보인다. 좌뇌가 세상의 사물들이 서로 어떻게 연결되어 있는지를 설명하는 논리적-연역적 추론에 특화되어 있다는 점을 생각하면 놀라운 일이 아니다.

좌뇌는 언어, 사실, 선형적 처리, 분류하려는 성질로 채워져 있으며, 인지과학자 마이클 가자니가가 통역사 기능이라고 부르는 능력을 갖추고 있다. 우뇌와의 연결이 끊어지면 좌뇌는 이야기를 지어내기 시작한다. 좌뇌는 보이는 것을 맥락에 따라 이해하는 능력이 부족해 일관성 있어 보이기만 한다면 상황의 의미나 맥락에 맞지 않는 것들도 개의치 않고 하나로 묶는다. 그러면 응집력은 있으나(연결이 어느 정도 논리적이긴 하나) 일관성은 없는(전체적인 정서적, 맥락적, 감각적 측면에서는 이해되지 않는) 이야기가 만들어진다. 어떻게 이것이 가능할까?

이러한 발견을 설명할 방법은 우뇌가 사회적, 정서적 맥락을 제공한다고 보는 것이다. 우뇌는 비언어적 신호를 처리하는 데 중요한 역할을 한다. 감정과 동기 부여 상태를 만드는 뇌의 변연계 회로와 더 직접적으로 연결되어 있어, 타인의 주관적인 삶을 감지하거나 그 사람의 신호를 인식하고 이해하는 능력은 우뇌의 기능에 달린 것으로 보인다. 사회적, 정서적, 비언어적, 맥락적 정보는 타인과 자신의 마음을 인지하는 능력인 마인드사이트의 재료로 작용한다.

이야기는 사건의 배열과 등장인물 내면의 삶을 담는다. 내면의 삶은 주로 우뇌가 감지하고 이해한다. '이해할 수 있는' 이야기는 (등장인물 내면의 삶에 대한 주관적, 사회적, 정서적 의미가 담겨 있어야 하므로) 반드시 우뇌의 개입이 필요하다. 마음이 일관성 있는 이야기, 즉 자신과 타인의 삶을 이해할 수 있는 이야기를 하려면 좌뇌와 우뇌가 통합되어야 한다. 따라서 일관성 있는 이야기는 좌뇌와 우뇌의 수평적 통합에서 비롯될 가능성이 크다.

Parenting from the inside out

3장

어떻게 느끼는가?
: 감정

부모로서 우리는 자녀와 사랑이 넘치고 의미 있는 관계를 맺길 원한다. 감정이 하는 역할을 이해하면 그러한 관계를 만드는 데 도움이 된다. 감정을 공유함으로써 우리는 다른 사람들과 유대감을 쌓는다. 감정을 인지하고 공유하며 아이들의 감정에 공감할 수 있는 의사소통은 자녀와의 지속적인 관계를 형성하는 토대가 되어 준다. 감정은 내적 경험과 대인 관계 경험에 영향을 미치며, 마음을 의미 있는 것들로 채운다. 감정을 인지하고 타인과 나누면 일상이 풍요로워진다.

부모가 감정을 나누는 능력은 아이들의 활력과 공감 능력을 키우는 데도 도움이 된다. 관계를 키우려면 긍정적인 감정은 공유하여 증폭시키고 부정적인 감정은 위로하여 감소시키는 것이 필요하다. 감정은 어릴 때부터 부모 자녀 간에 이루어지는 상호작용의 과정이자 내용이다.

예를 들어 아이가 뒤뜰에서 뚜껑이 없는 작은 유리병에 알록달록한 딱정벌레를 잔뜩 모아서 흥분한 채 집에 들어왔다고 상상해 보자. "엄마, 내가 이걸 찾았어요! 엄청 예쁘지 않아요?" 이때 당신의 머릿속에 드는 생각은 딱정벌레가 유리병에서 빠져나올까 하는 걱정이다. 그래서 "그 징그러운 것들 좀 당장 버려." 하고 딱딱하게 말한다. 하지만 아이는 이를 거부한다. "엄마, 제대로 보지도 않았잖아요. 날개가 초록빛으로 빛난다고요." 당신은 유리병을 흘낏 쳐다본 뒤 아이의 팔을 잡아끌고 밖으로 나온다. "벌레는 밖에서 사는 거고, 그래야만 하는 거야."

이 상황에서 아이의 정서적 경험은 완전히 배제되었다. 아이의 즐거움과 기쁨은 공유되지 않았고, 아이는 자신이 한 경험의 의미를 생각하면 다소 혼란스러울 것이다. 아이는 자신이 발견한 딱정벌레에 기분이 '좋고' 신나서 그 감정을 공유하러 엄마를 찾아갔으나 엄마는 마치 아이가 '나쁜' 일을 한 것처럼 반응했다. 의미 있는 정서적 교감이 이루어지면 아이의 경험은 가치 있는 것이 되고 부모는 아이의 발견과 기쁨을 공유한다. 집에 딱정벌레를 풀어놓고 살아야 한다는 뜻이 아니다. 단지 아이의 행동을 바꾸기 전에 먼저 아이의 정서적 경험에 공감해 주는 것이 중요하다는 것이다.

아이의 감정에 맞춘다는 것은 아이의 눈높이에 맞춰 수용적이고 열린 태도로 아이가 가져온 것을 들여다보고 호기심과 열정을 담은 목소리로 반응하는 것을 뜻한다. "어디 한번 보자. 우와, 엄청 알록달록하고 작은 딱정벌레네! 엄마한테도 보여 줘서 고마워. 어디서 찾았어? 그런데 엄마 생각에 딱정벌레는 밖에서 사는 게 더 행복할 거야."

이런 태도는 부모 자녀 간의 관계를 단단하게 다질 뿐 아니라, 부모가 자기 생각과 감정을 소중히 여겨 주는 경험을 하면서 아이의 자아의식이 성장하는 데도 도움이 된다. 부모가 아이의 감정에 공감할 때, 아이는 스스로 좋은 사람이라고 느낀다. 정서적 교감은 아이에게 의미를 만들어 주고, 아이가 부모와 자기 자신을 이해하는 데 영향을 미친다.

그렇다면 감정이란 정확히 무엇일까? 우리는 모두 감정을 느낄 수 있지만, 그것을 설명하기는 매우 어렵다. 감정이 무엇인지, 그리고 감정이 우리 삶에서 하는 역할이 무엇인지를 이해하기 위해 과학적 지식을 참고할 수 있다.

감정은 스스로 느낄 수 있고 다른 사람에게서도 느낄 수 있으며, 슬픔, 분노, 두려움, 기쁨, 놀라움, 혐오, 수치심 등의 단어로 표현하는 다양한 기분이다. 감정은 전 세계 모든 문화권에 존재한다. 그러나 쉽게 분류할 수 있는 감정(이하 범주적 감정)은 인간의 삶에서 감정이 차지하는 역할의 일면을 나타낼 뿐이다.

여기서는 감정의 전체 개념에 대한 추가적인 관점을 제공하려 한다. 이제부터 감정의 분류는 제쳐 두고 새로운 가능성에 마음을 열어 보아라. 감정은 별개의 독립체를 하나의 기능적인 전체로 통합하는 과정으로 생각할 수 있다. 이 말이 다소 추상적으로 들릴 수 있으므로 좀 더 명확히 알아 보고 실제 적용 사례를 살펴보자.

감정은 본질적인 통합 작용으로서 사실상 인간 뇌의 거의 모든 기능이 관여한다. 복잡한 방식으로 발화하는 다량의 신경 세포가 모여 있는 뇌는 일정 형태의 균형과 자기 조절을 이루기 위해 통합 작용이 필요하다. 감정은 마음에 자기 조직화를 가져오는 통합 작용이다. 앞서 살펴봤듯이 통합은 자기 자신에게서, 그리고 자녀를 비롯한 타인과의 관계에서 행복감을 느끼는 데 핵심적인 역할을 한다. 감정을 경험하고 소통하는 방식은 우리가 삶에서 활력과 의미를 느끼는 방식에 근본적인 영향을 미칠 수 있다.

범주적 감정보다 더 기본이 되는 감정인 기본 감정은 다음과 같이 설명할 수 있다. 내부 또는 외부 신호가 주어질 때, 뇌는 먼저 초기 정향 반응(새로운 자극이나 상황이 제공됐을 때 나타나는 각성 반응)으로 마음의 주의 집중을 활성화한다. 이러한 초기 정향 반응은 기본적으로 "집중해. 이건 중요한 일이야."라고 말한다. 다음으로 뇌는 그 신호가 '좋은' 것인지 '나쁜' 것인지를 판단함으로써 초기 정향 반응에 반응한다. 이러한 판단에 뒤이어 더 많은 신경 회로가 활성화되는데, 이렇게 활성화된 신경 회로는 관련된 뇌 영역으로 확장 또는 정교화된다.

이러한 판단/각성 과정은 정보를 처리할 때 마음의 근본적인 에너지가 급증하는 것으로 생각할 수 있다. 이렇게 정교한 판단 과정을 통해 뇌는 마음속에서 의미를 만들어 낸다. 감정과 의미 감각 역시 똑같은 신경 프로세스로 만들어진다. 앞으로 살펴보겠지만, 이와 동일한 뇌 회로가 사회적 의사소통도 처리한다. 이처럼 감정, 의미, 사회적 교류는 서로 떼려야 뗄 수 없는 관계에 있다.

초기 기본 감정은 경험의 중요성과 좋고 나쁨을 판단하는 뇌의 첫 번째 평가다. 감정을 통해 우리는 마음을 정리하고 몸을 움직일 준비를 한다. 좋다고 판단되면 접근하고, 나쁘다고 판단되면 후퇴한다. 아이들에게 기분이 어떠냐고 물으면 대체로 "좋다." "나쁘다." "괜찮다." 정도로 단순하게 대답한다. 이 간단한 답이 (부모는 종종 있는 그대로 받아들이지 않지만) 사실은 이러한 기본 감정 작용을 상당히 직접적으로 표현한 것이다.

기본 감정은 비언어적 표현에서 관찰된다. 표정, 눈 맞춤, 목소리 톤, 몸짓, 자세, 반응 타이밍과 강도 등은 사람이 느끼는 감정의 본질, 즉 마음의 에너지 흐름이 급증하여 각성과 활성화가 이루어지고 있음을 드러낸다. 기본 감정은 '마음의 음악'이다.

우리는 기본 감정 상태를 교류함으로써 서로의 감정을 이해한다. 이러한 기본 감정은 언제나 존재하지만, 대개 이러한 기본 감정이 범주적 감정에서 더 차별화된 반응으로 흘러갈 때 의식적으로 감정을 인식한다. 안타깝게도 '감정적인 상태'를 범주적 감정의 표현으로만 생각하기 때문에 서로의 기본 감정과 연결되는 중요한 과정을 놓칠 수 있다. 기본 감정 차원에서 관계를 맺으면 자기 자신과 타인과의 경험을 통합할 수 있다. 서로의 내면 상태에 주의를 기울이면 감정적 공명 상태가 만들어지면서 상대방이 나를 느끼고 있음을 알 수 있다. 공명 상태에 있는 두 사람은 상대의 내면에 서로 영향을 미친다. 이러한 조율을 통해 우리는 연결됨을 느낀다.

[표 3] 감정의 종류

기본 감정: 마음의 에너지 흐름이 급증하는 상태
- 초기 정향 반응: "집중해!"
- 판단과 각성: "좋은지, 나쁜지?"

범주적 감정: 모든 문화권에서 나타나는 특징적인 표현 방식
- 슬픔, 두려움, 분노, 기쁨, 놀라움, 혐오, 수치심 등과 같이 뚜렷하게 구분되는 감정

* 물속에서 연결되는 기분을 느끼다

어느 40대 남성이 '아무런 감정도 느끼지 못한다'며 대니얼을 찾아왔다. 그의 어머니는 병으로 세상을 떠날 날이 가까워지고 있었고 직장 동료 역시 얼마 전에 목숨이 위태로운 병을 진단받았으나 그때도 아무런 느낌도 들지 않았다고. 그는 자신의 삶이 평생 공허함으로 가득했다고 말했다. 해야 할 일을 하며 살아오긴 했지만, 의미 있는 일이라고 느낀 것이 거의 없었다.

그는 변화를 원했다. 가족과 더 나은 관계를 맺고 싶어 했고, 특히 어머니와 동료가 아픈데도 감정을 느끼지 못하는 것은 뭔가 문제가 있다고 생각했다. "저는 괜찮을 거라고, 혹시 상황이 나빠지더라도 괜찮을 거라고 합리화하기만 해요. 이게 옳은 반응이 아닌 걸 알지만 그래도 아무런 감정을 느낄 수가 없어요."

우울증도 아니었고, 걱정이나 불안, 그 밖의 진단 가능한 정신 질환 증상도 거의 없었다. 그는 동료들로부터 인정받는 훌륭한 교수였고 직장에서도 그를 찾는 사람이 많았다. 윤리적이고 공정한 사람이었고 동료와 학생들도 그를 잘 따랐다.

그는 어린 시절을 떠올렸다. 부모님과의 추억이 거의 없었다. 그가 기억하는 것은 두 사람 모두 지성인이었다는 것 그리고 한 번도 그의 생각이나 감정을 주제로 대화를 나눈 적이 없다는 것이었다. 부모님은 행동의 옳고 그름과 성취에만 초점을 맞추었고, 그의 내면에는 관심이 없었다. 10대 때 아버지가 돌아가셨을 때도 그와 어머니는 상실에 대해 한 번도 이야기를 나누지 않았다.

그가 아내에게 매력을 느낀 이유 중 하나는 정서적 풍부함이었다. 세 아이 중 첫째는 이제 사춘기에 접어들었는데, 그는 둘째와 셋째처럼 첫째와도 가깝게 지내고 싶었다. 아이들을 생각하면 어떤 기분이 드는지 묻자, 그는 첫째 아이가 태어나던 순간을 이야기하면서 눈시울을 붉혔다. 살면서 가장 격한 감정을 느낀 것이 그때였다고 말했다. 딸을 깊이 사랑하면서도 그 책임감이 너무 무거워서 견디기 힘든 기분을 느꼈다고 했다.

그는 어릴 때부터 예술에 소질이 있었고, 사물의 형태, 배치, 색깔 등 미적 가치에 관심이 많았다. 한때는 건축가가 될 생각도 했지만 결국에는 학계에서 연구하는 길을 택했다. 그의 우수한 예술적 감각을 보았을 때 이 남자의 감정이 풍부하지 않은 이유가 우뇌가 덜 발달해서라는 추측은 가능성이 없었다. 그러나 공감 능력의 부족, 마인드사이트 활용 능력의 결여, 내면세계와의 전반적인 단절감으로 보건대 좌측/우측 처리 모드의 통합에 문제가 있는 것 같았다.

대니얼은 그에게 일기 쓸 것을 권했다. 자기 성찰적 글쓰기는 기본적으로 우뇌와 좌뇌의 협업을 요구하기 때문이다. 매주 진행한 치료 시간에는, 우뇌와 좌뇌의 연결을 더욱 원활하게 하려는 노력으로 신체 감각과 시각적 이미지에 초점을 맞추고 비언어적 경험에 어떤 의미가 있는지 탐구하는 데 집중했다.

몇 달간 치료받은 뒤 그는 딸과의 관계에서 새로운 경험을 했다. 하와이 여행에서 둘은 스노클링을 하러 갔다. 산호초에서 물고기를 찾으며 함께 수영하고 손짓으로 신호를 보내고 눈을 맞췄다. 그는 이때 딸과 유대감을 느꼈으며 수중 세계를 같이 탐험하면서 기쁨이 가득 차올랐다고 했다. 이날을 회상하며 그는 말했다. “그건 비언어적 의사소통과 관련 있는 게 틀림없어요. 평소에는 딸에게 뭐라고 말해야 할지, 딸이 무슨 말을 하는지를 생각하느라 정작 실제로 무슨 일이 일어나고 있는지는 놓칠 때가 많았거든요.”

즉 좌측 처리 모드가 우측 처리 모드를 지배한 탓에, 그동안 그는 메시지의 내용에만 집중하느라 의미와 연결을 만들어 내는 기본 감정은 인지하지 못한 것이다. 물속에 있는 동안 두 사람은 좌측 처리 모드의 지배에서 벗어나 비언어적 신호를 교환하면서 강력한 유대감을 형성할 수 있었다.

같은 시기에 딸은 아버지에게 이렇게 말했다. "아빠, 요새 점점 재밌어지세요. 정말 웃겨요!" 아버지는 딸의 말에 기뻐했다. 그는 자기 몸에서 새로운 감각을 느끼기 시작했다고 말했다. 직감적인 감각, 가슴에서 올라오는 기분 같은 것을 느끼기 시작했다. 특정 단어로 표현할 수 없는 마음속 이미지를 더 잘 인식할 수 있게 됐고, 자신의 감정을 편안하게 설명하고 가족들과 공유할 수 있게 됐다. 현재에 좀 더 집중할 수 있게 되었고, 자기 생각에 갇히는 일이 줄었다. 좌측과 우측 처리 모드의 연결이 점점 원활해지면서 그는 아버지의 상실을 둘러싼 해결되지 않은 감정적 응어리를 탐구하고 어머니와 동료의 병에 대한 자신의 감정을 인식할 준비를 마쳤다.

타인과 연결되고자 하는 욕구를 받아들이려면, 우리가 모두 얼마나 연약하고 깨지기 쉬운 존재인지를 고통스럽더라도 인정하는 것이 필요하다. 이 남성의 경우, 치료 전에 이미 자신의 어린 시절 경험을 이해하고 있었기에 자라 온 환경 때문에 기본 감정이 차단되었음을 금세 인지할 수 있었다.

관계는 중요하고 좋은 것이라는 본능적인 판단은 부모님과의 메마른 감정적 경험에 반응하여 마음의 나머지 부분과 연결을 끊는 쪽으로 적응해야만 했다. 이러한 적응은 일종의 최소화 방어 메커니즘으로, 정서적 사막에서 그를 무력화시킬지 모를 그리움과 실망감의 범람을 최소화하기 위해 꼭 필요한 것이었다. 이러한 차단 프로세스는 효율적이어서, 그의 판단/각성 시스템이 정교화를 거쳐 더 강렬한 범주적 감정을 만드는 것을 막았다. 그 결과 그는 무감각하고 의미를 찾지 못하는 삶을 살았다. 부모님과의 감정적 소통이 단절되면서 그는 자신의 삶에서 의미를 만들어 내는 과정과도 단절됐다. 그러나 치료와 자기 성찰적 글쓰기를 통해 이제는 삶에서 더 많은 의미를 만들어 낼 수 있게 되었다.

* 정서적 소통이 이루어지면 유대감을 느낀다

느끼고 있음을 알기 위해서는 서로의 기본 감정에 주파수를 맞추는 것이 필요하다. 두 마음의 기본 감정이 연결되면 두 사람이 하나가 되는 느낌을 경험하는 조율 상태가 된다. 마음의 음악, 즉 우리의 기본 감정은 다른 사람의 기본 감정 상태에 연결되면서 그 사람의 마음에 밀접하게 영향을 받는다. 만약 소통이 거의 일어나지 않는 범주적 감정에만 초점을 맞추면, 우리는 매일 우리에게 일어날 수 있는 마법 같은 연결의 순간을 경험할 기회를 놓치게 된다.

공명은 비언어적 신호를 공유함으로써 우리의 상태, 즉 기본 감정을 일치시킬 때 일어난다. 상대방과 물리적으로 떨어져 있을 때도 우리는 그러한 공명의 울림을 계속해서 느낄 수 있다. 상대방에 대한 이러한 감각적 경험은 그 사람에 대한 기억의 일부가 되고 그 사람은 우리의 일부가 된다. 공명이 있는 관계에는 엄청난 활력을 불어 넣는 유대감이 형성될 수 있다. 이러한 유대는 그 순간에만 존재하는 것이 아니다. 우리는 관계의 공명을 통해 상대방과 연결되어 있음을 계속해서 느낄 수 있다. 공명은 그 사람 그리고 그 사람과의 관계에 대한 기억, 생각, 감각, 이미지로 경험된다. 지속적인 유대감은 우리의 마음이 연결되는 방식으로 생각할 수 있다. 연결은 두 마음의 통합을 드러낸다. 관계에서 일어나는 일 중 상당수는 한 사람의 감정 상태가 다른 사람의 감정에 울림을 일으키는 공명 과정과 관련된 것이다. 조율된 연결은 공명을 만든다.

공명을 만드는 또 다른 핵심 요인은 '거울 뉴런'일 것이다. 인간의 거울 뉴런 시스템은 특정 종류의 뉴런이 지각과 행동을 직접 연결한다는 사실을 새롭게 발견한 것이다. 이러한 거울 뉴런 시스템은 한 사람의 마음이 어떻게 다른 사람의 정신 상태에 영향을 미치는지를 설명하는 기초가 될 수 있다.

거울 뉴런은 뇌의 여러 부위에서 발견되며 운동 동작과 지각을 연결하는 기능을 한다. 예를 들어 한 사람이 다른 누군가의 의도적인 행동(가령 컵을 드는 행위)을 보면 특정 뉴런이 발화하는데, 이 뉴런은 자기가 직접 컵을 들 때도 발화한다. 거울 뉴런이 단순히 다른 사람의 행동에 무조건 반응해서 발화하는 것은 아니다. 행동 뒤에는 반드시 어떤 의도가 있어야 한다. 그 사람 앞에서 아무렇게나 손을 흔들면 거울 뉴런이 활성화되지 않는다. 어떤 결과를 의도한 행동을 할 때만 발화한다. 이처럼 거울 뉴런은 뇌가 다른 사람의 의도를 감지할 수 있음을 보여 준다. 이는 모방과 학습의 초기 메커니즘뿐만 아니라 타인의 마음 상태에 대한 이미지를 만들어 내는 능력인 마인드사이트에 대한 근거를 제시한다.

거울 뉴런은 또한 감정 표현에 대한 인식을 관찰자 내면의 감정 상태 생성과 연결할 수도 있다. 다시 말해서 우리가 타인의 감정을 인식하면 우리 내면에서도 자동으로, 무의식적으로 그러한 상태가 만들어진다는 뜻이다. 예를 들어 우리는 다른 사람이 우는 것을 보고 따라서 울 수 있다. 다른 사람의 입장에 자신을 대입함으로써 그 사람이 어떤 기분을 느끼고 있는지 배운다. 신체와 마음이 반응하는 방식을 통해 타인의 감정을 아는 것이다. 타인의 마음 상태를 알기 위해 자신의 상태를 확인한다. 이것이 공감의 기본이다.

유대감의 핵심은 공감을 통한 감정적 소통 경험이다. 기본 감정을 공유해야 한 사람의 마음이 다른 사람과 연결될 수 있다. 아이가 기쁨, 성취감 등의 긍정적인 감정을 느낄 때, 부모는 이러한 감정 상태를 공유하고 아이와 함께 적극적으로 그것을 성찰하고 증폭시킬 수 있다. 마찬가지로 아이가 실망감, 속상함 등과 같이 부정적이고 불편한 감정을 느낄 때도 부모는 아이의 기분을 공감해 주고 마음을 다독여 주는 안정적인 존재가 되어 줄 수 있다.

이러한 유대의 순간을 통해 아이는 부모가 자신의 감정을 느끼고 있으며 부모의 마음에 자신이 존재한다는 느낌을 받는다. 자신에게 반응하고 공감하는 어른과 연결됨을 경험할 때 아이들은 스스로 좋은 사람이라고 느낀다.

* 양버즘나무를 건너다

어느 날 메리는 유치원 놀이터에서 어린 여자아이와 교생 선생님 사이의 상호작용을 보게 됐다. 사라는 네 살 정도 된 여자아이로, 소심한 편이며 사회적으로도 신체적으로도 조심성이 많고 새로운 경험을 시도하기를 주저했다. 선생님들은 응원과 격려로 사라에게 학습과 도전의 기회를 제공하면서 사라가 자신감을 키울 수 있도록 세심하게 노력했다.

2학기가 되자 사라는 조금씩 스스로 도전하기 시작했다. 유치원 놀이터에는 수년 전에 쓰러진 양버즘나무가 3m 길이의 다리처럼 놓여 있었다. 아이들은 그 통나무 다리를 건너는 것을 좋아했다. 아이들에게는 그것이 엄청난 성취였다. 그러나 사라는 한 번도 나무 위를 걷는 모험을 하지 않았다.

그러다 5월 중순 어느 날, 사라의 자신감이 라일락처럼 싹트더니 마침내 통나무 위에 발을 내디뎠고 끝까지 건너갔다. 이 모습을 본 교생 선생님은 사라가 통나무 반대편으로 내려오자마자 몹시 흥분해서 열화와 같은 환호와 칭찬을 보냈다. "우와, 만세! 정말 대단하다. 진짜 최고였어!" 선생님은 신나서 방방 뛰고 팔을 흔들면서 크게 소리쳤다. 사라는 수줍게 선생님을 바라보며 뻣뻣한 자세로 서서 희미하게 미소 지었다. 이후로 몇 주 동안 사라는 통나무 다리를 피했고 다시 다리를 건너기까지 엄청난 용기가 필요했다.

무엇이 문제였을까? 분명 선생님은 사라의 성취에 긍정적인 반응을 보였다. 하지만 사라의 경험에 귀 기울이는 것을 놓쳤다. 선생님의 반응은 자기가 느끼는 자랑스러움과 흥분을 반영한 것이지, 큰 용기를 내어 위험을 감수한 사라의 경험에 관한 것은 아니었다. 선생님의 반응에 사라가 한 경험의 본질은 반영되지 않았다. 사실 그것은 사라에게 오히려 부담으로 작용했고, 사라가 다시 통나무 다리를 걷는 위험을 감수하지 못하도록 막았다. '다음번에는 그렇게 못할지도 몰라. 떨어질 것 같으니까 차라리 시도하지 않는 게 낫겠어.' 사라는 아마 이렇게 생각했을 것이다. 조심성 많은 아이가 생각하기에 대단한 행동은 따라 하기 어려운 것이기 때문에 사라는 안전하게 놀기를 선택했고 첫 성공 이후로는 더 나아가지 않았다.

그렇다면 조금씩 싹트던 사라의 자신감을 북돋아 주려면 어떻게 해야 했을까? 사라의 경험을 존중하는 방식으로 격려하려면 어떻게 말해야 했을까? 어떻게 하면 사라가 성취를 자기 것으로 만들고 그러한 자신감을 바탕으로 더 발전할 수 있었을까?

만약 선생님이 따뜻하고 배려하는 태도로 사라의 성취를 반영했더라면, 사라도 선생님의 반응에서 자기 모습을 비춰 볼 수 있었을 것이다. 선생님은 이렇게 말할 수 있었다. "사라, 네가 조심스럽게 한 발씩 내디디며 반대편까지 건너가는 모습을 지켜봤어. 네가 해냈구나! 처음이라 무서웠을 텐데도 계속 나아갔어. 훌륭해! 자기 몸을 신뢰하는 법을 배워 가고 있구나."

위와 같은 반응을 보였다면, 사라가 자신의 경험을 통합하고 그 성취를 바탕으로 발전하는 데 도움이 됐을 것이다. 이것이 바로 서로의 감정에 연결된 반응이다. 이는 사라의 행동과 정신 작용 모두를 성찰할 수 있게 함으로써 사라가 앞으로도 경험을 진정성 있게 되돌아볼 수 있도록 해 준다. 타인이 자신의 내적, 외적 경험과 일치하는 방식으로 자신의 경험을 되짚어 주는 경험을 할 때, 아이들은 일관성 있게 자신을 이해할 수 있다.

아이들이 삶에 대한 통합적이고 일관성 있는 이야기를 구성할 수 있도록 도우려면 각자의 경험에 맞게 소통하는 것이 중요하다. 아이의 감정에 맞춘 소통은 자주적인 자아와 유연한 자기 조절 능력을 키우는 데 도움이 된다. 정서적 소통은 유대를 가능하게 한다. 이는 부모와 자녀 모두에게 활력과 행복을 주는 진정한 통합의 과정이다. 이러한 유대의 경험은 아이들이 자아의식을 키우고 자기 이해와 공감 능력을 강화하도록 돕는다.

그렇다고 부모가 항상 유대의 경험을 제공하고 아이의 경험에 귀 기울이고 표현해 줘야 한다는 뜻은 아니다. 아이에게 계속 집중하는 것도 아이 입장에서는 꽤 불편하게 느껴질 수 있다. 부모 자녀 관계에는 연결과 분리에 대한 욕구가 주기적으로 존재한다. 부모는 아이가 혼자 있고 싶어 할 때와 함께 있고 싶어 할 때를 민감하게 알아차려야 한다. 아이의 감정에 귀 기울이는 부모는 아이의 연결 욕구, 분리 욕구, 그리고 다시 연결을 바라는 욕구가 자연스럽게 변화하는 리듬을 무시하지 않는다. 인간은 타인과 조율된 상태를 계속 유지하도록 설계되지 않았다. 잘 조율된 관계는 이렇게 변화하는 욕구의 리듬을 존중한다.

* 정서적 관계를 맺으면 소통의 문이 열린다

정서적 관계를 맺으려면 아이의 마음 상태를 이해하고 존중하려는 열린 자세도 필요하지만, 자신의 내면 상태를 주의 깊게 의식하는 것도 중요하다. 우리는 자신의 관점에서뿐만 아니라 아이들의 관점에서도 상황을 볼 필요가 있다. 그러나 감정을 의식하지 못하거나 미해결 문제와 그로 인한 반응 때문에 감정이 마비되면 이는 어려운 일이 될 수 있다. 앞에서 살펴봤듯 종종 해결되지 않고 남은 문제에 '무릎 반사'처럼 반응함으로써 아이들과 정서적으로 유대를 맺을 기회를 망쳐 버리곤 한다.

우리는 자신의 기본 감정 상태가 어떤지 확인하지 않고 의식하지 못할 때가 많다. 심지어 범주적 감정조차 의식하기를 거부한다. 기분이 겉으로 드러나는 행동을 하고서야 감정을 인지한다. 그리고 이런 행동은 대개 아이들에게 상처가 된다. 그러므로 자신의 감정을 의식하고 그것이 우리의 내면과 대인 관계 생활에서 하는 핵심적인 역할을 존중하는 것이 중요하다. 특히 아이들은 부모의 무의식적인 감정과 미해결 문제를 투사하는 대상이 되기 쉽다. 어린 시절에 형성된 방어기제는 자녀의 내면적 경험을 수용하고 공감하는 능력을 제한한다. 부모의 자아 성찰적인 자기 이해 과정이 없으면, 그러한 방어적인 반응 패턴 때문에 아이들이 관계와 현실을 경험할 때 왜곡을 일으킬 수 있다.

남편의 갑작스러운 변심으로 최근 이혼한 한 여성은 세 살배기 아들이 자기와 놀아 달라고 요구할 때마다 분노를 느꼈다. 남편에게 버려졌다는 기분과 외로움을 미처 극복하지 못한 여성은 엄마와 시간을 보내고 싶다고 표현하는 아이의 '욕심 많은 행동'을 위협적으로 느꼈다. 결핍으로 인한 불편함이 아들에게 투사되면서 어린 아들이 분노의 대상이 된 것이다. 그녀는 어린 시절에도 이처럼 버림받았다는 느낌과 외로움을 느꼈었고, 그래서 아이의 욕구를 수용하는 데 어려움을 겪었다.

이처럼 아이들은 부모의 미해결 문제가 만들어 낸 정서적 혼란에 갇힐 수 있다. 그녀는 이혼의 아픔을 받아들이고 중대한 삶의 변화를 자신의 어린 시절에 대한 이해와 통합하면서 더는 아이에게 부당하게 화를 내지 않게 되었다. 자신의 미해결 문제 때문에 엄마와 함께하고 싶어 하는 아이의 건강한 욕구를 따뜻하게 받아 주지 못했음을 깨달은 것이다.

내면 처리 과정에 대한 이해와 자기 성찰은 자녀의 행동에 대해 더 다양한 범위의 반응을 선택할 수 있게 한다. 의식은 선택 가능성을 만든다. 반응을 선택할 수 있을 때 우리는 감정적인 반응(대개는 아이들과 직접적인 관련 없는)에 휘둘리지 않을 수 있다. 그것들은 그 순간에 주고받는 아이들과의 감정적 소통이 아니라 우리 자신의 감정 상태에 의한 과잉 반응이다. 자기 이해의 통합을 이루면 아이들과 정서적으로 연결되는 과정에 마음을 열기가 쉬워진다. 일관성 있는 자기 이해와 대인 관계의 유대는 서로 밀접하게 얽혀 있다.

부모의 내면적 경험이 자녀와의 연결을 방해할 때, 부모의 강한 감정적 반응이 아이들의 방어적인 감정 상태를 자극하는 트리거로 작용할 수 있다. 그렇게 되면 부모와 자녀는 협력적인 관계에서 벗어나 각자 자신의 내면세계로 분리되어 외로움과 고립감을 느끼게 된다. 부모와 아이의 진정한 자아가 심리적 방어라는 정신적 벽 뒤에 숨겨지면, 부모와 자녀 모두 서로 연결되어 있거나 이해받고 있다고 느끼지 못한다.

외로움을 느끼는 아이들은 단절에 대한 두려움과 불편함을 표현하려고 공격적으로 행동하거나 위축된다. 그러면 아이들의 행동이 부모의 관심을 끌긴 하지만, 부모의 내면에 남아 있는 고립감 때문에 부모 자녀 관계가 다시 연결되기는 쉽지 않다. 부모의 정서적 문제는 건강하지 않은 반응을 일으키고, 그로 인해 더더욱 아이들과 자신을 감정적으로 이해하는 능력을 발전시키지 못한다.

정서적 이해 없이는 서로 연결되어 있음을 느끼기 어렵다. 정서적 관계는 협력적인 소통의 문을 열어 준다. 모든 관계, 특히 부모 자녀 간의 관계는 서로의 마음이 연주하는 음악의 존엄성과 자주성을 존중하는, 조율된 의사소통을 토대로 한다.

* 통합적인 의사소통이 유대감을 키운다

아이들과 연결되는 일은 어려운 경험이자 보람 있는 경험 중 하나일 수 있다. 부모로서 우리는 통합적인 의사소통으로 유대감을 키워 나가는 법을 배우면서 아이들과 평생 의미 있는 관계를 구축할 수 있다. 우리가 아이들과 마음을 맞출 때, 마음의 기본 요소가 통합되는 과정이 시작된다. 마음이 연결되면 서로 함께 있다는 소중한 감각을 느낄 수 있다. 통합적인 의사소통은 아이들과의 관계 전반에서 일어난다. 물리적으로 떨어져 있을 때도 서로 함께한다는 공명감이 생겨나기 시작한다. 이러한 공명을 경험하는 아이들은 우리가 곁에 없을 때도 편안함을 느낀다.

우리가 아이들의 자아의식 발달에 엮여 있는 것과 마찬가지로, 아이들도 우리가 그들을 느끼고 있고 마음속에 두고 있다는 것을 알 수 있다. 부모와 연결되어 있음을 느끼는 아이들은 안정감을 얻고 자신의 감정과 주변 세계를 탐구할 수 있는 용기를 갖는다. 정서적 소통은 아이들이 부모와의 관계는 물론 다른 사람들과의 관계를 형성하는 데도 토대가 되어 준다.

표 4를 활용하면 유대감을 키우는 의사소통을 하는 데 도움이 될 것이다.

[표 4] 통합적인 의사소통 연습하기

1. 의식: 기분과 신체적 반응, 상대방의 비언어적 신호에 주의를 기울여라.
2. 조율: 마음 상태를 상대방에게 맞춰라.
3. 공감: 상대방의 경험과 관점을 감지할 수 있도록 마음을 열어라.
4. 표현: 내면의 반응을 존중하며 소통하라. 그것을 겉으로 꺼내라.
5. 유대: 언어적, 비언어적으로 주고받는 의사소통을 통해 열린 마음으로 공유하라.
6. 명확성: 상대방의 경험을 이해할 수 있도록 도와라.
7. 자주성: 서로의 마음이 갖는 존엄성과 독립성을 존중하라.

통합은 분리된 부분이 기능하는 전체로 연결되는 과정이다. 예를 들어 통합된 가정의 가족 구성원은 서로 뚜렷하게 다른 점을 인정하고 이러한 차이를 존중하면서도, 함께 어우러져 응집력 있는 가족이 된다. 이렇게 통합된 가정의 의사소통은 분화(각기 다른 고유한 개인으로 분리됨)와 통합(서로 함께하기 위해 모임)이라는 두 가지 기본 프로세스를 혼합하여 이루어 낸, 수준 높은 복잡성을 반영하는 생명력을 갖는다. 분화와 통합이 혼합될 때 가족은 각 개인의 합보다 큰 무언가를 창조할 수 있다. 통합적인 의사소통은 부모와 자녀가 '우리'로서 하나가 되어 세상 속에서 더욱 끈끈하게 연결됨에 따라, 부모와 자녀의 개성을 모두 발전시킨다.

의사소통 연습해 보기

01 당신과 아이가 같은 경험에 다른 반응을 보인 적이 있는지 떠올려 보라. 아이의 관점에서 사건을 바라보아라. 그 경험의 의미를 다르게 판단하게 됐는가? 아이의 눈으로 바라보고 새롭게 이해하게 된 것들을 아이에게 말해 준다면 아이는 어떻게 반응할까?

02 108페이지를 보고 통합적으로 의사소통하는 법을 연습하라. 실제 자녀들과의 상호작용을 관찰하고 이 일곱 가지 요소가 당신의 의사소통에 어떻게 포함되어 있는지 생각해 보라. 상호작용이 더 나아질 수 있도록 노력하라. 당신이 아이를 느끼고 있음을 아이도 알고 있는가? 당신이 아이에게 느끼는 유대감은 어떻게 변화하는가?

03 자신과의 소통에서도 일곱 가지 요소를 적용할 수 있는 방법을 생각해 보라. 스스로의 내면 상태와 기본 감정에 마음을 열려면 어떻게 해야 할까? 더 깊이 있는 마음 챙김을 위해 내면의 감각, 생각, 이미지를 의식하라. 이러한 과정이 의식 위로 떠오르게 내버려두라. 스스로 판단하거나 고치려고 하지 말고 공감하라.

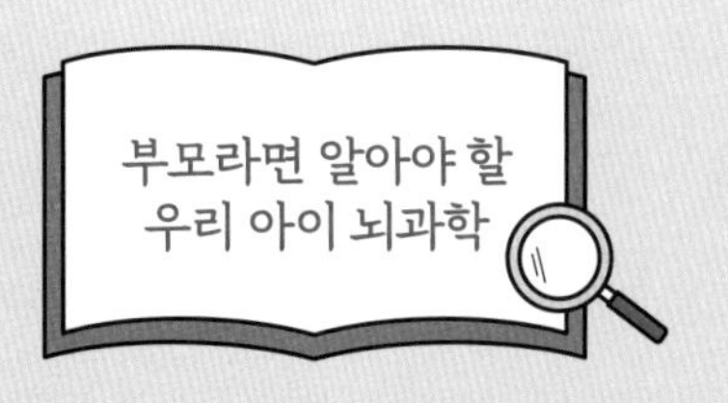

* 감정의 진화

감정의 과학은 문화, 정신 작용, 뇌 기능 연구로 구성된 복잡한 분야다. 동물 연구에 따르면 인간만이 감정을 가진 것은 아니다. 위험을 마주한 동물들은 투쟁, 경직, 도피 등 상당히 감정적인 행동과 생리적 반응을 보인다. 포유류는 자신의 내면 상태를 같은 종의 다른 구성원에게 전달하는 복잡한 수단을 진화시킨 유일한 집단인 것으로 보인다. 이처럼 감정은 내면의 과정을 반영하는 것이다. 감정을 다른 개체에 전달하는 것도 가능하다. 감정과 동기를 매개하는 뇌 시스템인 변연계 구조도 이러한 행동적 성취와 함께 진화했다.

폴 맥린은 뇌가 각각 독립적이면서도 서로 연결된 세 부분, 즉 가장 깊숙한 부분인 뇌간, 중간 부분인 변연계, 바깥 부분인 신피질로 이루어져 있다는 관점에서 '삼위일체의 뇌'라는 용어를 만들었다. 뇌간은 원시적인 구조로 여겨지고 때로는 파충류의 뇌라고 불린다. 이후 동물이 진화하면서 그다음 층인 변연계 회로가 포유류의 유산이 되었다. 변연계 구조에는 편도체(중요한 감정인 공포, 그리고 아마도 분노와 슬픔을 매개함), 전대상회(일종의 최고 운영 책임자 역할을 하며 주의력 배분을 위한 실행 제어 기능을 수행함), 해마(외현 기억을 매개하고 기억에 맥락을 부여하는 인지적 지도 작성자 역할을 함), 시상하부(호르몬 균형을 통해 신체와 뇌를 연결하는 신경 내분비 처리를 담당함), 전전두엽의 안와전두피질(감정 조절, 자전적 기억 등의 다양한 처리 과정을 통합함)이 있다.

변연계에 정확한 경계가 있는 것 같지는 않지만, 그 회로는 신경전달물질의 종류와 공통의 진화적 유산을 공유하는 것으로 보인다. 변연계의 활동은 변연계 자체는 물론 뇌간에서부터 뇌의 세 번째 영역인 신피질까지 광범위하게 영향을 미친다.

변연계는 뇌간을 조절할 뿐 아니라 신체 기능을 포함한 내적 상태와 환경, 특히 사회적 환경과의 상호작용을 조정한다고 말할 수 있다. 실제로 변연계 활동은 포유류 대부분이 사회적 세계에 관심 갖는 이유를 설명한다. 사회적 상호작용이 자신의 신체 기능을 조절하는 데 도움 되기 때문이다! 자신과 타인의 내면세계를 조율하는 것은 포유류의 특기이며 인간을 정교하고 호기심 많은 사회적 존재로 만든다.

포유강 안에서 영장류가 진화하면서 뇌는 더욱 변화했다. 진화는 단순히 새로운 구조가 추가되는 것이 아니라, 새로운 기능을 위해 기존 회로가 적응하는 것도 해당한다. 따라서 변연계의 최상층인 안와전두엽과 전대상회 영역도 진화 중인 신피질에 속하는 것으로 여겨진다.

신피질은 호모사피엔스로 알려진 우리 종 내에서 가장 진화한 부분이다. 인간이 고도로 추상적인 지각, 구상, 추론을 할 수 있는 것은 복잡하고 정교하게 주름져 있는 신피질 덕분이다. 신피질, 특히 전두엽 영역에서 일어나는 작용은 우리가 유연하게 사고하고, 자유와 미래와 같은 추상적인 아이디어를 성찰하고, 이런 복잡한 생각을 언어를 사용해 다른 사람들에게 전달할 수 있게 한다.

언어는, 물론 의미하는 바를 정확히 상징하는 데는 한계가 있지만, 그럼에도 우리가 물리적 현실의 제약에서 어느 정도 벗어날 수 있도록 해 준다. 이러한 자유 덕분에 무언가를 창조할 수도, 파괴할 수도 있게 된 것이다. 언어는 세상과 주변 사람들을 다룰 수 있게 하는 강력한 상징체계다. 또한 시간과 공간의 경계를 넘어 서로의 마음을 잇는 소통의 도구이기도 하다. 그리스 시인 아리스토파네스는 "말로써 마음이 날개를 달았다."라고 했다. 신피질은 문명화를 가능하게 하고 인류 문화의 진화를 촉진했다.

누군가는 뇌간, 변연계, 신피질로 이루어진 '삼위일체의 뇌' 중에서 추상적인 추론이 일어나는 영역이자 인류의 문명화를 가능하게 한 신피질이 가장 우위에 있다고 생각할 수도 있다. 하지만 그렇지 않다. 상황이 그렇게 단순하지 않다. 추론은 감정적, 신체적 작용에 큰 영향을 받는 것으로 보인다. 신피질의 활동은 변연계와 뇌간의 신경

작용에 직접적인 영향을 받는다. 감정과 신체 상태가 추론에 개입한다. 가장 진화한 신피질은 혼자서 결정을 내리지 않는다. 뇌의 다른 영역에서 일어나는 사회적, 감정적, 신체적 작용이 신피질의 추상적 지각과 추론에 직접 관여한다.

* 뇌와 사회적 생활

거의 모든 포유류는 사회적 유대감을 가지며, 그중에서도 엄마와 아기의 유대감은 특히나 강하다. 포유류 뇌의 변연계 영역은 심박수, 호흡, 수면-각성 주기와 같은 원시적인 기능의 균형을 유지하는 작용과, 외부나 사회적 세계로부터 정보를 받아들이는 두 가지 기본 작용을 통합한다.

편도체는 표정 반응을 지각하고 표현하는 데 중요한 역할을 하며 감정 상태 조절의 중심에 있다. 이중적인 내향적-외향적 기능은 포유류 특유의 몰입, 즉 타인의 내면 상태, 특히 부모가 자녀의 내면 상태에 집중하는 것을 가능하게 한다. 이렇게 집중함으로써 부모는 자녀가 자신의 내면 상태를 균형 있게 조절하는 방법을 발달시킬 수 있도록 돕는다. 원숭이나 인간과 같은 다른 영장류도 마찬가지고 쥐도 마찬가지다. 파충류, 양서류, 어류와 같은 하등동물은 변연계 회로망이 진화하지 않았기 때문에 다른 개체의 내면 상태에 안달하지도, 포유류와 같이 감정적으로 조율된 사회생활을 하지도 않는다. 반면 인간은 다른 사람뿐만 아니라 지금 당신의 발밑에 앉아 있는 강아지와 같은 다른 포유류와도 정서적 교감을 나눌 수 있다.

* 타인의 마음을 비추는 뉴런

모든 포유류는 다른 개체의 내면 상태를 '읽는' 변연계 회로망을 진화시켜 왔다. 뿐만 아니라 영장류는 다른 개체의 내면 상태를 따라 하는 독특한 능력도 발달시켜 온 것으로 보인다. 영장류는 다른 개체의 의도적인 행동에서 드러나는 정신 상태에 반응한다. 특별하게도 신피질과 언어 기능이 발달한 인간은 정신 상태를 인식하고 조율할 수 있을 뿐만 아니라 타인의 관점을 추측할 수도 있다. 과학자들은 이토록 놀라운 사회적 기능을 가능하게 한 신경 메커니즘의 일부를 밝혀내기 시작했다.

'거울 뉴런'은 약 10년 전 원숭이에게서 처음 발견되었고, 좀 더 최근에는 인간에게서도 확인됐다. 신경 과학자들이 발견한 이 흥미로운 사실은 공감, 문화, 인간관계의 본질에 대한 재미있는 질문을 새롭게 던졌다. 인간에게서 거울 뉴런을 발견한 연구원 중 한 명인 UCLA 문화, 뇌, 발달 연구 센터의 마리코 이아코보니와 그의 동료들은 거울 뉴런이 여러 문화권 간에 정서적, 사회적 삶의 측면을 전달하는 데 어떻게 기능하는지에 대한 몇 가지 아이디어를 연구한다.

거울 뉴런은 우리 뇌가 어떻게 다른 사람들과 깊이 있는 관계를 맺도록 진화해 왔는지에 대한 힌트를 제공한다. 타고난 사회적 동물인 인간은 겉으로 드러나는 타인의 행동과 표정 등을 통해 내면 상태를 읽는 능력을 진화시키면서 살아남았다. 이때 타인의 의도에 정확하고 빠르게 반응할 수 있도록 해 주는 것이 바로 거울 뉴런이다. 사회적 환경에서 상대방이 친구인지 적인지를 판단하기 위해 마음을 읽는 능력이 갖는 생존 가치는 아주 상당했다. 그 결과 지금 우리가 진화에 뿌리를 둔 공감 능력과 마인드사이트를 인류의 유산으로 갖게 된 것이다.

사회적 경험을 이해하는 데 있어서 이러한 시스템의 영향력은 꽤 강력하다. 은유적으로 말해서 공감은 다른 사람의 정신적 신발을 신어 보는 것이다. 우리는 거울 뉴런 시스템이 우리 안에서 만들어 내는 상태를 통해 다른 사람의 내면 상태를 이해하는 법을 배운다. 타인에 대한 정서적 이해는 우리 자신에 대한 인식과 이해와 직결된다.

부모 자녀 관계에 있어서, 일관성 있는 마음을 가진 부모는 마인드사이트를 가지고 자신과 타인의 내적 사건을 의식하고 표현할 수 있으며, 부모의 마음은 자녀의 올바른 성장과도 밀접한 관련이 있다. 거울 뉴런에 대한 연구는 아직 초기 단계라서, 부모 자녀 사이의 최적 또는 차선의 경험이 거울 뉴런 시스템에 어떠한 영향을 미치는지, 그리고 그것이 어떻게 아이들의 성장과 발달을 돕거나 망가트리는지는 알지 못한다. 또한 이러한 시스템이 부모 자녀 간의 일상적인 공감적 상호작용에서, 또는 부모가 자신의 삶을 이해하고 인생 이야기를 들려주는 방식에서 어떠한 역할을 하는지도 아직은 알 수 없다. 이 흥미로운 질문에 대한 답변은 앞으로 계속 연구되고 발견될 것이다.

* 통합 작용으로서의 감정

감정을 탐구하는 다양한 학문 분야에서 떠오르는 한 가지 이슈는, 이처럼 이해하기 어려운 작용이 통합적인 기능을 갖는다는 것이다. 어떤 저자들은 감정이 생리적(신체적), 인지적(정보처리), 주관적(내적 감각), 사회적(대인 관계) 작용을 연결한다고 말한다. 또 다른 저자들은 감정은 마음을 조절하고 마음은 감정을 조절한다고 주장한다.

감정은 무언가 강한 기분을 느낄 때 생기고, 기분은 무언가 강한 감정을 느낄 때 생긴다. 이처럼 감정을 설명하려고 하면 순환적인 사고에 빠지게 된다. 인간의 감정을 연구하는 연구원과 임상의들이 개념적 순환에 빠지게 되는 이유는 아마도 그들이 더 큰 그림의 일부만 묘사하고 있기 때문일 수 있다. 마치 시각 장애인과 코끼리 이야기처럼 말이다. 큰 그림에서 보면 감정은 신경 통합이라는 작용과 관련 있다. 통합이란 더 큰 시스템의 개별 구성 요소를 서로 연결하는 것을 뜻한다. 신경 통합은 뉴런이 뇌와 신체의 한 부분에서 일어나는 활동을 나머지 부분과 연결하는 것이다.

수렴대라고 불리는 뇌 영역에는 다양한 위치에서 입력되는 정보를 하나의 기능적인 전체로 통합하기 위해 뉴런들이 서로 다른 영역으로 광범위하게 뻗어 있다. 앞서 살펴본 안와전두피질과 해마가 여기에 속한다. 수렴대는 다양한 영역의 신경 활동을 통합한다. 그 밖의 신경 활동은 좌뇌와 우뇌 사이에서 신경 메시지를 전달하는 띠 모양의 신경조직인 뇌량에 의해 통합된다. 소뇌 또한 널리 분포된 영역을 서로 연결하는 역할을 할 수 있으며, 이전에 설명한 편도체에도 지각, 운동 작용, 신체 반응, 사회적 상호작용의 다양한 요소를 상호 연결하는 광범위한 입·출력 섬유가 있다.

감정을 신경 통합의 결과물로 보면, 감정이 한 사람의 기능에 얼마나 폭넓은 영향을 미치는지 생각해 볼 수 있다. 또한 뇌의 정상적인 통합 작용이 망가지면 어떻게 감정 장애가 생기는지도 알 수 있다. 대인 관계 차원에서 마음이 서로 통합될 때 우리는 정서적으로 연결되어 있다고 느낀다. 한 사람의 주관적인 내면 상태를 다른 사람이 존중하고 이에 반응할 때, 두 사람의 마음이 서로 연결된다. 우리는 상대방의 마음이 우리 마음에 귀 기울이고 있다는 것을 느낄 수 있다. 이것은 양쪽 뇌의 활동이 통합된 결과로 볼 수 있다.

Parenting from the inside out

4장

어떻게 소통하는가?
: 유대감

육아의 핵심 중 하나는 공감하면서 듣고 소통하는 법을 배우는 것이다. 아이를 배려하는 의사소통은 건강한 애착 발달을 돕는다. 이는 신뢰할 수 있는 부모 자녀 관계를 형성하는 데 특히 중요하다. 여러 문화권에서 진행된 연구에 따르면 건강한 애착에서 공통으로 나타나는 요소가 바로 부모와 자녀가 서로 신호를 주고받는 능력이라고 한다. 반응적 의사소통이라고 불리는 이것은 의사소통을 주고받는 가운데 아이가 보내는 신호를 부모가 직접 인지하고, 이해하고, 반응하는 것을 뜻한다. 서로를 존중하고 서로가 보내는 신호에 진심으로 반응하면, 부모와 아이 모두 기분이 좋다. 반응적 의사소통은 소중한 관계를 키워 나가는 데 필요한 유대감을 활성화한다.

협력적이거나 반응적인 의사소통을 하면 다른 사람의 관점을 받아들이고 그의 반응에 비치는 자신의 관점을 확인함으로써 마음을 확장할 수 있다. 태어날 때부터 아기는 생존을 위해 협력적인 의사소통을 한다. 아기가 웃는 표정을 짓거나 옹알이를 하면 부모는 같이 미소를 짓고 옹알이를 따라 하며 반응한 뒤, 잠시 멈춰 아기가 다시 반응해 주기를 기다린다. 아기에게 "나는 너를 보고 있고 네 말을 듣고 있어. 네가 얼마나 소중한 존재인지 보여 줄게. 그러면 너도 너 자신을 소중한 존재로 여길 수 있을 거야. 나는 네 모습 그대로를 사랑해." 라고 말하는 대화가 시작된다. 신호를 주고받으며 유대감이 형성되는 이 간단한 대화로 연결이 이루어진다. 아이의 정서적 행복은 이렇게 친밀하게 주고받는 소통을 밑거름으로 자라난다.

반응적 의사소통에서 메시지를 받는 사람은 마음을 열고 모든 감각을 동원해서 귀를 기울인다. 미리 정해져 있는 경직된 멘털 모델에 좌우되지 않고, 실제 소통한 내용에 따라 반응한다. 부모가 과거의 내면적 사건에 매달리지 않고 현재에 집중할 때 교류가 일어난다. 반응적 의사소통에서는 부모가 기계적으로 반응하는 대신 아이가 실제로 보낸 신호에 반응하기 때문에 서로 연결될 가능성이 매우 크다. 반응적 의사소통을 하는 부모는 경청하는 행위를 존중한다.

그러나 현실에서는 부모가 자기만의 생각과 기분에 사로잡혀 아이의 메시지를 듣지 않을 때가 많다. 아이의 진정한 메시지가 항상 겉으로 드러나는 것은 아니어서 부모가 메시지를 해독해서 이해해야 할 때도 있다. 혹시 아이의 메시지가 바로 이해되지 않더라도, 아이들이 그 시점에 할 수 있는 최선의 방법으로 자신의 욕구를 충족시키기 위해 노력하고 있다는 사실을 기억하는 것이 중요하다.

예를 들어, 퇴근 후 집으로 돌아온 엄마가 안으로 들어서자마자 22개월 된 아들이 반갑게 달려와 안긴다고 상상해 보자. 아이는 온종일 엄마와 떨어져 있었으니 이제 엄마와 다시 연결되고 싶어 한다. 그러나 엄마의 생각은 달랐다. 회사원 모드에서 엄마 모드로 빨리 전환하고 싶은 마음에 엄마는 건성으로 잠깐 아이를 안아 준 뒤, "엄마 금방 올게."라고 말하며 옷을 갈아입으러 방으로 들어간다. 이렇게 짧게 연결됐다가 분리되면 아이는 충분히 만족하지 못하고 울면서 안아 달라고 보챈다. 그러나 엄마는 자신이 생각한 일을 먼저 처리하기 위해 아이를 밀어낸다.

아이는 점점 더 떼를 쓰고, 크게 울고, 바닥에 드러누워 발로 벽을 차기 시작한다. 회사 일로 이미 지친 엄마도 슬슬 화가 나기 시작한다. 쾅쾅 울리는 소리도 듣기 싫고 벽에 자국이 생기는 것도 싫다. 엄마는 아이가 버릇없이 억지를 부린다고 생각해서 단호하게 말한다. "지금 당장 발로 차는 걸 그만두지 않으면 너랑 놀아 주지 않을 거야!" 이 말을 들은 아이는 엄마가 자기에게 화내는 것을 보고 더 큰 단절감을 경험한다. 아이는 더욱 흥분해서 엄마를 때린다.

이제 엄마는 아이에게 긍정적인 관심을 주고 싶지 않다. 아이가 잘못된 행동을 하고 있으니 이 '나쁜 행동'을 고쳐 줘야 한다고 생각하기 때문이다. 아이는 '온종일 엄마와 떨어져 있었으니 이제 다시 연결되고 싶어요.'라는 메시지를 전했으나 엄마는 그것을 알아듣지 못했고, 아이는 이해받지 못했다는 좌절감에 과격하게 행동하기 시작했다. 부정적인 방법을 써서라도 계속해서 엄마와 연결되길 원한 것이다.

만약 엄마가 처음부터 신호를 이해했다면, 잠시 소파에 앉아 아이와 이야기를 나누고 안아 주고 책을 읽어 준 다음에 옷을 갈아입으러 갔을 것이다. 분리 후의 재연결이 어린아이들에게 얼마나 중요한지를 알았다면, 엄마는 좀 더 현실적인 계획을 세우고 자신과 아이 모두에게 불필요한 좌절을 피할 수 있었을 것이다. 반응적 의사소통은 엄마와 아이의 상호작용을 변화시킬 수 있는 다른 선택으로 이어졌을 것이며, 두 사람 모두가 서로 연결되어 있다고 느끼는 상황에서 남은 저녁을 보냈을 가능성이 크다. 아이가 이해받고 있다고 느끼지 못하면 사소한 일도 큰 문제가 될 수 있다.

* 반응성과 일관성을 유지해야 한다

반응적이고 협력적인 의사소통이 중요한 이유는 무엇일까? 생물학적 관점에서 볼 때, 사람들 간의 의사소통이 신경 구조를 형성하는 자아의식에 영향을 미치는 방식은 다음과 같이 설명할 수 있다. 우리가 신호를 보내면 우리 뇌는 그 신호에 대한 상대방의 반응을 살핀다. 그리고 그 반응은 우리의 핵심 자아를 그리는 신경 지도에 포함된다. '타인에 의해 변화하는 자아'의 신경 표상이 뇌에서 생성되어 자아 정체감의 중심이 된다. 만약 상대방이 우리에게 마음을 담아 즉각 반응하면, 우리의 신경 메커니즘은 자신과 타인의 연결에서 일관성을 느낀다. 신호를 보내기 전의 자아와 그 신호에 대한 반응을 받은 후의 자아 사이에 일관성 있는 관계가 형성된다. 어떻게 이런 일이 일어나는 것일까?

반응적 반응은 타인이 보내는 신호의 질, 강도, 타이밍이 우리가 보낸 신호를 선명하게 반영하고 있을 때 일어난다. 반응적 상호작용을 통해 우리는 사회적 세계에서 자신의 힘과 근거를 찾는다. 이러한 종류의 연결은 자아에 대한 강력한 내적 일관성을 만든다.

반응적 의사소통이 이루어질 때, 우리는 그 사람과 함께 있는 것이 좋고 바람직하다고 느낀다. 이해받고 있다고 느낀다. 이 세계에 혼자가 아니라는 감각을 느낀다. 나의 자아가 내 피부의 경계보다 더 큰 무언가와 연결되어 있기 때문이다. 시간이 흐름에 따라 이러한 반응적 의사소통 패턴이 반복되면 과거, 현재 그리고 앞으로 예측되는 미래를 일관성 있게 연결하는 자전적 자아를 발달시킬 수 있다. 지금 이 순간과 성찰적, 자전적 형태의 의식적인 인식 모두가 이 세상을 살아가는 우리 자신에 대한 경험을 형성한다.

협력적이고 반응적인 의사소통은 자아의식을 확장한다. 아이들과 연결되어 있음을 느낄 때 우리는 아이들을 더 잘 수용할 수 있다. 이것이 협력적 의사소통의 본질이다. 타인의 반응은 우리의 신호를 단순히 따라 하는 것이 아니라 그 사람이 우리의 의사소통을 어떻게 받아들이고 있는지 비춰 주기도 한다. 이런 식으로 아이들은 부모가 나를 느끼고 있음을 느낀다. 자신의 마음이 부모의 마음 안에 존재하고 있음을 깨닫는다.

학습은 사회적 맥락에서 이루어진다. 아이들은 함께 어우러지면서 사회적 지식을 배우고 혼자서는 절대 불가능한 자아에 대한 이해를 구성한다. 이러한 과정을 공동 구성Co-construction이라고 한다. 자기 이해는 아이들이 부모 및 타인과 관계 맺고 의사소통하며 자신에 대해 배우면서 일어나는 공동 구성 과정의 한 부분이다.

기저귀가 축축해서 우는 아기와 부모가 어떤 경험을 할 수 있는지 살펴보자. 이상적인 상황이라면, 부모는 아기의 울음소리를 듣고 적절한 시간 내에 그 불편함의 신호를 알아채고 기저귀를 갈아 주는 것으로 반응한다. 이때 아기는 ① 기저귀 때문에 불편해서 울음으로 도움을 요청하고, ② 부모가 불편함의 원인을 해소해 주고, ③ 부모와의 일관성 있는 상호작용으로 자아의식이 변화하는 것을 경험한다. 이것이 바로 대인 관계의 반응성이 내면의 일관성을 형성하는 방식이다.

만약 부모가 아기의 신호를 지각하지 못하거나 이해하지 못하면 다른 상황이 펼쳐진다. 부모는 적절한 반응을 보이지 못한다. 예를 들어 아기와 놀아 주려고 하거나, 먹을 것을 주거나, 안아서 재우려는 등의 방법으로 아기의 기분을 풀어 주려고 노력한다. 그러면 아기는 ① 불편해서 울고, ② 부모와 연결되지 못하고, 불편함이 해소되지 않으며, 부모와의 반응적 의사소통을 경험하지 못하고, ③ '부모와의 상호작용으로 변화하는 자아'에 대한 일관성 있는 감각을 경험하지 못한다. 아기는 고립된 상태에 남겨진다. 외부 세계는 위안을 제공하지 못하고, 아기의 자아의식은 단절된 형태의 의사소통으로 구성된다.

일관성 없는 경험을 하면 아기는 무엇을 기대해야 할지 또는 어디에 의지해야 할지를 알지 못한다. 그러면 '부모와의 상호작용으로 변화하는 자아의식'을 신뢰할 수 없고 변덕스러운 것으로 축적한다. 때로는 반응적 의사소통이 일관성 있는 자아의식을 만들어 주기도 하지만, 때로는 일관성이 결핍된 고립 상태에 아기를 버려두기도 하는 것이다. 그러면 아기는 세상을 신뢰할 수 없는 곳으로 받아들이고, 자아의식이 불안과 불확실성으로 가득 찬다.

아이가 (나이를 불문하고 우리 모두가) 성장하기 위해서는 소중한 타인과의 반응적 의사소통이 필요하다. 아이들에게는 특히 '충분히 괜찮은' 부모가 필요하다. 그 어떤 부모도 매 순간 반응적인 의사소통을 해 줄 수는 없다. 그러나 서로 연결됨을 자주 경험하는 것은 관계 형성에 필수적이다. 아이가 보내는 신호를 알아차리기가 쉬운 일은 아니다. 어떤 아이들은 특히 이해하고 달래기가 어렵다. 피치 못한 단절과 오해가 일어났을 때는 이러한 관계 균열을 회복하여 아이들이 치유와 재연결이 가능하다는 것을 학습하도록 도와야 한다. 반응적 의사소통과 상호 회복의 순간을 통해 부모와 긍정적으로 연결되는 경험을 쌓은 아이들은 일관성 있는 자아의식을 형성하며 성장할 수 있다.

복잡한 과정으로 이루어지는 반응적 의사소통에 마음을 열고 싶다면, 신체의 물리적 경계로 정의되는 자아보다 더 큰 무언가의 한 부분이 되려는 의지가 필요하다. 어린 시절에 이렇게 연결되는 감각을 경험해 보지 못한 부모는 이처럼 친밀한 결합을 이루기가 어려울 수 있다. 아이가 보내는 신호를 감지하고, 이해하고, 거기에 반응하는 기본적인 과정에 열린 자세를 유지하기는 쉽지 않은 일이다. 부적절하고 무반응적인 의사소통을 경험한 아이는 정서적 괴로움을 느끼고, 이후로는 부모와 연결하려는 시도를 아예 포기해 버릴 수도 있다. 부모나 중요한 어른들이 아이의 경험을 부정하거나 오해하면 아이는 혼란에 빠진다. 이 어른들이야말로 아이에게 가장 연결이 필요한 사람들이기 때문이다.

* 현실 부정은 아이에게 혼란을 준다

우리는 매일 진정한 유대를 이룰 기회를 놓친다. 아이들에게 귀를 기울이고 적절하게 반응하는 대신, 그저 우리가 보는 관점에서 반응하기 때문이다. 아이들이 자기 생각과 기분을 말할 때는 그것이 부모의 경험과 같든, 같지 않든 상관없이 그것을 존중하는 것이 중요하다. 아이의 생각과 기분을 지적하는 대신 경청하고 이해해 주어야 한다.

이 말을 이해하려면 다음 예시를 살펴보자. 아이가 자전거를 타다가 넘어졌다고 상상해 보자. 엄마가 보기에는 아이가 다치지도 않았고 놀랐을 뿐인데 울기 시작한다. 엄마는 이렇게 반응한다. "안 다쳤으니까 울지 마. 아기도 아닌데 왜 울어?" 아이는 그게 몸이든 자존심이든 어쨌든 상처를 입었지만, 엄마는 아이에게 네 경험이 틀렸다고 말한다. 이번에는 엄마가 반응적으로 대응했다면 아이가 어떻게 느꼈을지 생각해 보자. "방지턱을 넘다가 잔디밭에 넘어져서 놀란 모양이구나. 괜찮아? 다치지는 않았니?"

또는 아이가 광고에서 본 장난감을 갖고 싶다고 열성적으로 조르는데, 엄마가 다음과 같이 대답했다고 생각해 보자. "오, 아니야. 너 저거 별로 원하지도 않잖아. 금세 쓰레기처럼 굴러다니게 될걸." 물론 아이가 갖고 싶어 한다고 해서 무조건 사 줘야 하는 것은 아니지만, 적어도 아이의 욕구를 인정해 줄 수는 있다. "어머, 저 장난감 갖고 놀면 정말 재밌을 것 같이 보이네. 어떤 점이 마음에 드는지 얘기해 줄래?" 만약 아이가 지금 당장 장난감을 사 달라고 계속 조르면 이렇게 말하면 된다. "장난감이 너무 갖고 싶어서 기다리기 힘든 마음은 알겠어. 나중에 선물 받을 일이 생기면 네가 어떤 장난감을 갖고 싶은지 엄마가 알 수 있도록 적어 두는 게 좋겠다." 이처럼 아이의 욕구를 채워 주지 않아도 아이가 욕구를 갖고 표현해도 괜찮다는 사실을 이해하면, 부모는 아이의 감정을 부정하지 않고도 아이의 경험에 공감해 줄 수 있다.

다음은 무반응적 의사소통의 문제를 보여 주는 좀 더 극단적인 사례로, 메리가 유치원 수업에 참관했다가 관찰한 것이다. 교실 한쪽에서 선생님이 몇몇 아이들과 활동하고 있었고, 나머지 아이들은 각자 책상에 앉아서 작품을 만들고 있었다. 그때 한 남자아이가 무언가 마음대로 안 되는 모양인지 혼자서 한참을 낑낑대다가 마침내 종이를 들고 선생님에게 도움을 요청하러 갔다. 선생님을 방해하고 싶지 않았던 아이는 조용히 서성이며 선생님이 알아차려 주기를 기다렸다. 하지만 선생님은 아이를 못 본 척했다. 평소 아이들에게 자리에 앉아서 활동해야 한다고 가르쳐 왔는데, 아이가 자리에서 벗어났기 때문이었다. 그러자 아이는 질문을 하기 위해 선생님의 주의를 끌려고 말을 걸었다.

선생님은 고개도 돌리지 않은 채 답했다. "앤디, 여기에 있지 않아요." 앤디는 난감한 표정을 지었다. 잠시 망설이던 앤디는 선생님의 어깨를 톡톡 건드리며 다시 질문했다. 그러자 선생님은 고개를 돌려 아이를 똑바로 바라보면서 이렇게 말했다. "앤디, 여기에 있지 않아요!" 선생님은 아이의 말보다 자신이 정한 규칙에만 집중했다. 앤디는 몸을 돌렸다. 눈을 내리깔고 고개를 푹 숙인 채 천천히 자리로 돌아갔다. 앤디는 자리에 앉아서 마지못해 종이에 무언가를 대충 끼적였다.

앤디는 활동에 어려움을 겪었고, 도움을 구하고자 했다. 선생님과의 상호작용에서 앤디는 어떠한 내적 경험을 했을까? 필요할 때 연결되지 않으면 누구나 격렬한 감정을 느낄 수 있다. 그 감정은 바로 수치심이다. 다섯 살짜리 아이는 "여기에 있지 않아요."라는 말을 이해하기도 상당히 헷갈렸을 것이다. 앤디는 무반응적 의사소통을 경험했을 뿐만 아니라 선생님의 반응이 혼란스러워 '미칠 지경'이었다. 선생님이 한 말은 아이의 현실은 물론 선생님 자신의 행동까지도 모두 부정하는 것이었다. 만약 앤디가 정말로 '여기에 있지 않다면' 어떻게 선생님이 앤디에게 말을 걸 수 있겠는가? 이것은 선생님의 말과 행동, 그리고 연결되고자 하는 아이의 욕구가 서로 불일치함을 보여 주는 대표적인 예다.

아이의 연결 욕구와 자신에게 중요한 어른의 반응이 서로 일치하지 않으면 아이는 고립감과 외로움을 느낀다. 감정이 활발해지면 아이는 연결을 원한다. 그리고 그러한 욕구가 올라가 있는 순간에 무관심에 가장 취약해진다.

* 언어적 신호와 비언어적 신호를 일치시켜야 한다

의사소통은 언어적, 비언어적 구성 요소를 모두 포함한다. 비언어적 요소는 우리가 서로 연결되어 굳게 뿌리내리고 있음을 느끼는 데 도움이 된다. 누군가에게 이해받는다는 것은 언어 그 이상의 것을 필요로 한다. 비언어적 메시지는 종종 무의식적으로 인식되며, 이러한 신호는 우리의 마음과 감정을 깊숙이 파고든다. 이를 설명할 한 가지 방법은 우뇌가 비언어적 신호를 송수신하도록 설계되어 있으며, 우리 내면의 감정 상태를 조절하는 일을 담당한다고 보는 것이다.

비언어적 신호의 반응적 공유는 균형 잡힌 마음 상태를 이루는 데 큰 영향을 미친다. 다시 말해 우리가 비언어적인 내적 감각과는 구분되는, 단어 기반의 사고를 할 수 있다는 뜻이다. 한 사람의 우뇌가 보낸 신호는 상대방의 우뇌 활동에 직접적인 영향을 미친다. 좌뇌도 마찬가지다. 상대방의 좌뇌가 보낸 말들이 우리의 좌뇌를 활성화한다. 타인의 언어적, 비언어적 신호가 일치하면 의사소통이 잘될 수 있다.

언어적, 비언어적 신호가 서로 다른 메시지를 전하면, 즉 두 신호가 일치하지 않으면, 전체 메시지가 불분명하고 혼란스러워진다. 상반되는 메시지를 동시에 받게 되는 것이다. 다음 상황을 가정해 보자.

한 엄마가 슬퍼하고 있다. 그 비언어적 신호를 알아차린 딸이 "엄마, 무슨 일 있어요?"라고 묻는다. 그러자 엄마가 억지로 미소를 지으며 "오, 아니야, 얘야. 엄만 슬프지 않아. 아무 일도 없었어."라고 대답한다. 그러면 아이는 상반되는 메시지 때문에 헷갈릴 것이다. 자신의 경험이 알려 주는 정보와 엄마의 말이 서로 다르기 때문이다. 언어적 신호와 비언어적 신호가 불일치하면 아이는 혼란스럽고 모순되는 의사소통을 정리하기가 어려울 수 있다.

어릴 때 감정은 '나쁜 것'이라고 배운 사람들이 있다. 그런 사람들은 자기 자신의 감정뿐만 아니라 아이의 감정에도 불편함을 느낄 수 있다. 그러나 감정을 직접적이고 단순하게 그리고 편안한 방식으로 표현하는 것은 오히려 아이들에게 득이 된다. 아이는 부모의 생각뿐 아니라 감정도 알고 싶어 한다. 우리가 속상하거나 분노하거나 실망하거나 신나거나 자랑스럽거나 기쁜 마음을 표현할 때, 아이들은 부모가 무엇을 중요하게 생각하는지 배우고 건강한 감정 표현의 본보기를 목격한다. 또한 부모가 감정적으로 반응하는 모습을 보면서 공감하는 법을 배운다. 아이들의 경험과 우리 자신의 경험을 모두 존중할 때, 우리는 비로소 진정성 있고 열정적인 존재가 될 수 있다.

자아의식은 우리가 다른 사람들과 반응적으로 연결되는 방식에 의해 정의된다. 인간의 뇌는 타인의 뇌와 연결되도록 만들어졌다. 협력적인 의사소통은 언어적(좌뇌) 영역과 비언어적(우뇌) 영역 사이에 신호를 공유하면서 우리의 우뇌 또는 좌뇌가 상대방의 우뇌 또는 좌뇌와 자연스럽게 연결되는 것을 포함한다. 이러한 소통의 춤이 이루어질 때, 우리는 다른 사람들에게 친밀감과 유대감을 느끼고, 우리의 마음이 일관적이고 조화롭다는 느낌을 받을 수 있다. '나'라는 감각은 내가 '우리'에 어떻게 속해 있는지에 따라 크게 좌우된다.

[표 5] 협력적인 의사소통

의사소통 과정
- 수신–처리–반응

협력적인 의사소통으로 가는 경로
- 탐구–이해–유대

단절로 가는 경로
- 추궁–평가–수정

* 마음을 열어야 의사소통의 채널이 열린다

협력적인 의사소통의 가능성을 확장하려면 어떻게 해야 할까? 아이들 또는 다른 사람들과 명확하게 소통하기 위해서는 상대방이 보낸 메시지를 수신하고, 처리하고, 반응해야 한다.

의사소통 과정의 첫 단계는 언어적, 비언어적 형태의 메시지를 수신하는 것이다. 언어적 신호는 아이디어, 생각, 감정 등 언어로 표현할 수 있는 모든 실체를 설명하는 말과 단어들을 가리킨다. 이것들은 좌뇌가 담당한다. 비언어적 신호는 눈 맞춤, 표정, 목소리 톤, 몸짓, 자세, 반응의 강도와 타이밍 등을 가리킨다. 비언어적 신호의 송수신은 우뇌가 하는 일이다. 의사소통에서 감정을 나누고 의미를 만드는 일은 주로 우뇌에서 비롯된다. 따라서 의사소통을 할 때는 언제나 비언어적 신호에 세심한 주의를 기울이는 것이 중요하다. 이러한 비언어적 신호를 공유해야 두 사람 사이에 더 끈끈한 유대감이 형성되기 때문이다.

의사소통의 두 번째 단계인 처리하기는 수신한 신호를 이해하고 그에 맞는 반응을 선택하는 것이다. 여기에는 과거의 경험으로 만들어진 멘털 모델이라는 렌즈를 통해 복잡한 다층적 판단을 여과하는 과정이 포함된다. 이러한 내적 과정은 현재 우리가 수신하는 신호를 해석하는 방식뿐만 아니라 미래 예측에도 영향을 미친다. 우리의 반응은 우리가 신호를 수신하고 처리하는 방식, 그리고 우리가 그 메시지에 부여한 의미와 그것이 소통되는 방식에 따라 결정된다.

아이가 보내는 신호에 귀 기울일수록 우리는 아이의 마음 상태와 관점을 더 많이 알 수 있다. 아이를 이해하는 것은 우리가 받은 신호를 내부적으로 처리할 때 가장 중요한 부분이다. 이러한 내적 처리 작업에는 경험에 대한 스스로의 판단도 포함된다. 진정한 협력이 이루어지려면 두 사람의 마음이 섞여야 한다. 즉 자기 자신과 아이의 경험을 모두 이해하고 존중하는 것이 필요하다. 만약 부모가 자신의 경험만 이해하고 아이의 경험과는 연결되지 못하면, 아이와 가깝고 의미있는 관계를 발전시키기 어렵다. 반대로 부모가 아이의 관점만 고려하고 자기 내면의 경험은 무시하면, 아이와의 한계 설정에 어려움을 겪을 가능성이 크다. 부모는 아이의 요구가 너무 많다고 원망하게 될 수 있다. 자신의 내면 상태를 고려하지 않은 채 아이의 필요와 욕구만 생각하면 점점 지치고 화가 날 수 있고, 아이는 한계 설정이 모호하여 불안하게 느낄 수 있다.

건강한 관계가 이루어지려면 사랑과 양육에 대한 아이의 욕구를 뒷받침하는 선택을 하고, 부모 자녀 간의 복잡한 역학 관계에 질서를 부여하는 경험을 만들어야 한다. 예를 들어 엄마가 손님맞이를 위해 저녁 준비를 하고 있는데, 다섯 살짜리 딸이 주방 조리대에서 수채화 물감으로 놀고 싶다며 들어왔다. 평소 같았으면 딸의 창의적인 경험과 자기 주도적 활동 능력을 적극적으로 장려했겠지만, 지금은 엄마가 식사 준비를 하는 데 큰 방해가 될 수 있었다. 만약 아이가 조리대에서 그림을 그리게 내버려두면 결국에는 엄마가 짜증을 느끼게 될 것이 불 보듯 뻔했다.

이때 다짜고짜 "안 돼."라고 말하면 딸은 좌절감을 느끼고, 불필요하게 에너지와 시간을 소모하는 실랑이와 단절이 일어날 수 있다. 반응적인 의사소통을 하려면 다음과 같이 대답하는 것이 좋다. "네가 그림 그리기를 좋아하는 것은 알지만, 엄마는 지금 식사 준비를 해야 해서 정말로 바쁘단다. 그래서 네가 부엌에서 그림을 그리면 엄마가 너한테 짜증을 내게 될까 봐 걱정되는구나." 이처럼 반응적으로 대응하는 엄마는 딸과 협력적인 의사소통 과정에 참여함으로써 자신과 딸이 모두 만족하는 결과를 만들 수 있다.

반응적인 대응은 상대방이 보낸 메시지를 똑같이 복사해서 비추는 거울이 아니다. 그러한 미러링은 상대방에게 좌절감을 줄 수 있다. "공원에 못 가서 너무 화가 나요!"라고 말하는 아이에게 단순히 아이의 메시지를 복사해서 "공원에 못 가서 화가 났구나."라고 반응하면 아이는 손으로 귀를 막고 쿵쾅거리며 방을 나가 버릴 것이다.

협력적인 반응을 보이려면 다음과 같이 대답해야 한다. "오늘 네가 정말로 공원에 가고 싶은 것은 알겠어. 엄마도 그럴 수 있으면 좋겠구나. 계획이 틀어지면 실망스럽고 속상할 수 있지." 이러한 반응을 통해 엄마는 아이의 신호를 받아들이고, 아이의 마음을 이해하고 있음을 드러내는 방식으로 메시지를 처리하고, 그것을 아이가 보낸 메시지뿐만 아니라 아이의 감정적 경험까지 반영하는 방식으로 공유할 수 있다.

반면 무반응적 의사소통을 하는 부모는 종종 상황을 추궁하고, 평가하고, 수정하려 한다. 추궁은 상대방의 경험을 미리 가정하고, 특정 반응을 끌어내려는 숨은 동기를 갖고 공격적으로 질문하는 것을 가리킨다. 예를 들어 부끄러움이 많은 열 살짜리 딸이 새 학교에서 친구를 사귀는 데 어려움을 겪고 있고, 엄마가 딸의 교우 관계를 걱정하고 있다고 상상해 보자.

엄마는 딸이 학교에서 돌아오자마자 "오늘은 누구랑 놀았니?" 또는 "점심시간에 다른 친구들이랑 얘기 나눠 봤어?" 등과 같은 물음으로 인사를 대신한다. 엄마의 의도는 딸을 도우려는 것이었겠지만, 이미 자신의 사회생활에 불안감을 느끼고 있는 사람에게 이렇게 강한 질문을 던지면 자신을 더욱 초라하게 느낄 것이다.

평가는 타인 경험의 '옳고 그름'을 가정한다. 우리는 상대방이 보내는 신호를 받으려고 노력하면서도 나와는 다른, 그 사람의 접근 방식을 비판할 때가 있다. 그러한 평가는 때때로 우리에게 내재된 견고한 멘털 모델에서 비롯된다. 그러나 우리는 내 안의 멘털 모델과 그것이 만들어 낸 편견을 종종 인지하지 못한다.

앞선 사례에서 엄마는 딸이 좀 더 외향적이기를 바라는 마음에 무심코 던진 질문과 행동으로 딸에 대한 실망감을 내비칠 수 있다. 비언어적 신호를 통해 간접적으로든, 엄마가 선택한 단어와 말을 통해 직접적으로든, 엄마는 의도치 않게 딸에게 문제가 있다는 메시지를 전달하게 된다. "네가 친구들한테 잘해 주면 친구들도 너랑 더 놀고 싶어 할 거야." 또는 "네 사촌 동생 수지처럼 해 보는 게 어때? 수지는 항상 다정하잖아." 이렇게 평가하는 듯한 말은 아이가 이해와 지지를 받고 있다고 느끼는 데도, 아이의 자신감을 높이는 데도 전혀 도움이 되지 않는다.

만약 우리가 상황을 빠르게 수정하려는 방향으로만 반응하면, 우리는 아이들과 협력적인 의사소통을 나눌 기회를 잃는다. 또한 아이들의 문제를 고치려 드는 반응은 자신의 어려움을 스스로 고민하고 해결책을 찾는 아이의 능력을 존중하지 않는 것이다. 물론 부모는 아이들의 문제 해결 능력을 돕는 중요한 후원자다. 그러나 아이의 경험에 귀를 기울이기도 전에 부모가 알아서 문제를 해결하려고 나서는 것은 지나친 개입과 무시일 수 있다.

앞선 사례에서 엄마가 딸과 상의도 없이 친구들을 초대한다면 그것은 지나친 개입이며, 아마도 문제를 제대로 해결하지 못할 것이다. 그보다는 딸이 다른 친구들과의 관계를 경험해 나가는 과정을 열린 마음으로 바라보면서 딸의 어려움을 이해하고, 친구들과 더 만족스러운 관계를 형성하는 데 필요한 사회적 기술을 배우도록 하는 것이 더 바람직하다.

딸의 성향을 알고 받아들이면 딸에게 필요한 것을 지원하는 한편, 딸이 조금씩 용기를 내서 친구들에게 다가가는 능력을 키우도록 격려해 줄 수 있다.

부모의 조율과 이해가 있을 때 아이는 안정감을 느낀다. 부모의 지지를 느끼는 아이는 큰 용기와 의지로 세상을 대면할 수 있다. 고치려고 하는 대신 함께하려고 생각하라. 자녀의 관점을 이해하려 노력할 때는 꼭 열린 마음을 유지해야 한다.

* 과정과 내용에 주의를 기울이면 서로 연결된다

의사소통의 과정과 내용에 모두 주의를 기울이는 것은 일관성 있는 자기 이해의 기본 요소다. 사람들은 말하는 내용에만 집중하느라 연결의 과정은 놓칠 때가 많다. 그러나 상호작용의 의미는 종종 내용뿐 아니라 과정에서도 발견된다. 이것이 무엇을 뜻할까? 의사소통에는 특정 정보성 내용을 공유하는 것뿐만 아니라 서로 연결되는 과정 안에서 다른 사람들과 어울리는 것도 포함된다. 역동적인 정보의 흐름, 즉 우리가 신호를 주고받는 방식이 우리를 연결한다. 의사소통의 과정(마음의 본질인 에너지와 정보가 교환되는 과정) 안에서 어우러질 때 서로 연결된다.

부모에게 남겨진 또는 해결되지 않은 문제가 있으면, 부모는 종종 이러한 짐을 자녀와의 상호작용에 투사한다. 그러면 아이의 신호는 부모의 폐쇄적이고 수용적이지 않은 마음이 만든 왜곡된 세계관을 통해 여과된다. 자기가 보는 것만이 유일한 관점이라는 생각에 갇힌 부모는 개방적이고 협력적인 의사소통을 위한 채널을 스스로 닫아 버린다.

부모 자녀 관계의 협력이 무너지면, 자녀의 마음도 의사소통 채널을 닫고 더는 배우려 하지 않는다. 부모 자녀 사이의 연결이 끊어지면 그 어떤 지지적인 의사소통도 이루어지지 않고, 부모와 자녀 모두 좌절감, 분노, 서로에 대한 거리감과 고립감을 느끼게 될 가능성이 크다.

삶은 연결의 과정과 과거 경험의 내용을 모두 반영한다. 우리 가족의 역사는 어린 시절 기억뿐 아니라 우리가 삶을 기억하고 일관성 있는 마음을 만들어 내는 방식에도 영향을 미친다. 따라서 유년기에

의사소통 패턴 파악해 보기

01 어린 시절 당신의 현실이 부정당한 경험이 있는지 생각해 보라. 그때 어떤 기분을 느꼈는가? 그런 경험을 하는 동안 부모님과의 관계에는 어떠한 변화가 있었는가?

02 다른 사람들의 대화를 관찰해 보라. 먼저 단어와 내용에 집중하라. 다음에는 의사소통에 사용되는 목소리 톤에 주목하라. 언어적 신호와 비언어적 신호가 일치하는가? 비언어적 의사소통의 다른 측면들이 사용된 언어와 어떻게 맞물리는가? 그 상황에서 당신은 어떤 기분이 드는가?

03 의사소통의 채널을 열어 두지 않고 대화하는 사람들을 관찰해 보라. 두 사람 사이의 거리가 어떤가? 곧 말다툼을 벌일 것 같은가? 그렇다면 자신의 의사소통 패턴은 어떤지 생각해 보라. 추궁하고, 평가하고, 고치려 하는가? 다음번 자녀와 소통할 때는 탐구하고, 이해하고, 유대를 맺으려 노력해 보라. 어떤 점이 달라지는가? 당신이 어린 시절 겪은 의사소통의 형태가 지금 당신의 대인 관계 방식에 어떤 영향을 미쳤다고 생각하는가?

반응적이고 협력적인 의사소통을 경험하지 못한 사람들에게는 그것이 어려운 일일 수 있다. 그러나 다행히도 우리는 아이에게 귀를 기울이고 아이의 관점을 이해하는 법을 학습할 수 있다. 부모의 의사소통 패턴이 아이의 일관성 있는 마음을 결정한다. 의사소통의 과정과 내용에 모두 주의를 기울이는 것은 일관성 있는 자기 이해의 기본이다.

* 반응성의 중요성

옛날에는 인간의 뇌를 우리 몸에서 독립적인 구조로 기능하는 신경 시스템으로 생각했다. 사람들은 뇌를 인체로부터 떼어 그 안의 신비를 적극적으로 탐구했다. 눈부신 기술 발전으로 이제 우리는 살아 있는 뇌가 기능하는 모습을 들여다볼 수 있게 됐다. 고도로 복잡한 기관의 신비가 밝혀지면서 뇌가 얼마나 관계의 영향을 많이 받는 기관인지 알게 됐다. 인간의 뇌는 다른 사람의 뇌와 상호작용 하는 방식에 직접적인 영향을 받는다. 이것은 자연이 만든 우연이 아니라, 가소성(경험에 따라 변화하는)과 사회성(서로 간에 영향을 주고받는)이 높은 기관일수록 생존에 유리하기 때문에 나타난 진화적 요인의 산물이다.

관계적 마음에 관한 기본적인 내용은 앞에서 이미 다루었다. 마음은 뇌에서 또는 뇌와 뇌 사이에서 일어나는 에너지와 정보의 흐름에서 비롯된다. 영유아 연구는 오랜 노력을 통해 그 시기의 대인 관계 특성을 밝혀냈다. 상호 협력적이고 반응적인 의사소통은 아이와 부모를 연결하는 보편적인 기본 과정을 설명한다. 이러한 과정을 더 깊이 알고 싶었던 연구자들은 부모 자녀 관계를 연구하기 위한 독창적인 접근 방식을 고안해 냈다.

연구 심리학자 콜윈 트레바든은 원래 뇌과학을 전공했으나 지금은 세계적인 영유아기 연구자 중 한 사람으로, 부모의 적절한 반응이 영유아의 안녕에 필수적인 요소임을 알아냈다. 기존에 알려진 '무표정 실험'에서 부모는 아기가 소통을 시도하려 할 때 무표정한 얼굴을 유지한다. 그러자 아기는 처음에는 부모와 연결되려고 노력하더니 나중에는 동요하면서 떼를 쓰고 혼란스러워하다가 마침내는 포기하는 모습을 보였다. 연구원들은 이것이 아이들에게 조율된 의사소통이 필요한 이유라고 해석했다.

그러나 이 실험의 결과로는 부모가 아이에게 제공해 주어야 할 것이 조율되고 반응적인 의사소통인지, 아니면 그저 긍정적인 반응이기만 하면 되는지를 정확히 파악할 수 없었다. 이 문제를 해소하기 위해서, 그리고 이 시기(실험에 참여한 아기들은 생후 3~4개월이었다.)의 부모 자녀 간 의사소통에서 가장 핵심적인 요소가 무엇인지를 최종적으로 확인하기 위해서 트레바든과 그의 동료들은 '이중 텔레비전' 실험을 고안했다.

영유아는 부모의 얼굴을 보는 것을 좋아한다. 아기가 엄마 얼굴이 나오는 모니터를 들여다보는 모습을 카메라로 촬영한다고 생각해 보자. 교묘한 각도로 설치된 거울 덕분에 카메라가 아기의 얼굴을 바로 찍고 있다. 즉 아기가 엄마 얼굴이 나오는 모니터를 보는 동시에 자기도 모르게 카메라 렌즈도 같이 보고 있는 설정이다. 카메라는 그렇게 찍은 영상을 엄마가 보고 있는 모니터로 전송한다. 엄마도 같은 설정에 있다. 엄마는 아기의 얼굴을 보는 동시에 카메라 렌즈를 보게 되고, 그 영상은 다시 아기가 보고 있는 모니터로 바로 전송된다.

첫 번째 실험에서는 두 사람이 모니터를 통해 실시간으로 상호작용 했다. 대면 상황과 마찬가지로, 두 사람의 기본 감정 상태를 반영하는 에너지의 흐름과 함께 비언어적 신호가 공유되는 반응적 의사소통이 이루어졌다. 이러한 조율은 상호작용 하는 두 사람의 내면 상태가 비언어적으로 표현되는 감정을 통해 서로 어떻게 맞춰지는지를 보여 준다.

두 번째 실험에서는 반응성의 중요성을 알 수 있다. 이번에는 엄마의 얼굴을 녹화해서 몇 분 정도 시차를 두고 아기한테 보여 주었다. 이전과 마찬가지로 아기는 엄마 얼굴을 보고 있었고 화면 속 엄마는 아기에게 긍정적인 반응을 보였으나, 다른 점이 있었다. 몇 분 전 영상을 재생한 것이기 때문에 반응적 의사소통은 아니었다는 것이다. 엄마의 신호는 여전히 활발하고 긍정적이었으나, 아기가 보내는 신호와는 일치하지 않았다. 어떤 일이 벌어졌을까?

아기는 엄마가 아무런 표정 반응을 보이지 않는 무표정 상황일 때와 똑같은 반응을 보였다. 불안해하고, 동요하고, 혼란스러워하더니 포기했다. 이 연구는 영유아에게 부모의 긍정적인 반응 이상의 것이 필요하다는 사실을 명확히 보여 준다. 아기들은 반응적인 연결을 필요로 한다.

우리는 아마도 평생 이와 같은 반응성을 기대할 것이다. 우리의 자아의식은 다른 사람들과의 관계에서 만들어진다. 반응적인 의사소통을 통해 우리는 일관성을 느끼고, 충만하게 살아 있는 핵심 자아를 만들고, 용기와 활력을 가지고 세상 밖으로 나갈 수 있다.

소통이 단절되면 반응성이 차단된다. 가장 기본적인 차원에서 소통을 회복하려면 반응성을 되찾아야 한다. 다시 연결이 이루어질 때, 두 사람의 내면 상태가 재정렬되고 각 개인의 자아가 새로운 일관성에 도달한다.

* 반응성과 일관성 있는 자아

소중한 타인과의 의사소통이 우리의 자아의식을 형성한다는 생각이 새로운 것은 아니다. 1920년대 러시아의 심리학자 레프 비고츠키는 생각을 내면화된 대화로 보았다. 우리가 자기 자신과 대화하는 방식은 다른 사람들이 우리와 대화하는 방식에 의해 형성된다. 이는 자아를 정의하는 방식의 핵심적인 특징으로서 서사를 연구하는 학자들도 비슷한 관점을 가졌다. 우리는 타인과 나누는 상호작용의 성격에 따라 우리 삶의 서사를 구성한다. 아동 정신 의학과 의사인 대니얼 스턴은 영유아 발달에 관한 연구를 바탕으로, 부모와 자녀 간의 상호작용이 영유아기의 자아 발달에 어떠한 영향을 미치는지를 멋지게 설명했다.

최근 뇌과학 분야에서 이루어진 여러 연구는 인간의 뇌가 매우 정교하게 사회적이라는 사실을 보여 준다. 진화 생물학은 뇌를 인체의 사회적 기관으로 바라보는 시각을 제공한다. 인간은 혈액을 펌프질하는 심장, 혈액을 걸러내는 신장, 음식을 소화하는 위, 외부 세계와 내면세계를 조정하는 뇌를 갖고 있다. 그리고 집단을 이루며 진화해 왔기에 생존을 위해 타인의 신호를 읽는 능력이 필요했다. 이러한 마음 읽기 과정은 단지 우리에게 필요한 정보를 제공하는 것으로 끝나는 것이 아니라, 우리의 자아의식에 영향을 미친다. '사회적 참조Social referencing(아기들이 다른 사람의 상황 해석을 참조하여 자신의 해석을 구성하는 행동)'라는 심리적 과정에 관한 발달 연구에 따르면, 부모의 표정과 몸짓에서 비언어적으로 드러나는 감정적 반응은 자녀의 감정적 반응과 행동을 결정한다.

뇌과학 분야의 또 다른 최근 연구에서는 자아의식이 어떻게 형성되는지, 그리고 우리가 어떻게 의식을 갖게 되는지를 이해하기 위해 뇌 병변 환자의 데이터를 활용했다. 신경과 의사 안토니오 다마시오는 뇌의 특정 영역이 자아의식을 형성하는 방식에 대해 연구했다. 비록 그의 환자와 그들이 가진 신경 문제를 바탕으로 이루어진 것이었지만, 그의 연구를 참고하면 사회적 마음과 뇌에 대한 이해를 심화할 수 있다. 요점은 뇌가 신경적으로 외부 세계의 자극을 통합하는 핵심 자아를 만든다는 것이다. 의사소통을 자아에 영향을 미치는 자극의 일종으로 본다면, 반응적 의사소통이 어떻게 일관성 있는 핵심 자아 형성에 지대한 영향을 미치는지를 가늠해 볼 수 있다. 사회적 환경이 반응적인 자극을 보내올 때, 신경적으로 일관성 있는 자아가 만들어진다.

이 의견은 경험이 우리에게 미치는 영향을 토대로 우리의 복잡한 자아의식이 만들어진다고 본 비고츠키와 스턴의 주장과도 잘 맞아떨어진다. 자전적 자아에 대한 의식은 자아의 과거-현재-미래 형태로 설명할 수 있으며 엔델 툴빙과 그의 동료들이 '정신적 시간 여행'이라고 표현한 것과 비슷하다. 우리에게 영향을 미치는 순간순간의 사건에 대한 우리의 인식을 일차적 의식Primary consciousness이라고 하며, 일부 연구자들은 이를 지금-여기 의식Here-and-now awareness의 한 형태라고 설명한다.

이러한 관점은 우리의 자아가 역동적인 세계와의 순간적인 상호작용과, 다양한 형태의 기억에 내재된 경험을 모두 저장하고 있는 겹겹의 층 안에서 신경적으로 생성된다는 것을 시사한다. 기억이 회상과 계속해서 진화하는 신경 연결을 만드는 과정에 의해 재형성되는 것처럼, 자아의식도 성장과 발달에 열려 있다. 일관성 있는 자아의식의 발달에는, 지금-여기의 자아 경험과 타인과의 상호작용은 물론, 역동적으로 끊임없이 상호작용 하는 내면, 사회적 세계에서 과거-현재-미래를 통합하고 성찰하여 자전적 자아를 형성하는 정신적 시간 여행도 영향을 미친다.

* 좌뇌와 우뇌 통합하기

서로 연결되기 위해서는 언어적 소통과 비언어적 소통이라는, 적어도 두 가지 이상의 기본적인 형태가 필요하다. 비언어적, 공간적, 감정적, 사회적, 자전적 정보를 처리하는 우뇌는 타인과의 의사소통 시 비언어적 신호를 활용한다. 우뇌는 감정과 동기를 매개하는 변연계 회로와 더 직접적으로 연결된 것으로 보인다는 흥미로운 연구 결과가 있다. 이처럼 우뇌는 변연계에서 감정적 정보를 처리하고, 좌뇌는 신피질에서 지능적, 이성적 정보를 처리한다는 점에서 우측와 좌측 처리 모드에는 서로 차이가 있다.

이러한 차이는 여러 가지 이유로 자녀 양육과 관련이 있다.

- 생애 초기, 생후 1~2년 동안 영유아는 주로 우뇌를 사용한다. 따라서 부모가 우뇌를 사용하는 방법을 아는 것은 어린 자녀와 관계를 맺는 데 핵심적이다.
- 아이가 미취학 아동으로 성장한 뒤에도 우뇌와 좌뇌를 연결하

는 띠 모양 조직인 뇌량은 상당히 미성숙한 상태다. 그래서 이 시기의 아이들은 자신의 감정을 말로 표현하는 것에 불가피한 어려움을 겪는다. 때로는 우뇌가 너무 강하게 반응해서 말로는 의사소통이 불가능한 분노 발작 상태에 빠진다. 그럴 때는 비언어적 신호로 마음을 달래 주는 의사소통이 효과적일 수 있다.

- 학교에서는 일반적으로 우뇌보다는 좌뇌의 처리 모드를 강조한다. 어른들도 그러한 학창시절을 보냈기 때문에 자기도 모르게 말과 논리를 더 중시할 수 있다. 그러나 우측 처리 모드가 설득을 위한 말의 논리에 기대지 않고 자기 자신을 스스로 변호하기는 쉽지 않다. 누군가가 우뇌를 위해 나서야 한다! 우뇌의 활동이 자기 조절, 자아의식, 타인과의 공감적 연결에 중요하다는 사실을 기억하라. 자녀의 우뇌 발달과 좌·우뇌의 통합을 돕는 것은 회복 탄력성과 행복감을 키우는 데 핵심적이다.

Parenting from the inside out

5장

어떻게 애착을 형성하는가?
: 관계

아기는 생존을 위해 부모에 의지한 채 세상에 태어난다. 그 대상은 주로 엄마지만, 사랑을 주고 세심하게 돌봐 주는 다른 양육자가 될 수도 있다. 주 양육자는 이제 막 세상에 나온 아기에게 먹을 것과 편안함을 제공하고, 그러면 아기는 그 사람에게 가장 큰 애착을 형성한다. 친밀한 애착을 경험하면 안정감을 느낀다. 아기들은 자신을 섬세하게 돌보는 주 양육자, 즉 자신의 욕구를 인지하고, 이해하고, 그에 반응해 줄 수 있는 사람이 있다는 사실에 스스로 안전하다고 느낀다.

애착 이론의 선구자인 존 볼비는 '안전 기지Secure base'라고 부르는 것을 만들었다. 안전 기지를 갖춘 아이들은 잘 성장하며 두려움 없이 주변 세계를 탐구한다. 안정 애착은 아이들이 사회적, 감정적, 인지적 영역 등의 다양한 분야에서 긍정적으로 발달할 수 있도록 돕는다.

애착 연구에 따르면, 상호작용 능력, 외부 세계를 탐험할 수 있는 안정감, 스트레스에 대한 회복 탄력성, 감정 조절 능력, 일관성 있는 인생 이야기를 구성하는 능력, 의미 있는 대인 관계를 만드는 능력을 키우는 데는 부모와의 관계가 중요하다. 애착은 아이들이 세상에 접근하는 방식의 기초가 되며, 영유아기의 건강한 애착은 자신과 타인에 대해 배울 수 있는 안전 기지를 제공한다.

* 애착이 발달을 결정한다

개인의 성격은 선천적인 기질(예민함, 외향성, 감정 기복 등)과 가족 및 또래 친구들과의 경험이 서로 영향을 주고받으면서 발달한다. 아이들이 물려받은 유전자는 발달에 큰 영향을 미친다. 신경계의 선천적 특성에 작용하고 사람들이 그에 반응하는 방식을 형성하기 때문이다. 마찬가지로 경험도 발달에 직접적인 영향을 미치고 유전자 활성화 및 뇌 구조 형성에 개입할 수 있다. 따라서 천성 대 양육 환경을 논하는 것은 오해의 소지가 있다. 아이들이 잘 발달하기 위해서는 천성(유전자)과 양육 환경(경험)이 모두 필요하기 때문이다. 인간은 유전자와 경험의 상호작용으로 만들어진다.

애착은 아이의 발달을 결정하는 중요한 힘이다. 인간은 가장 미성숙한 상태로 태어나는 동물로, 자랄수록 복잡해지는 뇌와 비교하면 상당히 미성숙한 뇌를 갖고 태어난다. 인간은 고도로 사회적인 존재이며, 인간의 뇌는 타인과의 관계를 통해 발달하도록 설계되어 있다. 따라서 애착 경험은 아이의 발달을 형성하는 핵심적인 요소다.

어떤 사람들은 애착 연구 결과를 보고 어린 시절이 인생 전체의 운명을 결정짓는다고 걱정한다. 그러나 실제 연구 결과가 시사하는 바는, 부모와의 관계는 바뀔 수 있으며 그에 따라 아이의 애착도 달라진다는 것이다. 다시 말해 자녀의 삶에 긍정적인 변화를 일으키기에 아직 늦지 않았다는 뜻이다.

연구에 따르면 또한 부모가 아닌 사람의 돌봄을 통해 아이가 안전함과 이해받고 있음을 느끼는 일은, 성장하면서 함께 자라날 마음의 씨앗인 회복 탄력성의 양분을 제공한다. 친척, 교사, 보육 교사, 상담사 등과의 관계는 성장하는 아이가 연결을 경험할 수 있는 중요한 원천이 된다. 이러한 관계가 주 양육자와의 안정 애착을 대체할 수는 없지만, 아이의 마음이 성장하는 데 큰 힘이 되는 것만은 확실하다.

* 일관적으로 반응할 때 안정 애착이 생긴다

안정 애착은 아이가 부모나 다른 주 양육자와 일관적이고 감정적으로 조율되고, 반응적인 의사소통을 경험할 때 생기는 것으로 생각된다. 아이들은 반응을 주고받는 관계를 통해 이해받고 보호받고 있으며 서로 연결되어 있다는 기분을 반복적으로 경험할 수 있다.

애착 형성의 ABC라고 불리는 조율, 균형, 일관성을 살펴보면 의사소통을 통해 애착이 형성되는 과정을 이해할 수 있다.

[표 6] 애착 형성의 ABC

애착 형성의 ABC는 조율, 균형, 일관성의 발달 순서를 가리킨다.

Attunement(조율): 부모가 자신의 내면 상태를 자녀의 내면 상태에 맞추는 것. 이는 종종 비언어적 신호의 반응적 공유로 이루어진다.

Balance(균형): 자녀는 부모와의 조율을 통해 신체, 감정, 마음 상태의 균형을 이룬다.

Coherence(일관성): 자녀는 부모와의 관계를 통해 자신이 내적으로 통합되어 있고 타인과도 연결되어 있음을 느끼고 일관성을 얻는다.

부모의 초기 반응이 아이에게 잘 전달될 때, 아이는 부모로부터 이해받고 있고 부모와 연결되어 있다고 느낀다. 조율된 의사소통은 아이가 내면의 균형을 이룰 수 있는 능력을 제공하고, 신체와 마음 상태를 유연하고 균형 있게 조절할 수 있도록 돕는다. 이렇게 조율된 연결과 그것이 만든 균형을 경험한 아이는 자신의 마음 안에서 일관성을 얻을 수 있다.

애착은 아이를 안전하게 지키기 위해 진화한, 뇌의 타고난 시스템이다. 애착을 통해 아이는 ① 부모와의 친밀감을 추구하고, ② 힘들 때마다 안전한 피난처로서 부모에게 위로를 구하며, ③ 부모와의 관계를 안전 기지의 내적 모델로 내면화할 수 있다.

안정감은 애착 대상과 반응적으로 연결되는 경험을 반복하면서 만들어진다. 이러한 경험의 영향으로 내적 안정감이 확보될 때, 아이들은 세상 밖으로 나가 마음껏 탐색하고 다른 사람들과 새로운 관계를 맺을 수 있다.

* 무반응은 회피형과 양가형 애착을 만든다

안정 애착을 위해 부모가 매 순간 자녀에게 연결과 안정의 경험을 제공해 줄 수는 없다. 그러나 애착 형성의 ABC가 충분히 주기적으로 이루어지지 않으면 친밀감 추구, 안전한 피난처 형성, 안전 기지의 경험이 최적으로 일어나기 어렵다. 그로 인한 불안정 애착은 아이의 내면화로 이어져 향후 아이가 다른 사람들과 상호작용 하는 방식에 직접적인 영향을 미친다.

불안정 애착은 여러 가지 형태로 나타나며, 무반응적인 의사소통이 반복되면서 비롯된다. 아이가 도움을 요청할 때 부모가 부재하거나 거부하는 상황이 반복되면 아이는 회피형 애착을 형성한다. 즉 부모와 가까워지고 정서적으로 연결되는 것을 회피하는 방향으로 적응한다.

이러한 부모 자녀 간의 의사소통은 대체로 어조가 건조하다. 이러한 경우는 부모 자신이 감정적으로 메마른 가정환경에서 자라서, 어린 시절 자신의 애착 욕구가 충족되지 않았을 때의 힘들었던 기억과 적응 방식을 아직도 받아들이지 못해서인 경우가 많다.

양가형 애착이 있는 아이는 부모의 의사소통 방식이 일관적이지 않거나 지나치게 통제적인 것을 경험한다. 아이는 부모에게 조율과 연결을 기대할 수 없다.

부모가 일관적이지 않고 의사소통할 때 반응하지 않으면 아이들은 불안해한다. 부모에게 무엇을 기대해야 할지 확신하지 못한다. 불확실성은 부모 자녀 관계에 불안을 조성할 뿐 아니라 아이가 더 큰 사회적 세계와 상호작용 하는 데도 개입한다.

회피형 또는 양가형 불안정 애착을 가진 아이들은 부모를 통해 다른 사회적 관계에 접근하는 방법을 습득한다. 아이들은 자신의 경험을 이해하길 원한다. 자신의 세계에 적응하기 위해 최선을 다한다. 이러한 적응 패턴이 얼마나 끈질긴지는 같은 형태의 관계가 반복해서 재현되는 것에서 알 수 있다.

부모와의 애착 패턴에 적응하는 방식은 가족 외의 사회적 관계에도 그와 같은 패턴을 적용하도록 마음을 형성한다. 선생님, 친구, 그리고 훗날 연인과의 새로운 상황에서도 오랜 적응 방식을 반복하고, 그렇게 같은 패턴을 강화하는 또 다른 경험을 재현한다. 그 결과, 세상이 정서적으로 척박한 곳이라거나(회피형) 불확실성으로 가득 찬, 신뢰할 수 없는 곳(양가형)이라고 굳게 믿게 된다.

* 두려울 때 혼란형 애착이 형성된다

아이의 애착 욕구가 충족되지 않고 부모의 행동이 혼란스러움이나 두려움의 원인이 되면, 아이는 혼란형 애착을 형성할 수 있다. 혼란형 애착을 가진 아이들은 위압적이고 무섭고 혼란스러운 부모의 행동을 반복적으로 경험한다. 부모가 공포와 혼란의 원인이 될 때, 아이들은 생물학적 역설에 빠진다. 애착 체계는 아이들이 스트레스를 받을 때마다 부모로부터 보호와 위안을 찾으려는 동기를 부여하기 위한 것이다.

그러나 혼란형 애착의 경우, 아이는 두려움의 대상으로부터 도망치고 싶은 마음과 애착 대상에게 향하고 싶은 충동 사이에 '갇히게' 된다.

애착 분야의 연구자인 메리 메인과 에릭 헤세는 이것을 '해결책 없는 공포'라고 불렀다. 상황을 제대로 이해하지도, 상황에 적절하게 적응할 방법을 찾지도 못하는 아이들에게 그것은 해결할 수 없는 딜레마다. 이때 애착 시스템이 반응할 수 있는 유일한 방법은 혼란뿐이다.

혼란형 애착의 상당수는 부모로부터 학대받은 아이에게서 나타난다. 학대와 안정감은 양립할 수 없다. 학대는 부모와 자녀 사이의 관계에 균열을 만들고, 자아의식을 산산조각 낸다. 부모의 학대는 실제로 성장 중인 아이의 뇌에서 신경 통합을 조정하는 영역을 손상시키는 것으로 나타났다.

혼란형 애착을 가진 아이에게서 감정 조절과 사회적 의사소통의 어려움, 학업 능력 부족, 폭력성, 해리 성향(정상적으로 통합된 인지가 분열되는 과정)이 나타나는 메커니즘이 바로 이러한 신경 통합 문제에서 비롯된 것일 수 있다.

신체적 학대가 없어도 부모의 행동이 무섭거나 다른 방식으로 혼란을 겪는 경험이 반복되는 경우에도 혼란형 애착이 발견된다. 부모가 격렬하게 화를 내거나 술에 취하는 모습을 반복적으로 보이는 것도 불안감을 조성하여 혼란형 애착을 만들 수 있다. 부모가 혼란과 공포의 대상이 되는 순간, 아이가 두려움의 원인으로부터 마음의 위안을 찾아야 하는 이 역설에는 해결책이 없다. 이처럼 혼란스러운 경험은 감정을 조절하고 스트레스에 대처하는 마음의 기능을 통합하는 능력을 망가트린다.

부모가 아이를 그렇게 대하는 이유는 무엇일까? 연구에 따르면 해결하지 못한 트라우마나 상처가 있는 부모일수록 아이를 무섭게 대하는 등 혼란형 애착을 만드는 행동을 할 가능성이 큰 것으로 나타났다.

부모에게 트라우마나 상처가 있다고 해서 아이가 무조건 혼란형 애착을 갖게 되는 것은 아니다. 근본적인 위험 요소는 해결책이 부족하다는 데 있다. 자신의 경험을 받아들이고 과거를 치유하는 방향으로 나아가기에 아직 절대 늦지 않았다. 그렇게 나아갈 때, 우리뿐만 아니라 우리 아이들까지도 더 행복한 삶을 누릴 수 있을 것이다.

* 애착 유형에 따라 의사소통 패턴이 다르다

애착이 발달에 미치는 영향과 부모의 의사소통 및 행동이 자녀의 안정 애착 형성에 미치는 영향을 이해하면 변화의 동기가 될 수 있다. 부모는 보다 반응적인 의사소통을 배우고 건강한 부모 자녀 관계를 위한 토대를 쌓기 위해 의도적으로 노력할 수 있다. 애착 유형에 대해 생각해 보는 것도 노력 중 하나가 될 수 있다.

[표 7] 애착 패턴

애착 유형	부모와의 상호작용 패턴
안정	– 부모에게 정서적으로 도움받을 수 있다. – 부모가 자녀의 필요를 알아차리고 반응한다.
불안정–회피형	– 부모에게 정서적으로 도움받지 못한다. – 부모가 자녀의 필요를 알아차리지 못하고 반응하지 않거나 거부한다.
불안정–불안/양가형	– 부모의 반응이 일관적이지 않다. – 지나치게 통제적이다.
불안정–혼란형	– 부모가 공포와 경계의 대상이 된다.

같은 상황에서 의사소통 패턴이 어떻게 다른지 살펴보자.

안정 애착: 아기가 배가 고파 울기 시작한다. 울음소리를 들은 아빠는 보던 신문을 내려놓고 아기가 왜 우는지 살핀다. 다정하게 딸을 안고 눈을 맞추며 말한다. "왜 그러니, 우리 딸? 아빠랑 놀고 싶어? 아, 알았다. 배가 고프구나." 딸을 안고 주방에 간다. 분유를 타면서 딸에

게 준비가 거의 다 됐으니 조금만 기다리라고 이야기해 준다. 자리에 앉아 딸을 품에 안고 젖병을 물린다. 딸은 따끈따끈한 우유와 아빠와의 따뜻한 교감에 만족하며 아빠의 얼굴을 바라본다. 기분이 좋다. 아빠는 딸의 스트레스 신호를 알아차렸고, 그것이 무엇을 의미하는지 이해했으며, 적시에 효과적으로 반응했다.

아기는 그동안 이 사건과 비슷하게 반복되어 온, 아빠와의 반응적 관계를 통해 자신의 내적 감각을 아빠가 알고 존중해 준다는 사실을 배운다. 아기는 자신의 삶에서 누군가가 자신을 알고 있음을 느낀다. 또한 자기 자신이 세상에 마음껏 영향을 미칠 수 있는 존재라는 것을 배운다. "내가 소통하면 세상은 내 욕구를 충족시키는 방법을 제공해 줄 거야." 이렇게 안정 애착이 형성된다.

회피형 애착: 회피형 애착을 가진 아기는 다른 경험을 한다. 아기가 방에서 울기 시작했지만, 아빠는 그 소리를 듣지 못한다. 울음소리가 점점 심해지자 아빠는 신문에서 잠시 눈을 뗐다가 기사를 마저 읽고 딸을 보러 간다. 아빠는 신문 읽는 일을 방해받았다는 사실에 짜증을 느끼며 방에 있는 아기한테 말한다. "어휴, 왜 이렇게 울어!" 기저귀가 젖었나 보다 생각한 아빠는 딸을 눕히고 아무 말 없이 기저귀를 간 다음, 다시 방에 내려놓고 신문을 읽으러 돌아간다. 아기가 계속 울자 아빠는 낮잠을 재워야겠다고 생각하며 아기를 침대에 눕힌다. 그런데도 울음소리가 그치지 않자 이번에는 이불과 공갈 젖꼭지를 가져다준다. 아기가 진정되려면 시간이 좀 걸리겠지 생각하고 방

문을 닫는다. 그러나 아기는 울음을 그치지 않았고, 아기가 울기 시작한 지 45분이 지났다. 그제야 아빠는 '혹시 배가 고픈가?' 하는 생각에 시계를 확인하고는 아기가 마지막으로 분유를 먹은 지 세 시간이나 지났음을 알아차린다. 아빠가 분유를 준비해서 젖병을 물리자 마침내 아기가 울음을 그친다.

이 사례에서 아기는 아빠가 자신의 신호를 항상 잘 읽는 것은 아니라는 사실을 배운다. 심지어 처음에는 자기 소리를 듣지도 못했고, 그 이후로도 원하는 것을 바로 알아차리지 못했다. 아빠는 딸의 미묘한 의사소통 신호에 주의를 기울이지 않는 것처럼 보였다. 한참 동안 불편함을 호소한 뒤에야 신호를 알아차렸다. 이러한 패턴이 반복되면 아기는, 아빠가 자신과 연결되고 자신의 욕구를 충족시켜 주는 존재가 아니라고 학습한다.

양가형 애착: 세 번째 아기는 아빠로부터 또 다른 반응을 경험하면서 양가형 애착을 형성한다. 딸이 우는 소리를 들은 아빠는 때로는 딸의 신호를 알아차리지만, 때로는 상당히 불안해하며 딸을 달랠 자신이 없다고 느낀다. 아빠는 신문을 읽던 자리에서 일어나 긴장된 표정으로 달려가서 딸을 안는다. 걱정이 많고 해야 할 일이 계속 떠오른다. 지난주에는 상사에게 성과가 만족스럽지 않으니 좀 더 적극적인 모습을 보여 주길 바란다는 소리까지 들었다.

어릴 적 아버지가 저녁 식사 자리에서 어머니와 두 형 앞에서 자신의 능력을 계속 의심하며 창피를 준 기억이 떠올랐다. 아버지가 비난을 퍼부을 때마다 어머니의 불안은 더욱 심해지는 것 같았고, 어머니는 한 번도 아버지를 말리지 않았다. 아버지에게 혼난 뒤 혼자 방에서 울고 있으면, 어머니가 들어와서 아버지에게 그렇게 소리를 지르는 것은 옳지 않으며 스스로 통제하는 법을 배워야 한다고 지적했다. 어머니는 속상해 보였다. 어머니의 불안 때문에 그는 더욱 초조했고, 심지어 자신에 대한 확신이 사라지는 것을 느꼈다. 그는 부모님이 자신을 대한 것처럼은 절대 하지 않겠다고, 그렇게 아이들을 울게 하는 일은 절대로 하지 않겠다고 다짐했었다.

그러나 지금, 그의 품에 안긴 딸은 여전히 울고 있다. "우리 딸이 울음을 그칠 수 없을 만큼 속상한가 보다." 아빠가 혼잣말을 했다. 아빠의 근심 어린 얼굴과 긴장된 팔은 딸에게 편안함이나 안정감을 주지 못했다. 딸은 아기였다. 아빠의 불안이 자신의 배고픔과 아무런 관련이 없다는 사실을 알 수 없었다. 아빠는 이내 딸이 배고프다는 사실을 알아차리고는 젖병을 물린다. 딸이 행복하게 젖병을 빠는 모습을 보니 조금 기뻤지만, 또다시 울기 시작하면 어떻게 달래야 할지 모르겠다는 생각에 걱정이 멈추지 않는다.

이런 경험이 반복되면 아빠에 대한 불안, 양가형 애착이 형성될 수 있다. 이 애착 패턴은 본질적으로 "아빠가 내 욕구를 충족시켜 줄 수 있을지 모르겠어. 때로는 그럴 수 있고, 때로는 그러지 못하는데, 이번엔 어떨까?"라고 말한다. 이러한 불안은 타인과의 관계를 전반적으로 신뢰하지 못하게 한다.

혼란형 애착: 네 번째 아기가 겪는 상호작용은 대체로 나머지 세 아기와 비슷하지만, 아빠가 극도로 스트레스를 받는 순간에는 완전히 달라진다. 딸이 울면 아빠는 매우 불안하다. 딸이 울음을 터트리자마자 신문을 내려놓고 용수철처럼 튀어 올라 방으로 달려간다. 성급히 아기를 들어 올리는데, 긴장한 나머지 아기를 너무 꽉 끌어안는다. 아빠를 보고 잠시 진정되는가 싶었던 아기는 아빠의 힘이 너무 세서 편안함보다는 압박감을 느낀다. 이제 아기는 배가 고픈 데다가 자세까지 불편해 더욱 큰 소리로 울기 시작한다. 아빠는 그걸 느끼고 더 세게 안는다. 마침내 딸이 배가 고픈가 생각한 아빠는 우는 딸을 안고 주방으로 가서 부랴부랴 분유를 탄다. 거의 준비를 마쳤을 무렵, 젖병이 넘어지면서 우유가 바닥에 쏟아진다. 젖병이 바닥에 떨어지는 소리에 놀란 딸은 더욱더 큰 소리로 운다.

아빠는 자신의 서투름과 딸의 끊임없는 울음소리에 짜증도 나고 딸을 달래지 못하는 자신의 무능함에 좌절감도 들어 제대로 대처할 수 없게 된다. 무력함을 느껴 생각이 산산이 부서지기 시작한다. 어린 시절, 알코올 중독에 빠진 어머니에게 학대받은 기억이 해일처럼 그를 덮친다. 어머니의 공격을 피해 식탁 아래에 웅크려 울고 있으면, 몸은 긴장으로 뻣뻣하게 굳고 심장은 미친 듯이 뛰었으며 팔에는 잔뜩 힘이 들어갔다. 어머니가 보드카 병을 던져서 깨뜨리는 소리가 들리고, 그의 주변으로 유리 파편이 떨어졌다. 어머니는 몸을 숙여 그를 붙잡더니 깨진 유리 조각 위에 무릎을 꿇었다. 어머니의 다리에 마구 상처가 났다. 분노에 이성을 잃은 어머니는 그의 머리채를 잡아당기며 얼굴에 대고 소리를 질렀다. "다시는 그러지 마!"

그리고 지금, 딸이 허공을 쳐다보며 훌쩍이고 있다. 딸의 울음소리에 정신이 돌아온 아빠는 자기가 잠시 딴생각에 빠져 있었음을 깨닫고 딸의 이름을 부른다. 플래시백이 끝나고 현실로 돌아온 아빠는 다시 딸을 달래려 애쓴다. 딸은 멍한 표정으로 천천히 아빠 쪽으로 몸을 돌린다. 시간이 조금 지나자 그제야 딸의 표정이 원래대로 돌아왔다. 아빠는 다시 젖병을 가져와 자리에 앉는다. 딸은 분유를 먹으며 아빠의 얼굴을 보다가 고개를 돌려 주방 바닥을 본다. 아빠도 방금 있었던 일로 동요가 심해서 넋이 반쯤 나가 있다. 두 사람 모두 이 사건을 제대로 받아들이지 못한다. 사건은 그렇게 두 사람의 혼란스러운 마음 속으로 사라진다.

딸이 불편함을 표현할 때마다 아빠가 최면 상태 비슷한 것에 빠지는 경험이 반복되면, 격렬한 감정을 견디고 조절하는 딸의 능력이 발달하는 데 큰 영향을 미친다. 딸은 아빠와의 이런 경험을 통해 강한 감정은 혼란스러운 것이라는 생각을 학습하게 된다. 지나치게 감정적인 아빠의 상태는 딸과의 연결을 차단함으로써 딸이 자신의 내면세계와 타인과의 세계를 이해하지 못하도록 막는다. 아빠가 자신의 미해결 트라우마에 빠지면, 딸은 너무나도 간절히 연결을 원하는 시기에 홀로 남겨진다. 게다가 아빠의 긴장된 팔과 두려움에 질린 표정 등의 비언어적 신호는 딸을 더욱 불안하게 만든다.

이러한 경험이 혼란스러운 이유는, 딸의 괴로움을 달래 주지 못함은 물론, 자신이 어린 시절 어머니에게서 느낀 두려움을 딸에게도 느끼게 하기 때문이다. 이러한 유형의 상호작용은 혼란형 애착을 형성하고, 딸은 앞으로 자기 자신은 물론 타인의 격렬한 감정을 다루는 데도 어려움을 겪을 수 있다. 인간관계를 신뢰하지 못하고, 내면에서 일어나는 해리 반응으로 인해 스트레스에 대처하기가 어려울 수 있다.

* 관계가 변하면 애착도 변한다

각각의 애착 유형은 아이가 반드시 반응해야 하는 일련의 경험을 만들어 낸다. 안정 애착이 형성된 아이들은 상황에 유연하게 적응하고 행복감을 느낄 가능성이 큰 반면, 회피형 및 양가형 불안정 애착이 형성된 아이들은 유연하게 적응하는 능력이 다소 떨어진다. 그리고 혼란형 애착 경험에서 비롯된 생물학적 역설은 아이들의 유연성을 증진하거나 발달을 강화하는 데 도움이 되지 않는 혼란스러운 반응을 만든다.

오랜 시간 반복되는 경험으로 만들어진 적응 패턴은 부모와의 관계에서 나타나는 특징적인 관계 패턴으로 내재화된다. '관계 패턴'은 감정과 친밀감을 조절하는 적응 방식 또는 패턴으로, 마음의 내면 작용 및 가까운 타인과의 관계를 조직하는 데 영향을 미친다. 아이가 성장해도 이러한 반응 패턴은 계속해서 아이의 대인 관계에 영향을 미치며, 아이가 가정을 꾸린 뒤에는 더욱더 문제가 될 수 있다.

애착 유형은 아이가 특정 부모 또는 양육자와 어떤 관계를 맺고 어떤 경험을 했는지 측정하는 척도가 된다. 엄마, 아빠와의 관계는 서로 다를 수 있으므로, 아이가 한 부모와는 안정 애착을 형성하고 다른 부모와는 불안정 애착을 형성하는 사례도 있다. 앞서 말했듯 애착은 평생 언제든지 변화할 가능성이 있다. 따라서 부모 자녀 관계가 변하면, 아이의 애착도 변할 수 있다.

유아기 자녀와 조율하고 연결하고 소통하는 법을 배우면 자녀의 안정 애착을 형성하고, 건강한 성장과 발달을 위한 토대를 마련해 줄 수 있다. 살아 있는 역동적인 실체로서의 '우리'라는 감각이 만들어지는 것이다. 안정 애착을 형성한 아이는 부모와 연결되는 경험을 함으로써 세상에 소속되어 있다는 안정감을 느낄 수 있다.

애착 유형 파악해 보기

01 애착의 세 가지 기본 요소인 친밀감, 안전한 피난처, 안전 기지에 대해 생각해 보라. 아이가 당신과 가까이 있고 싶어 할 때, 당신은 어떻게 반응하는가? 속상해서 위로받고 싶어 할 때는 어떤가? 아이가 당신과의 관계를 안전 기지로 인식하고 있다고 생각하는가? 아이의 안정 애착을 강화하기 위해 아이와의 관계를 개선하려면 어떠한 노력을 할 수 있을까?

02 애착의 ABC인 조율, 균형, 일관성을 자녀와의 관계에 적용할 방법을 생각해 보라. 애착의 ABC를 자녀 양육에 적용하려 할 때, 어떤 것이 편하게 느껴지고, 어떤 것이 어려운가?

03 애착의 네 가지 유형인 안정 애착, 회피형 애착, 불안/양가형 애착, 혼란형 애착에 대해 생각해 보라. 당신이 자녀와 상호작용 하는 방식은 각 패턴의 특징을 어떻게 반영하고 있는가? 둘 이상의 유형에 속하지는 않는가? 아이가 울고 있을 때, 당신이 피곤할 때 등과 같은 특정 상황에서 자녀와 상호작용 할 때면, 반응적 의사소통의 특성이 강화되거나 저해된다고 느끼는가? 그럴 때 자녀와의 의사소통을 개선하려면 어떻게 해야 할까?

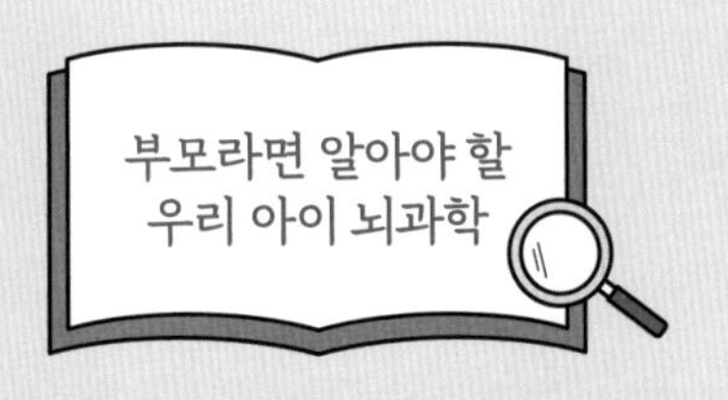

* 유전자, 뇌 발달, 경험

뇌 구조와 기능의 발달은 유전자와 경험의 상호작용으로 결정된다. 여기서는 유전자, 뇌 발달, 경험의 상관관계에 대한 몇 가지 이슈를 명확히 하는 데 도움 되는 기본 개념을 소개한다.

임신 기간 태아가 어떤 단백질을 생산할 것인지, 언제 어떤 신체 구조를 만들 것인지는 각각의 세포핵에 있는 수많은 유전자에 쓰인 대로 발현된다. 자궁에 있는 동안 뇌에서는 뉴런이 성장하여 두개골 내의 적절한 위치로 이동하고 복잡한 신경계 회로를 이루는 네트워크를 설치하기 시작한다.

기본적인 뇌 구조는 아기가 태어날 때 이미 어느 정도 갖춰져 있지만, 뉴런 간 연결은 생후 몇 년 안에 일어날 발달 정도에 비교하면 상대적으로 미성숙한 상태로 태어난다. 생후 첫 3년 동안은 뉴런 간 연결이 엄청나게 증가하여 아주 복잡한 회로망이 만들어진다. 유전 정보는 이 시기에 뉴런이 연결되는 방식에 영향을 미치면서 뇌에서 새롭게 만들어지는 회로의 특성을 결정한다. 그러나 이때도 암묵 기억이 존재하므로 이 시기의 시냅스 연결도 경험의 영향을 받는다는 사실을 알 수 있다.

'경험 기대형' 및 '경험 의존형' 뇌 발달을 구분하는 것은 꽤 유용하다. 경험 기대형 발달에서 유전 정보는 뉴런 연결의 성장을 결정하는데, 그러려면 기대되는 최소한의 자극에 지속적으로 노출되어야만 한다.

예를 들어 우리의 시각 체계가 유지되려면 눈이 계속 빛에 노출되어야 한다. 그러한 노출이 없으면, 이미 생성되어 발달 준비를 마친 회로라도 성장을 멈추고 시들 가능성이 있다. 이것이 바로 '사용하지 않으면 잃는' 뇌 성장의 예다.

반면 경험 의존형 발달은 경험 그 자체로 신경 섬유의 성장이 시작되어 연결된다. 특정 양육자와의 상호작용, 차가운 물에 발 담그기, 공원에서 그네 타기, 아빠와의 포옹 등과 같은 새로운 경험은 모두 경험 의존적 방식을 통해 새로운 시냅스 연결을 만든다.

일부 연구자들은 이를 분명하게 구분하지 않고, 뇌 성장의 전반적인 특성에 유전 정보에 따른 시냅스의 과잉 생산, '활동 의존형' 시냅스의 성장, 수초(신호의 신경 전도 속도를 증가시키는 역할을 한다.)의 성장 및 혈액 공급 등을 통한 뇌 구조 형성 등이 포함된다고 본다. 이러한 관점에서 보면 신경 구조는 유전자, 경험 등의 수많은 요인으로 형성되며, 기존 시냅스는 가지치기 과정을 통해 성장하거나 파괴된다.

뇌의 시냅스 밀도(시냅스 연결의 수)는 유치원과 초등학교 기간에 높게 유지되다가, 청소년기를 거치면서 가지치기 과정이 일어나 기존 뉴런 연결이 자연스럽게 파괴되어 낮아진다. 이는 마치 거대한 덩어리로 연결되어 있던 뉴런에서 필요 없는 시냅스를 잘라 특정 회로를 조각하는 것처럼 보인다. 가지치기는 정상적인 발달 과정의 일부이며, 심지어 뇌 발달 초기에도 발생한다. 어떤 회로를 얼마나 제거할 것인지는 경험과 유전자로 결정되고, 아마도 과도한 스트레스(스트레스 호르몬인 코르티솔이 장기간 다량 분비되어 발생하는) 때문에 그 정도가 강해질 수 있다.

청소년기에 일어나는 변화에 관한 연구는 자연스럽고 광범위한 가지치기 과정이 어떻게 청소년의 뇌를 재구성하는지를 탐구함으로써 이 시기의 행동적, 정서적 경험을 이해하는 데 도움이 될 만한 설명을 찾기 시작했다.

뇌 구조의 재구성은 뇌 기능에 중대한 변화를 일으킨다. 유전 또는 초기 스트레스 경험으로 만들어진 유·아동기 뇌 구조의 취약한 면이 이전에는 숨겨져 있다가 이 과정에서 드러날 수 있으며, 특히 스트레스로 인해 과도한 가지치기가 일어나면 단순히 뇌 기능의 재구성이 아닌, 행동 및 정서 장애가 발현될 수도 있다.

유전자와 경험이 상호작용 하여 뇌 발달을 형성한다는 중요한 개넘은 영장류 연구자 스티븐 수오미와 그의 동료들이 붉은털원숭이를 대상으로 한 연구에 잘 나타나 있다. 연구에 따르면 어미 원숭이의 보살핌 없이 자란 새끼 원숭이(동료 양육 원숭이)는, 특히 특정 유전자 변이를 가진 경우 비정상적인 행동을 보였다.

그러나 같은 유전자를 가진 원숭이여도 어미의 보살핌 아래에서 자라면 그 유전자가 발현되지 않고 행동의 결과가 좋게 나타났다. 일종의 '모성 완충 장치'가 작동한 것이다. 어미의 부재로 이러한 완충 장치가 사라지면 해당 유전자와 그로 인한 부정적인 효과가 활성화되어 세로토닌 대사에 영향을 미치고, 조절 능력과 사회성에 문제가 발생했다.

이 연구를 비롯한 여러 유사한 연구가 입증하는 주요 메시지는, 성장 환경이 유전자의 발현 방식은 물론 발현 여부에도 직접적인 영향을 미친다는 것이다. 해로운 유전자 변이가 있는 경우, 적절한 양육 환경이 갖춰지지 않으면 그 변이가 활성화될 수 있다. 분명한 사실은 '천성 대 양육 환경'에 대한 논쟁은 유전자와 경험이 상호작용 하여 지속적인 발달을 형성한다는 관점을 포용하는 쪽으로 재구성되어야 한다는 것이다.

이러한 연구에서 부모가 알아야 할 중요한 메시지는, 뇌는 정상적이고 건강한 발달을 위해 이미 유전적으로 설계되어 있다는 점이다. 수많은 뉴런이 연결된 아이는 사랑과 유대를 받아들이도록 열려 있다. 아이에게 과도한 감각 자극을 제공하려고 집착하거나 어떻게 해야 모든 뉴런이 제대로 연결될 수 있을지 걱정할 필요가 없다는 뜻이다! 뇌가 잘 성장하기 위해서는 지나친 감각 자극보다는 양육자와의 상호작용이 훨씬 더 필요한 것으로 보인다. 그러면 안정 애착 관계의 주요한 결과인 상호작용적 조절을 성장하는 뇌에 공유할 수 있다.

* 애착, 경험, 발달

애착 연구 분야와 신경 과학 분야는 사실상 서로 독립적으로 인간을 연구해 왔다. 영장류(원숭이, 침팬지), 쥐와 같은 포유류 연구 분야의 연구원들은 어미와 새끼 사이의 경험과 그 영향을 조사해 왔다.

발달 및 인지 신경 과학 분야의 독립적인 연구 결과를 동물과 인간의 애착 연구 결과와 종합해 보면, 인간 발달의 더 큰 현실에 대한 흥미로운 관점이 드러나기 시작한다. 이는 영유아와 양육자의 애착이 조율, 균형, 일관성, 즉 애착의 ABC를 수반하는 일련의 경험을 제공한다는 관점이다.

조율은 부모가 자신의 내면 상태를 자녀에게 맞추는 것이다. 이러한 과정은 종종 비언어적 신호(눈 맞춤, 표정, 목소리 톤, 몸짓, 자세, 반응의 시기와 강도)의 공유와 조정을 통해 이루어진다. 이러한 비언어적 반응은 두 사람의 우뇌(비언어적 신호를 매개하는) 사이 연결 과정을 포함할 가능성이 크다.

균형은 부모가 아이의 성장 중인 미성숙한 뇌에 물리적 존재(부모가 물리적으로 존재하는 것)와 조율된 의사소통을 제공함으로써 조절 능력을 길러 주는 것이다. 조율되고 반응적인 의사소통은 이런 식으로 아이가 균형 잡힌 내면 상태를 얻을 수 있도록 외부 세계와 연결하는 과정을 제공한다.

이러한 균형에는 수면-각성 주기, 스트레스에 대한 반응, 심박 수, 소화, 호흡 등의 조절 과정이 포함된다. 발달 신경 과학자 마이런 호퍼는 이를 '숨겨진 조절자'라고 불렀으며, 이를 통해 어미의 존재가 새끼의 기본적인 생리적 균형을 지켜 준다고 보았다.

어미의 장기적인 부재는 숨겨진 조절자를 제거하고 아직 미성숙한 뇌를 조절되지 않는 스트레스에 다량 노출한다. 이러한 스트레스 요인이 반복되면 균형 잡힌 생리적 조절 능력에 장기간 부정적인 영향을 미친다.

일관성은 부모를 매개체로 성공적으로 균형을 달성한 결과물로, 뇌가 변화하는 환경적 요구에 안정적이고 유연하게 적응할 수 있게 한다. 잘 통합되고 조직화된 뇌는 일관성 있고 유연한 마음을 형성한다. 이러한 관점은 안정 애착이 일관성 있는 마음을 증진하는 반면 불안정 애착은 다양한 형태의 비일관성을 형성한다는 애착 연구에 의해 뒷받침된다.

일관성 없는 마음은 극단적인 아동 학대와 방임 사례에서 나타난다. 학대 또는 방임된 아이들을 대상으로 한 최근 연구는 학대와 방임이 아이들의 성장하는 뇌에 얼마나 파괴적인 영향을 미치는지를 밝혔다. 뇌 크기가 전반적으로 작아졌고, 우뇌와 좌뇌를 연결하는 뇌량의 성장이 감소했으며, 소뇌에서 흥분된 변연계 구조를 진정시키는 역할을 하는 GABAGamma amino butyric acid(억제성 신경전달물질) 섬유의 성장 장애가 나타나는 등의 현상이 확인됐다.

문제의 원인은 아마도 트라우마 상황에서 다량의 스트레스 호르몬이 분비되었기 때문일 가능성이 크다. 과도한 스트레스 호르몬은 뉴런에 해로워서 뉴런의 성장을 방해하고 기존 세포를 죽인다. 현재 우리는 학대와 방임이 아이의 뇌에 이러한 영향을 미친다는 것까지는 알고 있지만, 그 이후의 긍정적인 경험이 신경상의 문제를 극복하는 데 도움이 되는지까지는 알지 못한다. 양육자와의 관계 개선을 통해 학대로부터 회복될 수 있다는 사실은 알고 있지만, 이미 가해진 뇌 손상이 치유 과정에서 다시 복구될 수 있는지, 또는 대체 회로가 개발될 수 있는지는 아직 알지 못한다.

이러한 과학적 연구 결과를 종합해 보면 부모의 역할이 얼마나 중요한지 깨닫는다. 천성에는 양육 환경이 필요하다는 주장에는 의심의 여지가 없다.

부모가 아이와 상호작용 하는 양육 방식은 건강한 뇌 발달을 위한 초석을 마련함으로써 성장하는 마음에 긍정적인 영향을 미칠 수 있고, 이는 여러 세대에 걸쳐 안정적인 애착 패턴을 형성할 수 있는 기초로 작용한다.

* 애착 연구의 세계

애착 연구는 길고도 풍부한 역사를 가지고 있다. 영국의 의사이자 정신분석학자인 존 볼비는 아이가 부모와 함께하는 경험이 내면의 안정감, 이른바 '안전 기지'를 제공하는 데 중요한 역할을 한다고 생각했다. 볼비의 아이디어는 병원과 보육원에서 아이들을 돌보는 방식에도 영향을 미쳤다. 기존에는 (아이가 시설을 떠날 때 느낄 이별의 고통을 줄이려는 목적으로) 여러 양육자가 교대로 아이를 돌봤으나, 이제는 아이들과 가깝게 지내면서 애착을 형성할 수 있는 '주 양육자'를 배정하는 방식으로 바뀌었다. 보육원 환경이 변화한 덕분에 아이들은 죽음에서 생명으로 나아갔다.

캐나다의 연구 심리학자 메리 에인스워스는 볼비와 함께 일하면서 이런 아이디어를 시험하기 위한 접근법을 개발했다. 에인스워스의 획기적인 연구는 안정형, 불안정 회피형, 불안정 불안/양가형 이렇게 세 가지 애착 유형을 확립했다. 또한 에인스워스가 고안한 '낯선 상황 실험'은 12개월령 아동이 특정 양육자에게 갖는 애착을 테스트하는 가장 표준적인 방법이 되었다.

이 실험에서 아기는 장난감과 낯선 사람이 있는 방에 남겨진다. 방에는 양면 거울이 있어서 방 안의 상황을 녹화할 수 있다. 먼저 아기가 낯선 사람과 단둘이 남겨진다. 그다음 부모가 돌아왔다가, 이번에는 부모와 낯선 사람이 함께 자리를 비웠다가, 약 3분 후에 부모가 돌아온다. 부모가 돌아왔을 때의 상호작용을 평가하는 실험이다. 이 시나리오에서 가장 유용한 데이터는 부모가 돌아왔을 때 아이의 행동 반응이다.

안정 애착을 형성한 아이들은 부모가 사라지면 속상해하다가도 부모가 돌아오면 가까이 가서 안겼다가 금세 진정되어 다시 놀이와 탐색 활동으로 돌아간다. 회피형 애착을 형성한 아이들은 부모가 방을 나간 적이 없는 것처럼 행동하면서 계속해서 장난감을 가지고 놀고, 부모가 돌아왔을 때도 반응을 보이지 않는다. 겉으로 보이는 행동으로는 "과거에도 부모와의 상호작용이 내게 별로 도움이 되지 않았는데, 오늘이라고 뭐 다를 게 있겠어?"라고 말하는 듯하다. 그러나 이들의 생리적 스트레스 반응을 측정하자, 아이들이 부모가 돌아온 것을 꽤 분명하게 의식하고 있음이 드러났다.

한편 불안/양가형 애착을 형성한 아이들은 부모님이 돌아오자 빠르게 가서 안겼으나, 쉽게 진정되지 않았고 다시 놀이로 돌아가지도 않았다. 아이들은 마치 자신을 달래고 보호해 줄 부모의 능력을 확신하지 못하는 것처럼 부모에게 딱 달라붙어 있었다.

에인스워스의 연구는 생후 1년 동안 부모 자녀 관계를 직접 관찰하며 수집한 데이터를 통해 연구자들이 '낯선 상황 실험'의 결과를 상당히 높은 정확도로 예측할 수 있음을 보여 주었다. 일반적으로 아이의 신호에 민감하게 반응한 부모의 아이는 안정 애착을 형성했다. 아이의 신호를 무시하거나 거부한 부모의 아이는 회피형 애착을 형성하는 경향이 나타났다. 아이의 신호에 일관성 없이 반응하거나 지나치게 통제적인 부모의 아이는 대체로 불안/양가형 애착을 형성했다.

* 애착에 대한 이해 심화하기

부모 자녀 간의 의사소통 패턴과 '낯선 상황 실험'에서 12개월령 아기가 보인 행동 사이의 상관관계를 처음 발견한 후, 많은 연구자들이 장기(또는 종단) 연구를 통해 이 아이들을 추적하기 시작했다.

미네소타의 앨런 스루프와 그의 동료들은 이러한 종류의 최장기 종단 연구 중 하나를 실시하여, 초기 애착 유형을 근거로 아이의 향후 애착을 예측하는 흥미로운 방법을 몇 가지 발견했다. 이 독창적인 연구를 위해 이들은 학교 교실과 여름 캠프 현장에 가서 아이들이 다른 사람들과 어떻게 상호작용 하는지, 친구들은 이 아이들을 어떻게 생각하는지, 아이들이 집 밖에서 만나는 다른 어른들과는 어떻게 상호작용 하는지에 대한 데이터를 수집했다. 아이의 삶에서 중대한 관계적 변화가 발생하여 초기에 형성된 애착 패턴이 변화하는 사례도 있었지만, 애착 관계에 변화가 없는 경우에는 다음과 같은 결과가 나타났다.

안정 애착을 가졌던 아기는 리더십 있는 어린이로 자랐고, 회피형 애착을 가졌던 아기는 친구들이 꺼리는 어린이가 되었으며, 양가형 애착을 가졌던 아기는 불안이 높고 확신이 없는 어린이가 되었고, 혼란형 애착을 가졌던 아기는 타인과 잘 어울리지 못하고 자신의 감정을 조절하는 데 어려움을 겪는 어린이로 자랐다.

캘리포니아 버클리 대학교의 메리 메인과 그의 동료들 또한 애착에 관한 지식 기반을 세우는 데 큰 공헌을 했다. 그들은 혼란형 애착 유형의 정의를 확립했다. '낯선 상황 실험'에서 혼란형 애착 아기들은 부모가 다시 돌아왔을 때 당황하고 어쩔 줄 모르는 반응을 보였다. 메인은 그의 동료이자 남편인 에릭 헤세와 함께 부모의 무섭고 공포스럽고 혼란스러운 행동이 이러한 경계 상태, 즉 '해결책 없는 공포' 상태를 만들고, 그것이 비정상적이고 혼란스러운 반응의 경험적 원인이 된다고 제시했다.

메인과 그의 동료들은 또한 애착에 대한 이해를 성인의 애착에 대한 마음 상태, 즉 성인 애착의 영역으로까지 확장했다. 이는 부모마다 아이들을 대하는 방식이 다른 이유를 설명하는 깊은 통찰력을 제공함으로써 성인의 애착 유형을 분류했다. 사실 메인은, 그리고 그가 영감을 준 수많은 연구는 부모의 애착 유형과 자녀의 애착 유형을 예측할 수 있는 가장 강력한 지표를 만들어 냈다. 더 자세한 내용은 다음 장에서 살펴보기로 한다!

Parenting from the inside out

Parenting from the inside out

6장

어떻게 삶을 이해하는가?
: 성인 애착

아이의 삶은 부모의 인생에서 가장 중요한 부분을 차지한다. 각 세대는 이전 세대의 영향을 받고, 다시 미래 세대에 영향을 미친다. 부모가 각자 주어진 여건상 최선을 다해 우리를 키웠더라도, 아이에게 물려주고 싶을 만큼 아름다운 어린 시절을 경험하지는 못했을 수도 있다.

가족 안팎의 타인과 맺은 긍정적인 관계는 폭풍우를 견딜 힘이 되는 회복 탄력성의 핵심으로 작용한다. 다행히도 어려운 유년기를 보낸 사람들도 긍정적인 관계를 통해 역경을 극복할 힘의 씨앗을 얻는 경우가 많다.

우리의 운명이 반드시 부모님 또는 우리 과거의 패턴을 반복하리라는 법은 없다. 삶을 받아들이면, 과거의 한계를 뛰어넘어 스스로와 아이들을 위한 새로운 삶의 방식을 만들어 나가면서 긍정적인 경험을 쌓을 수 있다. 또한 행복감을 증진할 수 있는 관계, 내적 안정감과 회복력을 쌓을 수 있는 도구, 공감 어린 관계를 맺을 수 있는 대인 관계 기술을 아이들에게 제공할 수 있다.

부모가 자신의 삶을 어떻게 받아들일 것인지, 자신의 어린 시절 경험을 어떻게 일관성 있는 이야기로 구성할 것인지는 자녀가 부모에게 갖는 애착 유형을 예측하는 강력한 지표다. 자신의 삶을 잘 받아들인 부모는 성인 안정 애착을 가지며, 그 자녀도 부모에게 안정 애착을 형성할 가능성이 크다. 우리 아이들이 안정 애착을 형성할 수 있도록 돕는 것은 미래의 건강한 발달을 위해 견고한 토대를 마련하는 일이다.

* 부모라면 자신의 삶을 이해해야 한다

어린 시절 경험을 되돌아보면 자신의 삶을 이해하는 데 도움이 될 수 있다. 지금 와서 어린 시절 사건을 바꿀 수 있는 것도 아닌데, 어째서 성찰이 도움 되는 것일까?

깊은 자기 이해는 자신을 바꾼다. 스스로의 삶을 이해하면 다른 사람도 더 온전히 이해할 수 있고, 행동에 대한 선택의 폭이 넓어지며, 더욱 다양한 경험에 마음을 열 수 있다. 자기 이해를 통해 변화한 부모는 안정 애착을 형성할 수 있는 방식으로 자녀들과 소통하고 시간을 보낼 수 있다.

우리의 인생 이야기는 살아가는 동안 계속 진화한다. 과거, 현재, 미래를 통합하는 능력은 우리가 더 일관성 있게 스스로를 이해할 수 있도록 한다. 인생 이야기의 일관성이 증가하는 것은 성인의 안정 애착을 위한 노력과 관련 있다. 연구에 따르면 어린 시절의 불안정 애착 상태가 성인이 된 이후 안정 애착 상태로 바뀌는 것이 얼마든지 가능하다.

이 연구는 '획득된 안정 애착'의 결과를 추적했는데, 이는 변화 가능성을 이해하는 데 중요하다. 획득된 안정 애착을 가진 사람은 어린 시절 부모와의 관계에서 문제를 겪었더라도, 그 경험과 그것이 발달에 미친 영향을 받아들인 이들이다. 성장은 오랜 상처를 치유하고 방어적인 접근 방식을 친밀감으로 전환하는 데 힘이 되는 관계를 통해 이루어진다.

안정 애착을 가진 네 살 아들을 두고 있으며 자신도 안정 애착을 형성하고 있는 한 엄마가 어린 시절에 대해 어떻게 일관성 있는 이야기를 전하는지 들어 보자.

"우리 부모님은 자상한 분들이지만, 아버지가 양극성 장애를 앓았어요. 저희 자매는 예측할 수 없는 분위기에서 자랐죠. 어머니는 제가 아버지의 기분을 얼마나 무서워하는지 알아주셨어요. 제게는 그게 큰 힘이 됐어요. 어머니는 항상 제 마음을 헤아려 주셨고, 제가 안전하다고 느낄 수 있도록 최선을 다해 도우셨어요. 당시 저는 두려웠지만 그게 당연한 것이라고 생각했어요. 지금 생각해 보니 예측할 수 없는 아버지의 기분과 행동이 저의 어린 시절에, 심지어 20대에도 상당히 많은 영향을 미쳤다는 것을 깨달았어요. 제가 무슨 일을 겪은 것인지 제대로 파악할 수 있게 된 것은 아들이 태어나고 아버지가 치료를 받으면서부터였어요. 처음에는 아이가 울거나 짜증 부릴 때마다 어떻게 해야 할지 몰라 너무 힘들었어요. 통제 불능의 아이에게 또다시 겁이 났죠. 제가 왜 그렇게 발끈하게 되는지 이유를 찾아 내고 더 좋은 부모가 되기 위해 스스로 노력해야 했어요. 이제 저는 그렇게 벌컥 화를 내지도 않고 아이와 잘 지내요. 아버지와의 관계도 훨씬 좋아졌어요. 저희 관계는 험난했지만, 이제는 제법 괜찮은 편이라고 생각해요. 아버지는 어머니만큼 섬세하거나 개방적이진 않지만, 당신이 할 수 있는 최선을 다하고 계세요. 아버지도 힘든 시기를 보냈고, 저희는 그 점을 존중해야 해요."

이 여성은 어려운 성장 과정을 거쳤지만, 자신의 경험을 슬기롭게 받아들였다. 어린 시절 부모님과의 관계가 자신의 발달과 엄마로서의 역할에 미친 좋은 영향과 나쁜 영향을 모두 인지했다.

평생에 걸쳐 자신의 삶을 이해하려는 노력을 계속하면서 그녀는 열린 마음으로 성찰했다. 그녀가 성인이 된 이후에라도 안정 애착을 획득하고, 그로 인해 삶의 활력과 세상과의 유대감을 느낄 수 있도록 자녀를 양육하게 된 것은 그녀의 아이에게도 매우 다행스러운 일이었다.

양육 관계는 안정 애착에서 비롯되는 성찰적이고 통합적인 기능을 발달시키고, 우리가 자신의 삶을 더 잘 이해하도록 도움으로써 성장을 지원한다. 변화에 대한 희망과 가능성은 항상 존재한다.

* 성인 애착 유형에 따라 자녀가 다른 영향을 받는다

우리는 각자 애착에 대한 마음 상태 또는 태도를 지니고 있다. 이는 관계에 영향을 미치며, 자신의 삶을 이야기하는 방식에서 드러난다. 연구 결과, 이러한 마음 상태는 부모와 자녀 사이의 특정 의사소통 패턴 및 상호작용과 관련 있으며, 그러한 의사소통 패턴과 상호작용은 자녀의 안정 또는 불안정 애착 형성에 영향을 미친다.

애착 연구가 메리 메인과 그의 동료들은 부모가 어린 시절 겪은 몇 가지 경험이 자녀를 대하는 행동을 결정하는 데 중요한 역할을 한다고 생각했다. 그들은 '성인 애착 면접AAI, Adult Attachment Interview'이라는 연구 도구를 고안하여 부모들을 대상으로 그들의 어린 시절 기억에 대해 질문했다. 그 결과, 부모가 면접관에게 들려주는 인생 이야기의 일관성에서 그가 자신의 유년기 경험을 어떻게 받아들이고 있는지를 확인할 수 있었다. 이는 자녀의 애착 안정성을 예측할 수 있는 가장 강력한 지표인 것으로 드러났다. 뒷장의 표는 성인과 아이의 애착 유형 간 상관관계를 보여 준다.

성인 애착은 부모가 자신의 어린 시절을 다른 성인에게 어떻게 이야기하는지에 따라 결정될 수 있다. 부모가 자신을 이해하는 방식은 자녀에게 자신의 어린 시절을 이야기하는 방식이 아닌, 성인 대 성인 간의 의사소통을 통해서 드러난다. 또한 단순히 이야기의 내용만이 아닌, 이야기를 전하는 방식에서 애착과 관련된 부모의 마음 상태를

[표 8] 아이와 성인의 애착 유형

아이	성인
안정 애착	안정(자주적 또는 자유로움)
회피형 애착	회피형
양가형 애착	불안형 또는 집착형
혼란형 애착	미해결 트라우마 또는 상처/혼란형

확인할 수 있다. [표 8]에서 볼 수 있듯, 이러한 이야기 패턴은 그 부모에 대한 자녀의 애착 유형과도 관련 있다. 또한 장기 연구에 따르면 성인의 인생 이야기는 일반적으로 수십 년 전에 평가된, 그의 어린 시절 애착 유형과도 일치한다.

애착 유형과 관련된 글을 읽을 때는 자신을 딱 하나의 유형으로만 분류하려고 하지 않는 것이 중요하다. 여러 유형의 요소가 몇 가지씩 있는 것이 일반적이기 때문이다. 아이들은 종종 각기 다른 어른에게 각기 다른 애착 패턴을 보인다. 넓고 유연하게 봤을 때, 애착 유형을 도구로 연구하는 아이디어는 자기 이해를 심화하는 데 도움이 될 수 있으며, 이는 아이들의 안정 애착 형성을 북돋는다.

성인 안정 애착

자주적이고 자유로운 마음 상태는 대개 부모에게 안정 애착을 형성하고 있는 자녀를 둔 성인에게서 발견된다. 이러한 어른들은 인간관계를 소중히 여기고 애착과 관련된 문제를 유연하고 객관적으로 이야기하는 것이 특징이다. 이들은 과거와 현재, 미래를 통합하며, 이것이 바로 한 사람이 자신의 인생 이야기를 받아들이는 방식을 보여 주는 일관성 있는 서사다. 아이들이 청년이 될 때까지 추적한 한 연구에 따르면, 어린 시절에 안정 애착을 형성한 어른일수록 일관성 있는 서사를 구성할 가능성이 큰 것으로 나타났다.

획득된 성인 안정 애착은 서사에 일관성은 있지만, 어린 시절 애착 형성에는 어려움이 있었던 경우를 가리킨다. 획득된 안정 애착은 그 사람이 자신의 어린 시절 인생 이야기를 어떻게 이해하게 됐는지를 반영한다. 앞에서 살펴본 양극성 장애가 있는 아버지 밑에서 자란 여성 이야기는 획득된 안정 애착을 가진 부모가 자신의 경험을 어떻게 설명할 수 있는지를 보여 주는 사례다.

성인 회피형 애착

어린 시절에 부모로부터 관심받지 못하고 거절당했던 성인은 애착에 대해 회피하는 태도를 보인다. 이들이 부모가 되면 자녀도 회피형 애착을 갖는 경우가 많다. 이러한 부모는 대개 자녀가 보내는 신호에 별로 민감하지 않고, 이들의 내면세계는 고립을 특징으로 기능한다. 친밀감으로부터 단절되어 있으며, 심지어 자신의 몸이 보내는 정서적 신호에도 무디다. 이들의 서사는 고립감을 반영하며, 어린 시절 경험이 기억나지 않는다고 말하기도 한다. 타인 또는 과거가 자아의 변화하는 본질에 영향을 미친다는 감각 없이 살아가는 것처럼 보인다.

또한 이러한 성인이 주로, 특히 타인과 교류할 때 좌측 처리 모드로 살아간다. 수많은 연구에 따르면 이처럼 관계의 중요성을 최소화하는 메커니즘에도 불구하고 이 유형에 속하는 어린이와 어른들에게서, 그들의 무의식적인 마음은 여전히 다른 사람들을 중요하게 여기고 있음을 보여 주는 신체적 반응이 확인됐다. 그러나 그들의 행동과 의식적인 생각은 애착과 친밀감을 회피하고 거부하는 태도를 만들어 냄으로써 정서적으로 메마른 가정환경에 적응한 것처럼 보였다.

회피형 애착을 가진 한 아이의 어머니는, 자신의 어린 시절 경험에 관해 묻자 다음과 같이 자기 성찰적인 대답을 했다.

"우리 부모님은 제가 잘 성장할 수 있는 좋은 가정을 만들어 주셨어요. 여러 활동도 시켜 주고, 좋은 가정에서 기대할 수 있는 모든 경험을 제공해 주셨죠. 옳고 그름을 가르쳐 주고, 성공하기 위한 옳은 방향도 제시해 주셨어요. 부모님이 정확히 어떻게 했는지는 기억 나지 않지만, 어쨌든 전반적으로 훌륭한 어린 시절, 그러니까 좋은 의미에서 평범한 어린 시절을 보낸 것만큼은 알고 있어요. 대충 그래요. 맞아요, 꽤 좋은 인생이었죠."

이 여성은 자기 인생에 대해 '좋은 인생'이라는 표현으로 일관성 있게, 논리적으로 흐트러짐 없이 이야기하고 있지만, 그러한 관점을 설명할 수 있는 개인적인 기억이나 경험의 세부 내용은 거의 없다. 일관성이란 좀 더 총체적이고 본능적인 성찰 과정을 포함한다. 예를 들어 "옳고 그름을 가르쳐 주고, 성공하기 위한 옳은 방향도 제시해 주셨어요."라는 말에는 자신이 개인적으로 살아온 시간에 대한 자전적 자아의식이 포함되어 있지 않다. 일관성 있는 서사였다면 아마도 다음과 같은 성찰이 들어가 있었을 것이다.

"우리 어머니는, 제가 말을 듣지 않고 때로는 어머니를 화나게 할 때도 제게 옳고 그름을 가르치려고 애쓰셨어요. 하루는 제가 어머니께 꽃다발을 만들어 드리려고 이웃집 꽃을 전부 꺾은 적이 있어요. 그때 어머니는 마음은 고맙지만, 허락 없이 무언가를 가져오는 것은 잘못된 일이라고 알려 주셨죠. 이웃집에 사과의 의미로 화분과 함께 꽃을 돌려드릴 때, 너무 죄송스러웠던 기억이 나요."

그러나 이 여성의 실제 성찰은 정서적 취약성과 타인에 대한 의존을 최소화하는 태도를 드러냈다. 그녀가 공유한 이야기에는 생각을 선형적이고 논리적으로 서술하는 단어는 많았지만, 기억, 감정, 관계성, 그리고 과거와 현재, 이것들이 미래에 미칠 영향을 연결하는 내용은 거의 담겨 있지 않았다.

성인 불안형 애착

돌봄이 일관적이지 않고 때에 따라 다르게 자녀의 요구를 지각 및 수용해 주는 부모 아래서 자란 아이는, 성인이 된 뒤 종종 애착에 대해 집착적이고 불안하고 양가감정이 가득한 태도를 보인다. 부모의 집착적인 마음 상태는 자녀의 신호를 확실하게 지각하거나 자녀의 요구를 효과적으로 해석하는 능력을 저해할 수 있다. 이들의 아이는 부모에게 양가형 애착을 형성하는 경우가 많다. 이들의 이야기는 과거로부터 남겨진 문제가 현재까지 이어져 인생 이야기의 흐름을 방해하고 있음을 보여 주는 일화로 가득하다.

남겨진 문제가 현재에 개입하는 패턴은 마음 챙김에 직접적인 걸림돌이 되며 유연성을 가로막을 수 있다. 이러한 개입의 비일관성은 과거를 논리적으로 이해하려는 좌측 처리 모드의 시도를 우측 처리 모드가 압도하는 것으로 이해할 수 있다.

양가형 애착을 가진 한 아이의 아버지는 자신의 어린 시절 경험에 대한 질문에 다음과 같이 답변했다. "어릴 때 어떻게 자랐느냐고요? 뭔가 남달랐어요! 우리 형제는 가까웠어요. 충분히 가까웠죠. 저와 두 형은 다 같이 정말 즐겁게 지냈어요. 때로는 형들이 좀 거칠게 행동했고, 저도 그랬지만, 문제 되진 않았어요. 어머니는 문제라고 생각하시긴 했지만요. 가끔은요. 이번 주말에도, 아마 어버이날이었던 것 같은데, 어쨌든 그날도 어머니는 우리가 애들을 너무 심하게 대한다고 생각하셨어요. 제가 아들을 너무 거칠게 대한다고요. 그렇지만 어머니는 형들한테는 한 번도 그런 말씀을 하신 적이 없어요. 제 말은, 제가 어렸을 때 형들이 아무리 저를 괴롭혀도 형들한테는 한마디도 하지 않으셨죠. 전혀요. 혼나는 건 항상 저였어요. 그렇지만 저는 상관 안 해요. 더는 신경 쓰지 않아요. 뭐, 좀 그럴 수는 있지만, 이제는 그런 일이 일어나게 놔 두지 않을 거니까요. 그렇죠?"

이러한 대답은, 과거의 문제가 자신의 삶을 일관성 있게 성찰하는 능력을 어떻게 방해하고 있는지 보여 준다. 과거에 대한 이 남성의 초점은 최근 주말에 있었던 사건에서 그의 어린 시절로, 그리고 다시 현재 머릿속에 떠오르는 생각으로 옮겨 갔다. 그는 여전히 어린 시절의 문제에 매몰되어 있었다. 이렇게 남겨진 짐은 지금의 자녀들과 연결되는 데도 문제를 일으킬 수 있다. 만약 아들이 아내의 관심을 찾는 것을 보고 자기가 무시당한다고 느끼면, 그는 어머니가 형들을 편애한 것처럼 자신이 불공평한 대우를 받고 있다는 감정에 휩싸일 수 있다. 만약 그가 남겨진 문제를 받아들이고 해결하지 못하면, 자녀와도 정서적으로 흐릿한 상호작용을 주고받을 가능성이 크다.

성인 미해결 애착

부모의 미해결 트라우마나 상처는 가장 우려되는 애착 유형인 혼란형 애착과 관련 있는 경우가 많다. 미해결 트라우마를 가진 부모는 갑작스럽게 마음 상태의 변화를 보이며 자녀를 무섭고 혼란스럽게 하곤 한다. 아이가 불편함을 호소할 때 거리를 두거나, 큰 목소리로 노래하며 신나게 복도를 뛰어다니는 아이에게 갑자기 벌컥 화를 내며 위협하거나, 잠자리에서 책을 하나 더 읽어 달라는 요구에 아이를 때리는 등의 행동이 그 예다.

해결되지 않은 트라우마와 슬픔이 무섭고 혼란스러운 부모의 행동을 만들어 내는 이유는 무엇일까? 해결되지 않은 상태는 마음의 정보 흐름을 방해하고, 정서적 균형을 이루어 타인과의 연결을 유지하는 자아의 능력에 걸림돌이 된다. 이러한 문제를 '조절 장애'라고 한다. 정보와 에너지의 갑작스러운 흐름 변화는 한 사람의 내면에서 또는 사람들 사이에서 발생할 수 있다. 분위기가 침울해지고, 감정이 예고 없이 변하며, 갑작스러운 태도 변화로 지각이 왜곡될 수 있다. 변화에 대응하기가 어렵고 유연성이 떨어진다.

이러한 내적 과정은 대인 관계에 직접적인 영향을 미친다. 해결되지 않은 상태는 갑작스러운 변화를 유발하여 아이를 불안하게 만든다. 부모는 반응적인 의사소통 과정에서 벗어날 뿐만 아니라 공포스럽게 행동하기 때문에 아이가 '해결책 없는 공포'를 경험하게 된다. 아이는 상당히 부정적인 경험을 한다.

그렇다면 성인의 자아 성찰 과정에서 이러한 내적 조절 장애는 어떻게 드러날까? 아마도 트라우마나 상처에 관한 문제를 언급하는 동안 방향을 잃은 모습을 보이는 순간이 있을 것이다. 일관성 있게 진행되던 이야기가 순간적으로 흐트러지는 것은 그 사람에게 그러한 주제가 해결되지 않은 상태로 남아 있음을 보여 주는 것으로 생각된다. 혼란형 애착을 형성한 아이는 부모의 혼란스러운 과거로 인해 만들어진 혼돈에 빠져들 수 있다.

다음은 어린 시절에 위협을 느낀 적이 있는지 묻는 말에 한 엄마가 답변한 것이다. "어렸을 때 제가 진짜로 위협을 느낀 적은 없는 것 같아요. 음, 무섭지 않았다는 건 아니지만요. 사실 무섭긴 했어요. 우리 아버지는 가끔 술에 취해 집에 오셨지만, 진짜 문제는 어머니였어요. 어머니는 자신을 신뢰하게 하려고 이런저런 방법을 썼지만, 자신이 그렇게 못되게 군 것은 전부 아버지의 술 때문이었다고 탓하셨죠. 음, 그러니까 어머니는 친절하게 대하려고 노력하긴 했지만, 마치 악마에 홀린 것 같았어요. 표정이 갑자기 변하곤 해서 누구를 믿어야 할지 알 수 없었어요. 어머니 얼굴이 너무 이상했어요. 분노하는 것 같기도 하고, 두려워하는 것 같기도 한 표정이었죠. 얼굴을 한껏 일그러뜨리고 날카롭게 노려보기도 했어요. 때로는 며칠씩 울기도 했는데 엄마의 우는 얼굴이 아직도 눈에 선해요. 그렇게 속상할 일은 아녔는데, 그때는 그랬었죠."

아이였을 때 이 여성은 어머니가 극도로 화나거나 슬플 때 얼굴이 급격하게 변하는 경험에 노출됐다. 그때마다 그녀의 마음은 미래에 자신도 그렇게 강렬한 감정을 만들 수 있도록 준비해 왔을 것이다. 이러한 과정이 일어나는 이유는 타인에게서 지각한 것과 비슷한 감정 상태를 만드는 거울 뉴런 시스템 때문일 것이다. 부모의 혼란스러운 행동은 아이에게도 혼란스러운 상태, 혼란형 애착을 만든다. 아이는 거울 뉴런을 통해 부모의 감정에 이입하고 해결책 없는 공포를 느끼며 직접적으로 내면의 혼돈 상태에 빠져든다.

해결되지 않은 상태는 정상적이었다면 원활하게 흘러갔을 반응적 의사소통의 흐름을 방해한다. 이는 개인의 인생 이야기에서 드러나며, 트라우마 또는 상처와 관련된 특정 상황에서 유연하게 대처하는 능력을 떨어뜨릴 수 있다. 이러한 사람들은 좌측과 우측 처리 모드를 통합하는 능력이 상당히 손상되어, 자신의 삶을 성찰하거나 미해결 주제를 이야기할 때 혼란을 겪을 수 있다.

자전적 회상이 재활성화될 때, 좌뇌는 처리되지 않은 이미지에 대한 공포감과 배신감에 잠긴다. 과거가 현재에 어떤 영향을 미쳤는지에 관한 일관적인 감각보다는, 갑작스럽고 조절이 안 되는 마음이 그 사람을 덮치고 과거의 혼돈 속에 빠뜨린다. 트라우마와 관련된 정서적 반응성, 거울 뉴런의 재활성화, 좌뇌와 우뇌 간의 통합 장애가 미해결 트라우마와 상처로 인한 대인 관계의 혼란, 비일관성을 만드는 내적 과정에 모두 기여한다.

* 애착에 대해 성찰하는 과정이 필요하다

200~201쪽에 있는 질문지는 자신의 어린 시절 경험을 성찰하는 데 유용하다. [부모의 자기 성찰을 위한 질문지]는 성인 애착 면접과 같은 연구 도구는 아니지만, 자신을 좀 더 깊이 이해할 수 있도록 돕는다. 이 질문지를 유연하게 활용하고, 기억에 단서가 될 수 있는 다른 문제들을 고려해 보라. 질문에 답하는 동안 어떤 이미지나 감정이 떠오를 수 있다. 때로는 기억의 일부가 불확실할 수도 있고, 부끄러움을 느껴서 다른 사람이나 자신에게 좀 더 순수한 이미지를 제시하고자 답변을 수정할 수도 있다. 누구나 옷장에 자기만의 유령을 숨기고

있다! 어쩌면 자신의 감정으로부터 거리를 두게 하고 타인의 감정에 마음을 열지 못하게 하는 방어적인 적응 패턴이 있을 수도 있다.

처음에는 내면의 이미지나 감각을 표현할 말을 찾기가 어려울 수 있다. 지극히 정상이다. 그러한 단어와 의식적인 언어적 사고는 좌뇌에서 나오고, 자전적 기억, 원초적인 감정, 통합적인 신체 감각, 이미지는 우뇌에서 비언어적으로 처리된다는 사실을 상기해라. 이러한 상황은, 특히 자전적, 감정적, 본능적 기억이 제대로 처리되지 않고 압도적일 때, 비언어적 신호를 언어적으로 옮기는 과정에서 긴장감을 만들어 낸다.

때로는 감정적 기억에서 고통스러운 요소를 회상한 탓에 우리가 매우 취약한 존재로 느껴질 수 있다. 그러나 인생 이야기 전체를 소유하지 않으면 오히려 삶의 일관성을 갖는 데 방해가 된다. 자신의 모든 것을 끌어안는 것은 처음에는 어렵고 고통스럽지만, 결국에는 연민 어린 자기 수용과 대인 관계의 연결로 이어진다. 일관성 있는 이야기를 통합하려면, 과거와 현재의 인생 이야기를 한데 엮어서 미래로 나아가는 것이 필요하다.

변화는 더 깊은 자기 이해로 향하는 여정을 지원하는, 새로운 방식의 관계를 시도하는 과정을 통해 일어난다. 자신을 되돌아볼 때는 끝없이 당신 이야기에 귀 기울여 줄, 신뢰할 수 있는 어른을 찾는 것이 좋다. 우리는 모두 사회적 존재이며, 우리의 서사는 사회적 연결에서 비롯된다. 자기 성찰은 그것을 우리와 친밀한 관계에 있는 사람들에게 공유할 때 더욱 깊어진다.

부모의 자기 성찰을 위한 질문지

1. 당신의 성장 과정은 어땠는가? 가족 구성원은 어떻게 되는가?
2. 어린 시절 부모님과는 어떻게 지냈는가? 청소년기를 거쳐 지금에 이르기까지 부모님과의 관계가 어떻게 변화했는가?
3. 당신과 어머니와의 관계, 아버지와의 관계가 어떤 점이 다르고 어떤 점이 비슷했는가? 어머니, 아버지를 닮으려고 또는 닮지 않으려고 노력하는 것이 있는가?
4. 부모님에게 거부당했거나 위협받았다고 느낀 적이 있는가? 어린 시절에, 또는 그 이후에라도 인생에서 압도적인 감정이나 트라우마를 경험한 적이 있는가? 그러한 경험 중 아직도 생생하게 느껴지는 것이 있는가? 그것이 계속해서 당신의 삶에 영향을 미치는가?
5. 어린 시절 부모님의 훈육 방식은 어땠는가? 그것이 당신의 어린 시절에 어떤 영향을 미쳤으며, 현재 당신이 부모의 역할을 하는 데 어떤 영향을 미치고 있다고 느끼는가?
6. 부모님과 처음 떨어졌을 때를 기억하는가? 어땠는가? 부모님과 장기간 떨어진 적이 있는가?
7. 어린 시절에, 또는 그 이후에 인생에서 소중한 사람이 세상을 떠난 적이 있는가? 당시에 어떤 기분이 들었는가? 그리고 그 상실이 지금 당신에게 어떤 영향을 미치고 있는가?

8. 당신이 행복하고 신났을 때 부모님은 당신과 어떻게 소통했는가? 당신의 기쁨을 함께해 주었는가? 어린 시절 괴롭고 우울했을 때 어떤 일이 일어났는가? 그렇게 감정적으로 힘든 시기에 어머니와 아버지가 당신에게 각기 다르게 반응했었는가? 어떻게 달랐는가?
9. 어린 시절 부모님 외에 당신을 돌봐 준 사람이 있었는가? 그 관계는 어땠는가? 그 사람들에게는 어떤 일이 있었는가? 지금 다른 사람이 당신의 아이를 돌본다고 상상하면 어떤 기분이 드는가?
10. 어린 시절 힘든 시기에 가정 안에서든 밖에서든 당신이 의지할 수 있는 긍정적인 관계가 있었는가? 그러한 관계가 당시 어떤 도움을 줬다고 느끼는가? 그리고 지금은 어떤 도움을 줄 수 있는가?
11. 어린 시절의 경험이 성인이 된 당신의 관계에 어떤 영향을 미쳤는가? 어릴 때 겪었던 일 때문에 특정 방식으로 행동하지 않으려고 노력하는 것이 있는가? 바꾸고 싶지만 그러기 어려운 행동 패턴이 있는가?
12. 성인이 된 당신의 삶 전반(자아의식, 자녀와의 관계 등)에 당신의 유년기가 어떠한 영향을 미쳤다고 생각하는가? 자기 자신을 이해하는 방식이나 타인과 관계를 맺는 방식에서 바꾸고 싶은 점이 있는가?

* 안정 애착을 향해 나아가야 한다

자신의 애착 역사를 돌이켜 보면, 초기 가족 경험이 성인으로서의 발달에 미친 영향을 이해하는 데 몇 가지 요소가 특히 유관한 것을 발견할 수 있다. 이제 우리는 애착 연구에서 제공하는 일반적인 틀이 자기 이해를 심화하고 변화를 향한 길을 찾는 데 유용하다는 사실을 알았다.

연구에 따르면 안정 애착을 향한 성장은 충분히 가능하다. 획득된 안정 애착을 위한 노력이 종종 친구, 연인, 선생님, 치료사와의 건강하고 위안이 되는 관계와 관련 있긴 하지만, 무엇보다도 자기 이해를 심화하는 과정부터 시작하는 것이 타인과의 연결을 강화하는 첫걸음이 될 것이다. 안정 애착을 향한 움직임은 당신과 자녀 모두에게 풍요로운 삶의 방식을 제공한다.

회피형 자녀와 회피형 부모

정서적 결핍과 공감 어린 양육의 부재를 경험하며 자란 사람들은, 대인 관계를 맺고 감정적으로 소통하는 일을 최소화하는 방향으로 적응한다. 이러한 태도는 정서적으로 메마른 환경에서 자란 아이들이 적응하기에 효과적이었을 것이다. 아이들은 할 수 있는 한 최선을 다해 적응했고, 그런 아이들에게는 기댈 수 없는 양육자에 대한 의존도를 줄이는 것이 생존에 가장 적절하고 유용했을 것이다.

이러한 적응 반응이 계속되면 부모뿐 아니라 다른 사람과의 연결도 줄어들 수 있다. 연구에 따르면 회피형 애착을 가진 사람들은 타인의 관점을 고려할 수 있는 마인드사이트를 갖추고 있긴 하지만, 그들의 방어적인 마음 상태가 다른 사람과의 정서적 경험에 마음을 여는 동기를 억제한다고 한다. 뿐만 아니라 자신의 감정에 대한 접근과 인식도 점점 줄어들 수 있다. 이처럼 회피형은 자신의 정서적 취약성을 줄이기 위해 우측 처리 모드를 최소화하고 좌측 처리 모드가 우세하도록 적응한 것으로 보인다.

이러한 관점에서 보면, 우측과 좌측 처리 모드를 연결하는 양방향 통합의 정도 역시 꽤 미미할 것으로 생각할 수 있다. 이는 회피형 애착을 가진 사람들의 불완전한 인생 이야기에서 드러난다. 이들은 종종 자신의 어린 시절 경험이 자세히 기억나지 않는다고 말한다.

관계를 맺을 때도 독립심이 뚜렷하여 상대방이 외로움과 정서적 거리감을 느낄 수 있다. 어린 시절 필요에 따라 적응하기 위해 시작된 과정이 성인이 된 뒤에는 배우자와 자녀와의 건강한 관계를 방해하는 걸림돌로 작용한다.

이러한 특징을 변화시키려면 양방향 통합을 촉진하는 방향으로 접근해야 한다. 종종 우측 처리 모드가 덜 발달하여 마인드사이트의 최소화, 자기 인식의 축소, 때로는 타인의 비언어적 신호를 지각하는 능력의 저하가 나타나기 때문이다. 논리적이고 비(非)자전적인 좌측 처리 모드가 주로 관여하기 때문에 자기 성찰이 제한될 수 있다. 따라서 이러한 사람들은 좌측 처리 모드를 활성화하려는 노력이 필요하고, 그것이 실제로도 도움이 된다.

연구에 따르면 이러한 사람들은 애착과 관련된 문제를 논의할 때 말로는 애착의 중요성을 최소화하는 발언을 하지만 몸에서는 생리적 반응이 높아지는 것으로 나타났다. 그들의 행동과 겉으로 드러나는 태도는 마치 관계를 가치 있게 여기지 않는 것처럼 보여도, 그들의 마음은 관계를 소중한 것으로 생각하는 것이다. 다시 말해, 비록 어쩔 수 없이 애착에 대한 접근을 최소화하는 방식으로 적응하긴 했지만, 관계를 소중히 여기는 선천적인 애착 시스템이 여전히 건재한다.

이러한 관점은 과거 가족생활에서의 결핍에 적응하기 위해 관계의 중요성을 최소화하며 살아온 사람들에게 다가가는 데 중요하다. 이들의 가족은 우측 처리 모드의 자극과 연결을 거의 제공하지 않은 것으로 볼 수 있다. 따라서 이러한 측면의 정신을 활성화하는 길을 찾는 것이 대인 관계와 내면의 통합을 추구하는 마음의 본능적인 욕구를 해방하는 데 중요하다. 우리는 비언어적 신호에 초점을 맞추고, 신체 감각의 인지를 높이고, 뇌의 우측 처리 모드를 자극하는 등의 활동이 미성숙한 좌측 처리 모드를 동원하는 데 상당히 유용하다는 것을 발견했다.

논리에 능숙한 사람들에게는, 앞서 살펴본 것과 같이 정서적으로 메마른 가정환경에 적응하기 위해 좌뇌가 우세하게 되었다는 논리적인 설명을 제공하는 것이 실제로 도움이 된다. 새로운 뉴런, 특히 통합적인 뉴런이 평생에 걸쳐 계속 성장할 수 있다는 사실이 최근 뇌과학 분야에서 발견되었음을 알려 주는 것도 유용하다. 이처럼 비교적 중립적이고 덜 위협적인 관점에서 보면, 똑같이 중요한데도 제대로 발달할 수 없었던 처리 모드를 성장시키고 통합하려는 노력은 당장이라도 시작할 수 있다.

양가형 자녀와 불안형 부모

일관성 없는 부모 아래서 자란 성인에게서는 또 다른 유형의 적응 방식이 나타난다. 이들은 타인을 신뢰할 수 있을지 불안해한다. 일관성이 없거나 지나치게 개입하는 양육은 양면적이고 불확실한 감정을 낳는다. 이들은 타인의 애정을 강하게 갈구함과 동시에 자신의 욕구가 절대로 채워질 수 없다는 절망감을 경험한다. 아이러니하게도 관계에 대한 긴급한 갈망이 오히려 타인을 밀어내고, 그로 인해 타인은 역시 신뢰할 수 없는 존재임을 재확인하는 경험을 반복하는, 자기 강화적 피드백 루프가 생성된다.

양면성과 집착을 포함하는 방식으로 적응한 사람들이 성장하기 위해서는 자기 대화나 이완 훈련과 같은 자기 진정 기술이 필요하다. 친밀한 사람들과 열린 마음으로 의사소통하는 것도 도움 된다. 어떤 면에서 이러한 적응은 우측 모드가 과도하게 활성화되어 우뇌의 전문 영역인 자기 진정에 어려움이 생기는 것으로 볼 수 있다. 또한 자아에 대한 기억과 멘털 모델이 자신의 욕구가 충족될 것이고 타인과의 관계가 신뢰할 만한 것이라는 확신을 주지 못하는 것이다. 자기 의심은 때때로 자신에게 무언가 결함이 있다는, 깊고 무의식적인 수치심을 동반한다. 이러한 수치심은 각각의 불안정 애착 유형에 따라 다양한 형태로 나타날 수 있다.

수치심의 메커니즘과 그것이 어떻게 우리 유년기의 일부가 되었는지를 이해하면, 이러한 정서적 반응이 타인과의 관계에서 만드는 틀에서 벗어나는 데 도움이 된다. 어쩌면 우리는 불안감, 자기 의심, 고통스러운 감정이 우리를 망가뜨릴까 봐 의식적으로 인식하지 못하도록 심리적 방어막을 겹겹이 개발했을 수도 있다.

안타깝게도 그 방어막은 정서적 암묵 작용이 자녀들을 대하는 방식에 직접적으로 미치는 영향도 의식하지 못하도록 막는다. 우리는 자녀의 나약함과 무력함에 대한 분노와 함께 우리 자신의 내적 경험에서 원치 않는 측면을 자녀에게 투사할 수 있다. 이런 식으로 어린 시절 우리를 보호해 주었던 방어막이 오히려 자기 내면의 아픔을 이해하지 못하도록 막고 부모로서의 능력을 떨어뜨릴 수 있다.

최선의 육아를 하지 못하는 것에 대한 대응으로 겹겹이 구축된 방어막을 허무는 것은 자신의 삶을 이해하는 데 핵심적이다. 불편한 감정을 다루는 전략을 습득하기 위한 첫걸음은 이완 훈련을 통해 불안과 의심을 진정시키는 법을 배우는 것이다.

일관성이 없고 지나치게 개입하는 부모는 자녀가 자기 진정 전략을 발달시키지 못하도록 막는다. '자기 대화' 기술을 배우는 것은 자신을 돌보는 데 매우 효과적인 접근 방식이 될 수 있다. "지금은 확신이 없지만, 최선을 다하고 있으니 잘될 거야." 또는 "그가 한 말이 신경 쓰이지만, 그게 어떤 의미였는지 직접 물어보면 되지." 이렇게 명확한 말로 자신에게 말을 걸면, 좌측 처리 모드의 언어가 우측 처리 모드의 불안을 잠재우는 데 도움이 된다.

내면의 수치심을 은폐할 수 있는 방어막을 가진 사람들에게는, 자신에게 결함이 있다는 믿음이 부모의 무반응적인 연결에서 비롯된 어린아이의 결론이라는 사실을 상기하는 것이 도움이 된다. '나는 사랑받을 만한 존재'라는 것을 깨닫는 것이 중요하며, 이것이 '나는 절대 사랑받지 못해.' 또는 '나는 사랑받을 수 없는 존재야.'라는 생각을 밀어내야 한다.

이러한 적응 형태를 가진 사람들이 성장하기 위해서는 우뇌가 자기 진정법을 배우는 길을 찾는 것이 핵심 열쇠다. 어린 시절 부모가 제공해 주지 못한 도구를 스스로 구할 수 있다. 여러 의미에서 이것은 내면에서부터 내가 나를 양육하는 것이다.

혼란형 자녀와 미해결 트라우마 또는 상처를 가진 부모

부모와의 경험에 두려움과 공포를 느끼며 자란 성인은 내적 혼란으로 반응할 수 있다. 타인과의, 그리고 자기 마음과의 단절감은 비현실적이거나 내적으로 분열된 감각을 포함하는 해리 과정으로 이어질 수 있다. 혼란형 적응의 좀 더 미묘한 측면으로는, 대인 관계에 대한 반응으로 마음 상태가 급변하는 것을 느끼거나 스트레스 상황에서 얼어 버리는 것 등을 포함한다. 해결되지 않은 트라우마 또는 상처는 해리와 같이 파편화된 내적 경험을 일으킬 가능성이 크다. 그렇게 되면 그러한 상태가 더욱 강하고 빈번하게 일어날 수 있으며, 자녀가 부모에게 의존하기가 더욱 힘들어져 단절을 회복하기 어렵다. 해결되지 않은 상태를 해결할 방법을 찾는 것은 부모와 자녀 모두를 치유하는 길이다.

미해결 문제는 기억, 감정, 신체 감각 등의 다양한 측면을 유연하고 자유로운 일련의 반응으로 통합할 수 없는 마음의 무능함을 반영한다. 그러한 통합 장애는 경직 또는 혼돈의 상태로 볼 수 있으며, 이 경우 부모는 반복적인 행동 패턴에 고착되거나 압도적인 감정 상태가 범람하는 것을 경험한다. 이렇게 극단적인 경직과 혼돈으로부터 자유로워지려면 치유를 향해 나아가야 한다.

어린 시절 사건이 당시에는 이해하기 어려워도, 지금은 그것이 우리에게 어떤 영향을 미쳤는지 이해할 수 있다. 이러한 통합적인 이해 과정을 통해 과거의 요소를 현재에 대한 성찰과 한데 묶으면, 자신의 가능성에 대한 감각과 좀 더 유연하고 풍성한 미래를 건설할 수 있는 능력이 향상되는 것을 느낄 수 있을 것이다. 혼자서도 이러한 과정을 거칠 수 있지만, 다른 사람이 우리의 아픔, 그리고 치유로 가는 여정을 목격할 수 있도록 하는 것이 더 도움 될 때가 많다.

해결책은 견딜 수 없을 것 같은 감정에 마음을 열고 그것을 직면하는 능력에 달려 있다. 좋은 소식은 치유가 가능하다는 것이다. 가장 힘든 단계는 나에게 해결되지 않은, 무언가 심각하고 두려운 문제가 있다는 사실을 인정하는 것이다. 진실을 직면하는 어려움에 도전하여 신중한 발걸음을 뗄 수 있을 때, 비로소 우리는 치유와 성장으로 가는 여정을 시작할 수 있다. 이는 좀 더 이상적인 부모가 되기 위한 준비를 마쳤다는 뜻이다.

자기 성찰 시도해 보기

01 시간을 내어 [부모의 자기 성찰을 위한 질문지](200~201쪽)에 답해 보아라. 적어도 하루 이상 시간이 지난 후에 당신이 쓴 답변을 소리 내어 읽어 보아라. 새롭게 알아차린 점이 있는가? 자신의 답변이 어떻게 느껴지는가? 부모님이 당신에게 어떠한 양육 경험을 제공해 줬더라면 좋았을 것 같은가? 부모님과의 양육 경험이 당신이 자녀를 대하는 태도와 자녀와의 상호작용에 어떤 영향을 미쳤는가? 이러한 성찰 과정에서 당신이 배운 가장 중요한 교훈은 무엇인가? 우리의 인생 이야기는 고정되어 있지도, 시멘트에 봉인되어 있지도 않다. 인생 이야기는 우리가 살아가면서 자신의 삶을 이해하는 과정을 계속하는 동안 끊임없이 진화한다. 평생에 걸쳐 일어날 자기 발전에 열린 마음을 가져라.

02 미리 답을 생각하지 말고, 몇 분 내로 다음 문장을 완성하라. "좋은 엄마는…" 또는 "좋은 아빠는…" 이제 당신이 쓴 답변을 혼자서 소리 내어 읽어 보거나 신뢰하는 사람에게 읽어 주어라. 당신이 쓴 답변 중에 당신의 부모님이 이렇게 해 주었다고 생각되는 것이 있는가? 많이 있을 수도 있고, 별로 없거나 전혀 없을 수도 있다. 답변 중에 현재 당신이 자녀에게 해 주고 있다고 생각하는 것은 무엇인가? 당신이 우선적으로 발전시키고 싶은 것을 한 가지만 골라라.

03 '아이와 성인의 애착 유형'(190쪽) 부분을 다시 읽어 보아라. 이제 이러한 분류가 당신의 어린 시절 경험과 어떠한 연관이 있는지를 생각해 보고, 그 생각을 적어라. 유형에 얽매이지 말고 자신이 속한다고 생각되는 측면을 자유롭게 골라라. 자신을 꼭 하나의 유형으로 분류해야만 하는 것은 아니다. 이러한 의사소통 패턴이 당신의 발달에 어떤 영향을 미쳤다고 생각하는가? 당신이 타인을 대하는 방식에는? 그것이 과거에는 어떠한 방식으로 친밀한 관계에 영향을 미쳤으며, 현재에는 자녀나 다른 사람과의 관계에 어떠한 영향을 미치고 있는가?

04 자기 성찰의 과정에서 해결되지 않고 남겨진 문제를 발견했는가? 그것들이 자녀와의 관계에 영향을 미치고 있는가? 특별히 생각하기 어려운 과거의 요소가 있는가? 자신에게 무언가 깊은 문제가 있다고 느끼는가? 예를 들어 다른 사람과 가까워지는 것이 두렵다거나, 자신에게 결함이 있다는 생각에 수치심을 느낀다거나, 아이의 무력함에 화가 난다거나, 그 외에도 무언가 숨겨진 감정 작용이 있어서 그것이 자녀와의 관계에 영향을 미치고 있다고 느끼는가? 자신에게 해결되지 않은 상처 또는 트라우마가 있다고 생각하는가? 그것들이 당신의 내적 경험과 자녀와의 상호작용에 어떤 영향을 미치고 있다고 생각하는가?

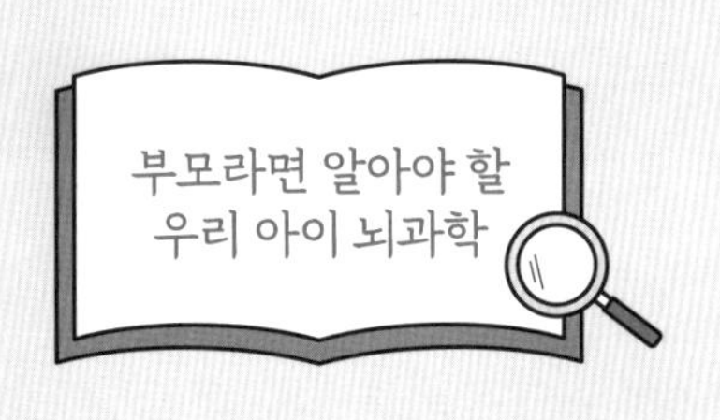

* 성인 애착 면접

메리 메인과 그의 동료들이 고안한 중요한 연구 도구인 성인 애착 면접 AAI는, 유아기에 서로 다른 애착 패턴을 보이는 아이들의 부모가 왜 그렇게 다른 방식으로 행동하는지를 이해하기 위해 처음 만들어졌다. 이를 위해 연구진은 부모가 어렸을 때 겪은 양육 환경의 무언가가 그들이 자녀를 대하는 방식에 직접적인 영향을 미쳤으리라는 가설을 세웠다. 이 가설이 맞는지 어떻게 확인할 수 있을까?

연구진은 자녀의 애착 상태가 확인된 부모들을 대상으로 질문을 하기로 했다. 가장 유용한 주제를 골라서 부모의 어린 시절에 대한 기억을 묻는 공식적인 인터뷰를 시행했다. 연구진은 이 인터뷰를 통해 면접 대상자의 자녀가 면접 대상자에게 형성한 애착 유형을 약 85% 정확도로 예측할 수 있다는 사실을 발견했다. 이는 이러한 유형의 연구로서는 매우 높은 수치의 정확도를 기록한 것이다. 이후 연구에서는 아직 아이를 낳지 않은 부부를 인터뷰하여, 그 아기가 생후 1년이 됐을 때 각각의 부부에게 보이는 애착 유형을 예측하는 실험을 했다. 이번에도 역시 AAI 데이터를 토대로 한 예측이 높은 확률로 맞아떨어지는 결과가 나왔다. AAI가 부모의 마음에서 자녀와의 관계에 직접적인 영향을 미치는 측면을 다루는 것이 분명했다.

AAI는 인터뷰 동안 면접 대상자가 자신의 자전적 기억을 찾아야 하는 20가지 질문으로 구성되어 있다. 연구원 에릭 헤세는 이것이 내적 스캐닝과 외적 진술이라는 두 가지 초점이 필요한 과정이라고 설명했다. 답변을 녹음하고 글로 옮긴 뒤, 숙련된 AAI 해석 전문가가 그것을 분석하여 대상자의 어린 시절 경험에 대한 기록을 평가한다. 분석의 주요 초점은 '기록의 일관성'으로, 개인이 자신의 유년기를 어떻게 이야기하는지를 평가의 척도로 삼는다.

기록의 일관성을 분석하려면 대상자의 이야기, 즉 대상자와 면접자 간의 대화에서 나타나는 상호작용의 일관성을 평가해야 한다. 대답한 내용에 대한 근거가 없거나, 너무 적게 말하거나, 주제에서 벗어난 이야기를 많이 하거나, 답변이 오락가락하는 등은 모두 이야기의 규칙을 위반하는 것으로 평가되어 정량화 또는 코드화 된다. 이는 대상자의 서사에 다양한 형태의 비일관성이 나타나는 것으로 여겨진다. 이를 분석하면 대상자의 전반적인 프로필을 파악할 수 있다. 그러면 대상자는 '자유, 자주적' '무시형' '불안, 집착형' '미해결, 혼란형'으로 분류된다. 앞서 설명했듯 AAI 분류는 대상자의 자녀가 부모에게 형성한 애착 유형을 예측할 수 있는 가장 강력한 지표다.

특정 질문에 대한 답변으로 한 사람이 다른 사람에게 들려주는 자전적 서사를 평가하는 것이 어떻게 그 사람의 과거를 정확히 평가할 수 있는 것인지 궁금할 것이다. 이러니저러니 해도 어쨌든 기억은 주관적인 것인데, 그런 주관적인 이야기가 어째서 과거를 유추하는 힘을 갖는 것일까? 게다가 과거의 이야기는 실제로 일어난 일, 일어나기를 바란 일, 실제로 일어났지만 잊으려는 일이 혼재되어 구성된다. 또한 그것들은 종종 우리가 타인에게 또는 우리 자신에게 보이고 싶은 모습으로 각색된다. 이는 분명 사실이지만, 크게 중요하지는 않다.

AAI 평가는 대상자의 어린 시절 가정환경이 정확히 묘사한 그대로라는 가정에 의존하지 않기 때문이다. 그보다는 그 서사가 어떻게 이야기되는지, 즉 개인이 다양한 형태의 기억을 일관성 있는 전체로 통합하는 능력을 통해서 자신의 삶을 이해하는 방식을 어떻게 드러내는지가 더 중요하다. 일관성 있는 서사는 성인이 자신의 유년기를 받아들이는 방식을 선명하게 보여 준다.

AAI 연구에서 한 가지 재미있는 측면은 획득된 안정 애착 유형으로, 매우 힘든 어린 시절을 겪었지만 자신의 삶을 이해함으로써 일관성 있는 인생 이야기를 전할 수 있게 된 경우다. 앨런 스루프는 역경에 직면하여 자신의 삶을 받아들이게 된 사람들에게는 공통적으로 친척, 보육 교사, 교사, 친구 등과 같이 회복 탄력성의 원천이 되는 관계가 있었다고 말했다. 이러한 발견은 애착이 계속해서 변화하고 발전할 수 있다는 관점을 뒷받침한다.

* 획득된 안정 애착에 관한 연구: 힘든 상황에서도 삶을 받아들이기

1990년대 초 AAI 연구원들의 공식 훈련 과정 중, 메리 메인과 에릭 헤세는 역경을 극복하고 자신의 이야기에서 일관성을 이룬 사람들에 대한 생각을 논의했다. 1994년 피어슨과 그의 동료들이 발표한 첫 번째 연구에서 그들은 획득된 안정 상태를 가진 사람들과 안정 애착을 유지해 온 사람들을 비교했다. 이 연구에서 정의한 획득된 안정은 AAI 면접 결과 이야기에 일관성은 있지만 그 내용이 부정적인 사람들의 사례를 가리킨다.

이들은 어린 시절 무감각하거나 가혹하거나 그 밖의 다른 방식으로 상당히 부적절한 양육 환경을 경험하였으며, 주로 다양한 형태의 일관성 없는 AAI 평가를 받은 사람들, 즉 불안정 성인 애착 유형을 가진 사람들의 이야기 내용과 유사했다. AAI 형식의 후향적(현시점에서 과거 시점을 되돌아보며 데이터를 수집하는 방식의 연구) 설명에 따르면, 이러한 성인들은 스스로 안정 애착을 획득한 것으로 보인다. 초기 연구에서는 이 그룹에 속하는 사람들에게서 통계적으로 좀 더 높은 수준의 우울증 증상이 발견됐지만, 그럼에도 그 자녀들은 부모에게 안정적으로 애착을 형성하고 있었다.

이후에 후속 연구로 펠프스와 그의 동료들은 다양한 연구 그룹에 속하는 사람들의 집에 방문하여 부모 자녀 간의 상호작용을 관찰함으로써 획득된 안정 애착에 대해 좀 더 광범위한 평가를 수행했다. 1998년에 발표한 이 연구에 따르면, 획득된 안정 애착을 가진 사람들은 자녀의 취침 시간이나 등교 시간과 같이 스트레스가 높은 상황에서도 현저히 잘 대응하는 모습을 보였다. 그들은 일관성 있는 인터뷰에서 확인한 것처럼 '말로만' 잘하는 것이 아니라, 실제 스트레스 상황에서 '행동으로도' 자녀에게 민감하고 조율된 양육을 제공했다.

2002년, 획득된 안정 애착에 대한 이해를 심화할 수 있는 중요한 연구 논문이 추가로 발표되었다. 앨런 스루프와 동료들은 거의 25년에 걸쳐 대규모 사람들을 유아기 때부터 추적하는 중요한 종단 연구를 수행했다. 연구 대상자들은 19세가 되면 AAI를 진행했고, 연구진은 그 데이터를 분석하여 획득된 안정 애착을 후향적 관점(이전 연구에서는 어린 자녀를 둔 부모들을 대상으로 AAI가 진행됐기 때문에 후향적 접근만 가능했다.)에서뿐만 아니라 전향적(연구 시작 시점에서부터 일정 기간마다 이후 데이터를 수집하는 방식) 접근 방식으로도 살펴보았다.

결과는 놀라웠다. 먼저 획득된 안정 애착에 관한 후향적 연구는 이전 연구와 똑같은 기준(내용은 부정적이지만 일관성이 있음)을 활용하여 평가했는데, 이번에도 비교적 높은 수준의 우울증 증상과 관련 있는 것으로 나타났다. 그러고 나서 초기 관찰 데이터를 찾아보니, 이들은 사실 자녀에게 민감하게 반응하는 어머니에게서 키워졌다는 사실이 확인됐다! 그들의 어머니는 우울증 정도가 훨씬 더 심했다.

다음으로 연구진은 전향적 관점에서 획득된 안정 애착을 조사했다. 유아기에는 불안정 애착을 보였지만, 19세가 되었을 때는 일관성 있는 AAI를 보인 사람들이 여기에 속한다. 이들은 '전향적-획득된 안정 그룹'으로 분류됐다. 주목할 만한 발견은, 전향적-획득된 안정 그룹과 후향적-획득된 안정 그룹 사이에 중복이 거의 없다는 것이다!

이러한 발견은 향후 연구에서 재확인되어야 할 것이지만, 이는 AAI가 역사적 문서가 아닌, 서술적 평가로서 중요하다는 사실을 다시 한번 상기시켜 준다. AAI가 정확한 실제 이야기라고 가정하지 않는다는 점을 염두에 두고 보면, 이러한 발견은 자녀의 안정 애착을 예측할 수 있는 가장 강력한 지표는 부모가 전달하는 이야기의 일관성이라는 핵심 개념을 강화한다. 이야기의 일관성으로 측정할 수 있는 성인 안정 애착(어릴 때부터 유지해 온 것이든, 획득된 것이든)은 자녀의 안정 애착과 가장 관련이 깊다.

이 연구를 통해 연구진은 후향적 및 전향적-획득된 안정 애착 그룹이 서로 다른 그룹에서 발견되는 이유를 설명할 여러 가지 문제를 파악했다. 어떤 연구든 연구의 한계를 정확히 아는 것은 연구 결과의 의미를 해석하는 데 매우 중요하다. 스루프와 그의 동료들은, 자신들의 연구가 어머니와 자녀 사이의 상호작용 데이터만 포함하고 있고,

아버지에 대한 평가는 없다는 사실을 간과하지 않았다. 또한 그들의 연구는 사실상 AAI의 질문이 가장 주요하게 초점을 두는, 4세부터 12세까지의 관찰 데이터는 포함하지 않았다. 그래서 연구진은 후향적-획득된 안정 그룹의 사람들이 부정적인 사건을 이야기하는 이유가 실제로 그러한 일이 있었지만, 연구 설계상 관찰의 초점이 불가피하게 제한되어 있어서 관찰되지 않았기 때문일 수도 있다고 설명했다.

연구진이 검토한 또 다른 가능성은 우울한 마음 상태가 자연스럽게 부정적인 이야기를 강조하기 때문이라는 것이다. 후향적-안정 애착 그룹의 사람들이 대부분 우울증을 앓는 어머니를 둔 것으로 보건대, 이 과정이 유전적 또는 경험적 요인에 의해 시작되거나 강화된 것일 가능성이 있다. 그러면 유아기에 어머니의 민감도가 높았음에도 불구하고 AAI에서 어린 시절을 부정적으로 묘사한 이유를 설명할 수 있다. 또 다른 관점으로는, 이 어머니들이 우울증을 앓으면서도 자녀에게 민감하게 반응하여 회복 탄력성을 제공한 덕분에 아이들이 자라면서 안정 애착을 발달시킬 수 있었고, 그 결과 19세 때 진행한 AAI에서도 일관성 있는 이야기를 전할 수 있게 되었다는 설명도 있다.

이 청년들에게 자녀가 없어도, 연인 관계를 통해 대인 간 상호작용 패턴을 파악할 수 있다. 안정 애착을 유지해 온 그룹(유아기 안정 애착, 일관성 있는 AAI), 전향적-획득된 안정 애착 그룹(유아기 불안정 애착, 일관성 있는 AAI), 후향적-획득된 안정 애착 그룹(일관성 있는 AAI, 과거에 대한 부정적인 묘사)의 연애 관계 평가 결과, 이들은 민감하고 조율된 관계를 유지하고 있었다. 성인 대 성인 관계에서 확인된 이러한 반응적 의사소통 능력은 훗날 이들이 자녀를 갖게 된 이후 더 자세히 평가될 수 있다.

초기 연구에서는 획득된 안정 애착 그룹으로 분류되었으나 이번 연구에서는 후향적-획득된 안정 애착 그룹으로 분류된 사람들은 어린 시절을 부정적으로 묘사한 반면, 전향적-획득된 안정 애착 그룹은 그러지 않은 이유가 무엇일까? 만약 다른 기준을 적용했다면 전향적 그룹과 후향적 그룹 사이에 겹치는 부분이 생겼을까? 19세 청년들은 대체로 부모에 대한 자신의 의존성과 취약성을 인정하지 않으려는 경향이 있으니, 연구 대상자가 그보다 나이 든 뒤에 AAI를 진행했더라면 좀 더 성찰적인 답변을 하지 않았을까? 사춘기 때문에 10대들이 부모에 대해 더 많이 불평하는 것은 아닐까? 이러한 가능성 또한 분석 결과에 분명히 영향을 미쳤을 것이다.

만약 이러한 결과를 액면 그대로 받아들였다면, 연구진은 아마도 후향적 그룹에게는 '획득된'이라는 용어 자체를 쓰지 말아야 한다고 주장했을 것이다. 왜냐하면 그들은 이미 유아기에 안정 애착을 형성한 것으로 보이기 때문이다. 물론 그들이 이후의 어린 시절에 힘든 시간을 보냈을 수도 있다. 이러한 결과의 의미를 평가하는 데 도움이 될 수 있는 한 가지 중요한 발견은 전향적-획득된 안정 그룹이 더 심한 우울 증상을 보이지는 않았다는 점이다. 우울증은 기억에 부정적인 편향을 일으킬 수 있다. 이렇게 보면 후향적 그룹에서 나타난 결과를 설명할 수 있다. 전향적-획득된 안정 그룹의 사람들은 처음에는 어머니에게 불안정 애착을 보이다가 청년으로 성장하면서 새롭게 형성한 관계를 통해 안정 애착 상태를 이루어 온 것이다. 힘든 시기를 극복했기에 서사에 일관성이 생기고, 특히 19세 청년으로서 어린 시절 사건이 현재에 미치는 영향에 초점을 두는 대신, 이제는 좀 더 '현재에' 머무를 수 있게 된 것이다.

여기서는 기억에 관한 연구 결과가 도움이 될 수 있다. 자전적 기억에 관한 연구는 최신성과 회고라는 두 가지 관련 과정을 밝혀냈다. 최신성은 우리가 가까운 과거에 일어난 사건을 기억하는 과정을 가리키고, 회고는 우리가 최근 사건보다 젊은 날의 사건을 더 많이 회상하는 과정으로 약 30세 전후로 시작된다. 그렇다면 주로 10대를 막 넘어선 성인을 대상으로 이루어지는 AAI가 더 나이든 부모의 회고에 많은 영향을 받은 것은 아닐까? AAI의 종단 연구 결과는 10대, 20대, 30대까지 일관되게 나타날까? 질문에 답하려면 이러한 연구 및 기타 장기 연구의 결과를 기다려 봐야 할 것이다.

유아기의 안정 애착('낯선 상황 실험'으로 평가)과 성인기의 안정 애착(AAI의 일관성으로 평가)을 유지하는 것에 대한 문제는 일반적으로 변화 과정을 이해하는 것과 관련 있다. 관계 상황이 일정하게 유지되는 경우에는 유아기와 성인기의 애착 유형 사이에 강한 상관관계가 존재한다. 유아기의 안정 애착이 성인기의 안정 애착으로 이어지고, 유아기의 불안정 애착이 성인기의 불안정 애착으로 이어진다. 그러나 상실, 학대, 양육 민감성의 변화와 같이 관계 상황이 바뀌면, 유아기의 안정 애착이 성인기에는 불안정 애착으로 변할 수도 있고, 유아기의 불안정 애착이 성인기의 안정 애착으로 변할 수도 있다(이것이 전향적-획득된 안정 애착이다).

일반적인 비임상적 상황에서 한 사람이 어떻게 안정 애착을 향해 나아가는지는 과학적으로 정확하게 밝혀진 바가 없지만, 많은 연구원의 의견에 따르면 그 사람의 인생에는 대개 민감하고, 잘 반응해 주고, 따뜻하게 돌봐 주는 관계가 개입되어 있다. 그러한 긍정적인 관계가 회복 탄력성의 원천으로 작용하여 그들이 어려운 시기를 잘 헤쳐 나갈 수 있도록 도운 것으로 보인다.

획득된 안정 애착과 관련하여 마지막으로 언급해야 할 중요한 사항이 있다. 메리 에인스워스가 AAI 평가를 진행한 결과, 과거에 트라우마나 상처가 있는 것 자체로는 그의 자녀가 부정적인 애착 유형을 형성할 것으로 예측할 수 없다는 사실을 밝혀냈다. 트라우마나 상처를 이야기하는 동안 혼란스러워하거나 이야기의 방향을 상실하는 경우에만 미해결 유형으로 분류되었고, 이는 자녀의 혼란형 애착 유형을 예측할 수 있는 가장 강력한 지표가 되었다.

여기서 중요한 점은, AAI를 평가할 때는 개인에게 일어난 사건 그 자체가 아니라 그 사람이 그 사건을 어떻게 처리했는지가 중요하다는 것이다. 응원해 주는 사람이 있으면 가족 안에서의 힘든 경험을 받아들이는 데 도움이 된다. 민감하지 않은 양육을 받았든, 우울한 양육자에게 민감한 양육을 받았든, 트라우마나 상처를 겪었든, 중요한 점은 부모가 자신의 삶을 어떻게 이해했는지에 있다.

* 성인의 애착에 대한 마음 상태

애착 연구에서는 '애착에 대한 마음 상태'라는 용어를 사용하여 성인의 애착 유형을 설명한다. 우리 마음의 기능 측면에서 나타나는 몇 가지 특징을 이해하는 것이 도움이 될 것이다.

- 우리 삶에는 많은 애착 대상이 있지만, AAI의 결과는 한 가지 유형으로만 마음 상태를 분류한다. 이는 청소년기에 우리가 경험을 하나의 유형으로 통합할 때, 대부분 주요 애착 대상의 영향을 받을 가능성이 크기 때문이다.
- 우리의 태도, 접근 방식, 심적 갖춤새(어떤 문제를 직면했을 때, 과거에 해 왔던 한 가지 해결 방식으로 접근하는 것)는 지각의 필터 역할을 하고, 감정적 반응을 편향되게 하며, 행동에 직접적인 영향을 미친다. 마음 상태라는 개념은 마음이 태도, 접근 방식, 심적 갖춤새를 조직화한다는 데 있다. 이러한 조직화 과정은 특정 주제로 가득 차 있으며, 일반적인 마음 상태와 멘털 모델의 특징이 된다. 애착에 대한 마음 상태와 멘털 모델은 상당히 끈질기고 오래 지속될 수 있다.

• 뇌의 관점에서 보면 그러한 정신 작용이 뉴런의 발화 패턴에 '새겨져' 있다고 말할 수 있다. 과거 경험과 그에 대한 반응으로 생성된 적응 방식이 시냅스 연결을 만들어서 기억으로 유지되는 것이다. 애착 모델은 암묵 기억의 형태와 중복된다. 두 가지 모두 어린 시절에 내재되어, 무언가를 회상한다는 감각 없이 활성화되며, 우리의 지각, 감정, 행동, 신체 감각에 직접적인 영향을 미친다는 점에서 공통점을 갖는다. 그러한 학습을 통해 내재된 멘털 모델은 존 볼비가 애착의 '내적 작동 모델'이라고 부르는 것의 핵심이다.

애착을 변화시키려면 이러한 마음 상태에 변화가 일어나야 한다. 학습을 위해서는 새로운 접근 방식을 배울 수 있는 조건과 경험을 구축하는 동시에 오랜 패턴을 버리는 것이 필요하다. 뇌는 새로운 경험에 수반되는 학습을 통해 시냅스 연결을 바꿀 수 있다. 또한 뉴런을 성장시킬 수도 있는데, 특히 마음 상태가 그토록 광범위하게 분산된 과정을 조직화하는 데 핵심이 되는 통합적인 영역에 새로운 뉴런을 만들 수 있다. 그러면 새로운 형태의 의사소통과, 관계를 촉진하는 새로운 대인 관계 경험과, 새로운 자기 이해(새로운 수준의 신경 통합을 토대로 하는)가 결합하여 애착에 대한 마음 상태가 성인기의 안정 애착 유형으로 나아갈 수 있다. 변화에 마음을 열기 위해서는 새로운 자기 이해, 그리고 다른 사람들과 관계를 형성할 때 기꺼이 새로운 접근 방식을 시도해 보겠다는 의지가 필요하다.

* 감정, 기억, 애착

애착에 대한 마음 상태가 '회피형'으로 분류되는 사람들은 AAI에서 자신의 어린 시절 가족 경험에 대한 이야기를 자세히 하지 않았다. 이러한 사실은 감정, 기억, 애착 관계 경험에 대한 몇 가지 흥미로운 문제를 제기한다. AAI 질문에 답변하는 과정에서 이러한 성인들은 자신의 어린 시절이 잘 기억나지 않는다고 반복해서 대답했다.

반 아이젠도른과 그의 동료들은 이들이 어린 시절을 기억하지 못하는 이유가 기억력 부족이나 지능 장애와 같은 인지 문제에 있는 것은 아닌지 확인하기 위해 후속 연구를 진행했다. 그러나 일반화할 수 있는 기억력 또는 지능 문제는 전혀 발견되지 않았다. 당시 유행했던 TV 프로그램과 같이 사실에 기반한 기억을 회상하는 능력은 온전했다. '무시형' 그룹에 속하는 사람들의 지능 분포도는 다른 그룹 사람들과 비슷했다.

연구진은 AAI 결과의 유전적 원인을 나타내는 지표가 있는지도 찾아보았다. 서로 떨어져 자란 일란성 쌍둥이 연구를 통해 유전적 근거가 있는 것으로 알려진 변수를 검토했다. 그러나 아무것도 찾아 내지 못했다. 지능, 특정 성향, 생활 방식에 대한 기호 등과 같이 유전적 요소가 있는 변수를 살펴봤지만, AAI의 결과와는 아무런 상관관계도 발견하지 못했다. 이는 애착이 주로 유전이 아닌, 관계 경험으로 형성된다는 가설을 뒷받침한다.

'무시형' 마음 상태를 가진 어른이 일반적인 아동기 기억 상실 정도가 아니라, 어린 시절 경험의 세부 내용을 비롯한 가족생활을 잘 기억하지 못하는 이유가 무엇일까? 단순히 실제로는 기억하지만 공유하고 싶지 않아서 그렇게 대답하는 것일 가능성도 없진 않지만, 임상적으로 연구진은 이들이 기억을 회상하지 못하는 이유가 기억 인출에 문제가 있기 때문이라고 보고 있다.

일반적으로 기억 인출 문제는 저장된 기억에 접근이 차단되거나 기억을 부호화할 수 없어서 일어난다. 이러한 패턴이 나타나는 이유는 아직 명확히 밝혀지지 않았다. 그러나 기억, 감정, 뇌에 관한 연구를 통해 경험적 과정이 애착 연구 결과를 설명할 수 있을지도 모른다는 사실을 알게 되었다. 기억 연구 중 감정과 회상에 관한 연구에 따르면, 감정적 각성이 없으면 외현 기억을 부호화, 저장, 인출하는 능력이 낮고, 감정적 각성이 과도하면 외현 기억의 부호화를 저해하여 기억의 저장과 인출을 차단할 수 있다. 최적의 감정적 각성은 기억 과정을 원활하게 해 훗날 기억을 인출할 때 잘 떠올릴 수 있게 한다.

그렇다면 최적의 감정적 각성은 무엇일까? 감정을 효과적으로 조절한다는 관점에서 보면, 이는 뇌의 평가 중추(대부분이 편도체와 안와전두엽과 같은 변연계 회로에 있다.)가 뉴런 기능과 뉴런 가소성을 향상시키는 정도로만 활성화된 상태를 가리킨다. 최적의 뉴런 기능은 이러한 융합 영역이 경험 당시의 정보를 처리하기 위해 관련 회로의 통합을 최대화하는 것을 뜻한다. 그리고 뉴런 가소성이 향상된다는 것은 변연계 평가 회로가 분비한 신경 조절 화학물질이 새로운 시냅스 연결을 촉진하는 것을 의미한다. 예를 들어 해마는 핵심적인 '인지적 지도 작성자'로 광범위한 신경 영역에서 들어온 입력값을 인지 전체로 통합하는 일을 한다. 최적의 신경 조절은 이러한 통합적인 기억 과정을 원활히 한다.

신경 조절 회로는 새로운 시냅스 연결의 생성을 향상시킨다. 신경 활성 물질은 뉴런 발화를 촉진하고 새로운 시냅스 형성에 필요한 단백질을 만들어 내는 유전자 활성화를 돕는다. 이러한 신경 활성 물질을 분비함으로써 신경 조절 회로는 학습을 강화한다. 최근 들어, 최적의 감정 각성을 일으키는 경험이 이러한 신경 조절 회로의 기억 부호화에 개입하여 미래에 과거 기억을 더 잘 회상할 수 있는 것이라는 가설이 제기됐다. 이러한 기억 단위, 즉 경험이 저장된 표상의 '저장 강도'는 감정적 회로가 최적으로 개입할 때 더 강해진다.

기억에서 가장 중요한 측면 중 하나는 망각과 관련이 있다. 우리가 겪은 대부분의 경험을 회상할 수 있다면, 우리는 정신을 놓고 말 것이다. 우리의 마음은 경험 중 상당 부분을 선택적으로 잊기를 요구하며, 감정적으로 끌림이 없는 경험은 저장 강도가 낮게 부호화되어 나중에는 그 기억을 자세히 회상하지 못하도록 하는 자동 프로세스를 갖추고 있다.

여기서 무시형 그룹에 속하는 사람들에게 설명하는 바는, 그들이 어렸을 때 겪은 가족생활이 감정적으로 끌림이 없었기 때문에 어린 시절 경험을 자세히 회상하지 못한다는 것이다. TV 프로그램, 스포츠 경기, 가족 행사 등 사실에 기반한 지식은 있지만, 자전적 기억은 거의 없다. 자전적 외현 기억의 특징은 자아와 시간에 대한 감각이 있다는 점이다. 이는 좌뇌의 외현적 의미와 사실적 기억과는 다른 회로, 즉 우뇌의 회로가 매개하는 것으로 보인다. 이처럼 정서적 사막에서 자라면서 기억 회상 문제가 지속되면 우뇌의 자전적 인식 과정, 즉 자율 의식이 미성숙하게 된다.

토론토의 엔델 툴빙과 그의 동료들은 자신을 인식하는 의식이 전전두엽 영역, 구체적으로는 자전적 기억을 담당하는 우측 안와전두피질에 의해 매개된다는 사실을 입증했다. 툴빙은 이러한 우측 프로세스가 자신을 아는 마음 상태를 만들고 과거, 현재, 미래를 잇는 정신적 시간 여행을 경험하게 한다고 보았다. 이러한 아이디어를 애착 연구로 확장해 보면, 자기 이해 경험이 처음에는 가족을 통해 이루어지지만, 이후에는 대인 관계의 깊이를 결정함으로써 자기 이해가 강화될 수 있음을 시사한다. 자신을 연민으로 이해하는 능력을 갖춘 사람들은 그러한 연민의 마음을 자녀에게도 쏟을 수 있는 능력을 갖추고 있다.

애착 연구에 따르면 아이들은 부모와 경험한 것과 비슷한 방식으로 교사와도 상호작용 한다. 애착은 아이의 타고난 특성이 아니라 경험의 산물이다. 이 두 가지 발견은, 아이가 가정환경에 대응하기 위해 선택한 적응 방식이 가정 밖에서도 반복되며 더 큰 세상과 교류할 때도 나타난다는 사실을 뒷받침한다. 이후 다른 사람들의 반응이 아이의 적응 방식을 강화하여 초기 적응 과정이 반복되면, 아이에게 이러한 패턴은 세상을 살아가는 방법으로 더욱 깊이 새겨진다.

만약 자기 이해에 필요한 뉴런 시스템의 발달이 제한되면, 풍부한 내면의 삶을 누리고 타인의 내면과 관계 맺는 능력도 상당히 제한될 수 있다. 이러한 제한이 정서적 고통과 실망에 대한 개인의 취약성을 최소화하는 데 유용한 적응 방식일 수는 있다. 이는 주로 우뇌의 작용이며, 이러한 사람들은 오랫동안 그 기능을 차단해 왔을 것이다.

이들이 안정 애착을 향해 나아가려면, 그동안 제대로 사용하지 않은 뇌의 메커니즘을 활성화하고 발달시키는 것이 필요하다. 이들에게는 비언어적 의사소통, 신체 감각 인지, 자신과 타인의 감정 상태에 대한 인식, 자전적 기억 회상, 타인의 멘털 상태에 조율하고 맞추기 등을 포함하여 좌뇌의 기능에 다양한 차원으로 접근할 수 있는 경험을 장려해야 한다. 이러한 정서적, 대인 관계적 과정을 서서히 활성화할 수 있도록 응원하고 격려하면, 이들이 신뢰할 수 있는 타인과 친밀한 관계를 맺고 자신의 무력함을 견디는 법을 배우는 데 도움이 된다. 이러한 경험적 학습을 통해 애착과 관련하여 안정된 마음 상태를 향해 나아갈 수 있다.

7장

어떻게 평정심을 유지하고, 어떻게 무너지는가? : 높은 길과 낮은 길

부모는 자녀를 사랑하고 자녀가 행복한 어린 시절을 보내길 바라지만, 부모 자녀 간의 복잡한 역학 관계에 당황하게 된다. "아이들에게 소리를 지르거나 겁을 주고 싶지 않은데도 아이들이 제 안의 무언가를 건드리면 걷잡을 수 없이 화가 나서 멈출 수가 없어요." 수많은 부모가 이렇게 말한다. 부모는 아이에게 자신이 생각한 것보다 더 심하게 반응하는 자신의 행동에 놀라곤 한다. 때로는 감정에 압도되어 휘둘리기도 한다. 부모 자녀 관계가 부모의 미해결 문제를 자극한다면, 어떠한 내면 작용이 이러한 단절을 만들어 내는 것인지 성찰해 볼 때다. 부모에게는 과거의 감정에 휩쓸려 자녀와의 현재 순간을 망치는 것을 멈추고 회복할 기회가 있다.

스트레스를 받거나 자녀가 과거의 미해결 문제를 자극하는 상황에 놓이면 마음의 문이 닫히고 경직될 수 있다. 이는 자녀와 정서적 유대감을 유지하고 명확하게 사고하는 능력에 직접적인 손상을 가하는 마음 상태에 접어드는 신호다. 이러한 상태를 낮은 처리 모드라고 하며, 여기서는 낮은 길이라고 부를 것이다. 낮은 처리 모드에 들어가면 두려움, 슬픔, 분노와 같은 감정이 범람한다. 이렇게 강렬한 감정에 휩싸이면 신중한 반응이 아니라 충동적인 반응을 보일 수 있다. 감정적인 대응이 마음 챙김을 대신하면 낮은 길에 들어서게 되고, 그러면 자녀에게 양분이 되는 의사소통을 하는 것도, 연결을 유지하는 것도 어려워진다.

낮은 길의 마음 상태에 접어들면, 반복적인 사이클에 갇혀 결국에는 부모와 자녀 모두에게 불만족스러운 결과를 낳는다. 해결되지 않고 남겨진 문제를 갖고 있으면, 특히 스트레스 상황에서는 낮은 길로 빠지기 쉽다. 만약 당신이 분리에 어려움을 겪는다면, 밤마다 취침 시간이 전쟁터가 될 수 있다. 시작은 좋을 수 있다. 잠자리 루틴으로 책을 읽어 주고, 아이의 하루에 관해 이야기하고, 잘 자라는 인사와 함께 안아 주고 뽀뽀한 뒤 아이를 침대에 눕히는 것까지는 아무런 문제가 없다. 그러나 아이를 두고 방에서 나오는 순간, 아이는 엄마를 부르거나 다시 일어나서 엄마를 찾으러 나온다. 만약 아이를 혼자 두는 것에 대해 양가적 감정이 있는 경우라면 경계선 설정에 어려움을 겪을 것이다.

아이를 재우려는 노력이 계속해서 실패하면, 아이가 잠자리에 들기 싫어하는 행동이 낮은 길의 반응을 일으킬 수 있다. 당신이 화가 나서 소리를 지르거나 공격적으로 행동하면 당신과 아이 모두 괴로워지고, 그러면 앞으로 아이와의 분리가 더욱 힘들어진다. 몇 시간 동안 이어지는 갈등 끝에 당신과 자녀 모두 속상해지고, 지치고, 관계에서 벗어나게 되는 것이다. 부모가 아이에게 화를 낼수록 아이는 부모와 떨어져 잠들기가 더욱 어려워진다.

이렇게 낮은 길의 마음 상태에서 자녀에게 한 행동에 대해, 그 행동을 한 자신에 대해 좋은 감정을 느낄 부모는 아무도 없다. 그러나 부모가 자신의 경험을 성찰하지 않으면 계속해서 낮은 길로 돌아갈 수밖에 없다. 낮은 길에 있으면 높은 처리 모드로 돌아가기가 어렵기 때문이다. 문제의 뿌리를 성찰하면, 자신을 이해하고 낮은 길로 들어설 확률을 최소화하는 회복 탄력성을 키울 수 있다.

높은 처리 모드는 뇌에서 전전두피질이라는 부분을 사용한다. 이것이 뇌의 윗부분에서도 가장 앞에 위치하기 때문에 이를 높은 길이라고 부르는 것이다. 높은 길에서 정보를 처리할 때는 합리적이고 신중한 사고 과정을 거친다. 이는 가능성을 성찰하고 행동의 선택지와 그 결과를 고려하는 능력을 지원한다. 또한 자녀 양육에 있어서 우리의 가치관과 맞아떨어지는 유연한 선택을 할 수 있도록 한다.

그렇다고 자녀와의 갈등이 전혀 없거나 우리 아이들이 단 한 순간도 슬프거나 속상할 일이 없다는 뜻은 아니다. 다만 우리가 아이들에게 어떻게 반응하고 행동할 것인지를 선택할 수 있다는 것이다. 높은 길로 가면, 신중하고 의도적으로 소통하고 아이와 건강하고 사랑스러운 관계를 맺을 수 있는 행동을 선택할 수 있다.

* 낮은 길로 들어서면 벗어나야 한다

낮은 길에 들어서면 양육이 어려워진다. 부모의 미해결 문제는 마음뿐만 아니라 행동에도 혼란을 일으킨다. 이는 자녀와의 상호작용에서 감정적으로 격하고 예측할 수 없는 반응을 보이게 한다. 그러면 부모는 그럴 의도가 없는데도 자녀를 무섭고 혼란스럽게 하는 행동을 할 수 있다.

다음과 같이 상상해 보자. 당신은 세 살 정도 된 남자아이고, 엄마와 함께 공원에서 나들이를 즐기고 있다. 엄마는 당신과 함께 놀고, 당신이 놀이터에 있는 놀이기구를 탐색하는 모습을 보며 기뻐한다. 당신은 자신이 사랑받고 있으며 소중한 존재임을 느낀다. 당신이 미끄럼틀을 타려고 계단을 오르고 있는데, 엄마가 이젠 가야 할 시간이

[표 9] 처리의 형태

높은 처리 모드, 높은 길
이성적이고 성찰적인 사고 과정을 포함하는 정보처리 형태. 높은 길 처리 모드는 마음 챙김, 반응 유연성, 통합적인 자기 인식 감각을 기능하게 한다. 이 과정에는 전전두피질이 관여한다.

낮은 처리 모드, 낮은 길
마음의 높은 길을 차단하여 격렬한 감정, 충동적인 반응, 경직되고 반복적인 반응, 자기 성찰이 부족하고 타인의 관점을 고려하지 않는 상태를 포함하는 정보처리 형태. 낮은 길에 들어서면 전전두피질의 개입이 차단된다.

라고 말한다.

그때 엄마의 친구가 지나가다가 그 모습을 보았고, 두 사람은 대화를 시작한다. 당신이 미끄럼틀을 몇 번 더 탔는데도 엄마는 계속 이야기 중이었다. 그래서 당신은 다시 미끄럼틀 위로 올라가 엄마를 향

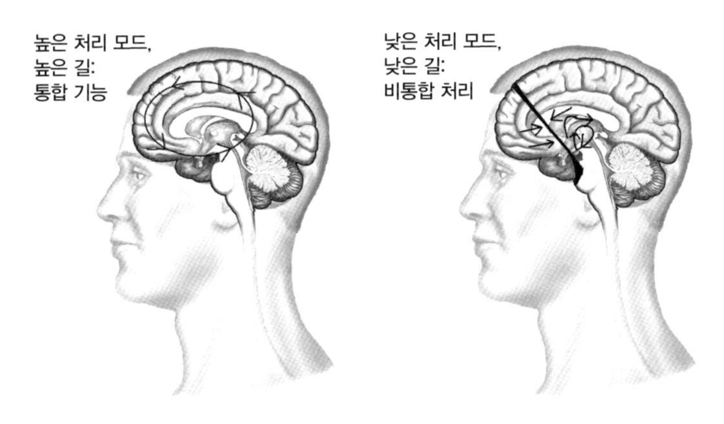

그림 4

해 자랑스럽게 손을 흔들었다. 엄마가 고개를 돌려 당신을 보고, 시계를 한 번 보더니, 약속에 늦은 것을 알고는 갑자기 화를 낸다. "당장 내려와!" 엄마가 소리친다. 엄마는 당신에게 손가락을 흔들며 매우 화가 난 표정을 짓는다. 당신은 조금 전까지 자신과 즐거운 시간을 보낸 엄마가 왜 갑자기 화가 났는지 이해하지 못한다.

당신은 '화가 난 엄마'와 연결되고 싶지 않아서 봉을 타고 내려와 터널 안에 숨는다. 엄마가 다가와 팔을 잡아당긴다. 너무 세게 잡아당기는 바람에 팔이 아프다. 엄마의 목소리와 표정은 화에서 분노로 바뀌었고, 엄마는 계속해서 당신이 엄마 말을 듣지 않는 '나쁜 아이'라고 혼낸다. 당신은 울기 시작하며 엄마를 밀어내려 한다. 엄마는 당신이 엄마를 때린 행동에 대해 언성을 높이며 더욱 격하게 화를 낸다. 엄마는 당신을 터널 밖으로 끌어낸 후, 당신의 눈물은 무시한 채 계속 무섭게 혼내면서 차로 끌고 간다.

이 엄마의 반응은 자녀의 행동에 대한 것이 아니라 자기 자신의 문제에서 비롯된 것이다. 아마도 약속에 늦었다는 사실이 남겨진 문제를 자극한 것일 수 있다. 어쩌면 엄마가 아이였을 때, 부모님이 어린 엄마의 욕구를 충분히 충족시켜 주지 않았던 것일 수도 있다. 어린 엄마는 부모님에게 정서적 보살핌을 받는 대신, 자신의 욕구를 버리고 부모님의 욕구를 우선했을 것이다. 그런데 지금 당신이 엄마의 약속을 우선하지 않으니, 그것이 엄마의 분노를 즉각적으로 자극한 것이다.

부모가 해결되지 않은 문제를 갖고 있으면, 아이를 무섭고 혼란스럽게 하는 행동을 할 수 있다. 앞의 사례보다 훨씬 극단적으로 아이를 두렵게 하는 사례도 있지만, 단순히 부모가 갑작스럽게 화를 내는 표정조차도 어린아이에게는 상당히 혼란스러울 수 있다. 경계의 대상이 되는 부모는 자녀를 갈등 상황에 놓이게 하고, 자녀는 부모의 행동을 이해하지 못한다. 그러면 아이는 자신이 해결할 수 없는, 스트레스의 역설을 직면하게 된다. 아이가 위안을 얻어야 할 부모가 오히려 두려움의 근원이 되는 것이다. 아이는 감정적인 사면초가에 빠져 혼란스러워하고, 행동은 대개 더욱 악화된다.

부모가 이렇게 낮은 길 반응을 보이는 조건은 과거에 겪은 관계 상황이나 트라우마 경험과 비슷하다. 부모는 특히 아이가 부모의 한계를 시험하는 듯할 때, 아이의 괴로움에 관심을 기울여야 할 때, 취침 시간을 타협하거나 그 밖의 이유로 아이와 떨어져야 할 때 등과 같은 일상적인 순간에 쉽게 낮은 길로 빠지곤 한다.

낮은 길의 경험 과정에는 트리거, 전환, 몰입, 회복 이렇게 네 가지 요소가 있다. 트리거는 부모의 남겨진 문제, 미해결 문제를 활성화한다. 전환은 낮은 길로 완전히 빠져들기 직전의 경계선에 있는 듯한 느낌이다. 이는 급격히 일어날 수도, 점진적으로 일어날 수도 있다. 낮은 길에 몰입되면 거기에 갇혀 있다는 통제 불능의 감각, 좌절감 등과 같은 강렬한 감정을 느낀다.

낮은 처리 모드 상태는 공감하는 의사소통에 필요한, 뇌의 상위 영역에서 관여하는 유연한 정보처리 작용을 차단한다. 따라서 낮은 길에서 벗어나는 방법을 찾는 것은 자녀와 건강한 관계를 유지하는 데 중요한 과제다.

[표 10] 낮은 길의 요소

- 트리거: 내적 또는 외적 사건이 낮은 길 프로세스의 시작을 촉발하는 단계
- 전환: 통합적인 높은 처리 모드에서 낮은 처리 모드로 전환되는 단계
- 몰입: 낮은 길 상태에 있는 단계. 자기 성찰, 조율, 마인드사이트 등의 높은 처리 모드는 차단된다.
- 회복: 통합적인 높은 처리 모드가 재활성화되는 단계. 그러나 언제든 낮은 길로 재진입할 가능성이 크다.

부모가 자주 낮은 길에서의 행동을 보이면 아이는 즉각 두려움과 혼란을 느낀다. 부모 역시 내면에서 갈등, 양가감정, 거슬리는 정서적 기억을 경험하면 마음 상태가 급변하면서 엄청난 혼란을 느낀다. 때로는 부모가 자신의 스트레스를 처리하는 데 몰두하느라 자녀의 감정을 제대로 돌보지 못해 자녀와의 상호작용이 완전히 단절될 수도 있다.

낮은 처리 모드에 있는 부모는 자녀에게 효과적으로 반응할 수 없다. 부모가 자신의 강한 분노와 공격적인 행동을 자각했을 때 취할 수 있는 가장 좋은 행동은 자녀와의 상호작용을 멈추는 것이다. 그러지 않으면 부모가 진정될 때까지 상황은 더욱 악화될 것이다. 부모는 점점 더 통제력을 잃고 아이는 두려움에 질릴 것이다.

* 해결되지 않은 문제가 있으면 낮은 길에 갇힌다

다음은 대니얼이 상담한 한 가족의 사례다. 이 가족의 아버지는 자신이 거부당했다고 느낄 때마다 마음 상태가 급변했다. 특히 딸이 아버지의 요구를 따르지 않을 때 주로 그랬다. 아버지는 '무언가가 터지기라도 할 듯이 미칠 것만 같은 기분'을 느꼈다. 팔이 떨리고 머리에 압박감이 느껴지면서 금방이라도 폭발할 것 같은 기분에 사로잡혔다. 정신이 나갈 것 같고, 세상을 등지고 주변 사람들을 떠나 어두운 터널로 들어가는 것 같았다. 순간 아버지는 낮은 길로 들어섰고 그 과정을 멈추지 못한 것이다. 그는 분노로 가득 찬 자신의 얼굴이 딱딱하게 굳고 온몸의 근육이 뻣뻣해지는 것을 느낄 수 있었다. 때로는 딸에게 무섭게 소리를 지르기도 했고, 어떤 때는 딸의 팔을 세게 잡거나 때리기도 했다.

아버지는 자신의 모습이 부끄러웠고, 자신이 갑자기 그리고 반복적으로 딸을 공포에 질리게 하는 분노 상태에 빠진다는 사실을 부정하려고 노력했다. 이러한 부끄러움 때문에 그는 딸과의 공포스러운 상호작용 후에도 관계를 회복하는 과정을 거치지 못했다. 회복 과정 없이 반복되는 단절에 딸은 아버지와의 관계에서 혼란과 불신을 느꼈다.

무서운 경험에 대한 기억은 딸의 갑작스러운 마음 상태 변화, 분노 폭발, 또는 분노한 아버지에 대한 이미지 등으로 드러날 수 있다.

무언가가 필요할 때마다 다른 사람이 그것을 귀찮아하거나 자신을 배신할 것이라는 감각을 일반화할 것이다. 아버지의 의도는 그렇지 않았겠지만, 어쨌든 이것들은 전부 딸이 아버지와의 경험에서 학습한 것이다.

아버지는 왜 사랑하는 딸에게 이러한 행동을 했을까? 그는 어렸을 때 그의 아버지가 술에 취해 무섭게 화내는 모습을 자주 보았고, 때로는 쫓기거나 맞기도 했다. 그의 어머니는 우울증에 잔뜩 위축되어 있어 그를 보호해 주지 못했고, 그는 예측할 수 없는 아버지의 행동에 속수무책으로 당할 수밖에 없었다.

어른이 된 후 아버지는, 아이들이 흔히 그렇듯 딸이 제 방식대로 하겠다고 고집을 부릴 때마다 견디기 힘든 감정을 느꼈다. 원하는 것을 얻지 못한 딸이 짜증을 부리는 것은 지극히 정상적인 일이었다. 아이들은 원래 그렇기 때문이다. 그러나 아버지는 딸의 행동을 자신에 대한 거부로 받아들였고, 이는 그의 마음에 갑작스러운 변화를 일으켜 분노를 만들어 냈다. 낮은 길 처리 모드로 들어간 것이다.

해결되지 않은 문제가 있으면 낮은 길로 빠지기 쉬운 이유가 무엇일까? 중요한 단절의 메커니즘을 이해하기 위해 그 과정을 차근차근 살펴보자. 먼저 딸의 짜증을 인식한 아버지의 마음 상태에 변화가 유도된다. 이러한 변화는 짜증 내는 얼굴을 보는 것과 이어진 표상과 연결된다. 이러한 연상은 아버지의 여러 미해결 문제를 활성화한다. 거부당했다는 기분의 감정적 의미와 과거 경험의 통합되지 않은 암묵 기억이 그의 마음을 압도한다. 도망치고 싶은 행동 충동, 화가 난 아버지 또는 우울한 어머니에 대한 시각적 이미지, 두려움과 수치심이라는 감정적 반응, 긴장과 통증으로 나타나는 신체 감각 등이 밀려온다. 이러한 연결은 빠르게 이루어지며 무언가를 회상한다는 감각도 없이 그의 의식을 파고든다. 이러한 암묵 기억은 그의 현실의 일부로서 지금 여기에서 경험되며, 낮은 길 위에서 그의 내적 경험을 형성한다.

아버지가 딸의 행동을 인식하는 순간 아버지의 암묵 기억이 자동으로 연쇄적인 범람을 시작한다. 이러한 범람은 그의 마음 상태를 빠르게 변화시킨다. 그리고 이렇게 갑작스러운 변화는 의식의 흐름을 불연속적으로 경험하는, 이른바 해리로 이어질 수 있다.

해결되지 않은 트라우마나 상처를 안고 있는 사람일수록 특히 이런 갑작스러운 변화에 취약하며 낮은 길로 접어들기 쉽다. 때로는 이러한 변화가 얼어붙은 안개 같은 마음 상태로 들어가는 입구처럼 보일 수 있다. 또 때로는 갑작스러운 동요와 폭발적인 분노로 이어지기도 한다.

아버지는 '정신이 나갈 것 같은' 느낌과 '금방이라도 폭발할 것 같은' 기분을 경험했다. 거슬리는 암묵 기억에 압도되어 오래된, 그리고 지나치게 익숙한 두려움, 거부당한 느낌, 분노, 절망감으로 가득 찬 어린 시절의 멘털 상태로 빠르게 빠져들었다. 그는 단절감과 무력감을 수치심으로 경험했다. 딸이 떼쓰는 모습을 자신에 대한 분노로 해석하여 모욕감을 느꼈다. 그리고 이러한 감정의 눈사태에서 벗어나지 못한 채 낮은 길로 접어들었고 분노에 휩싸였다. 이러한 낮은 모드 상태는 뇌의 상위 영역에서 정보를 좀 더 유연하게 처리하는 것을 막는다. 이렇게 변화하고 해리된 상태에서 그는 절대 의도한 적은 없지만, 딸을 겁에 질리게 하는 방식으로 행동했다. 문자 그대로 통제 불능 상태인 것이다.

아버지는 어린 시절 이러한 마음 상태를 반복적으로 경험했고, 그것이 결국에는 성격의 일부가 되었다. 이러한 내적 경험의 혼란은 딸과의 상호작용에 직접적인 영향을 미쳤고, 그 결과 딸도 자신의 내적 경험에 혼란을 겪게 되었다. 그는 낮은 길에 갇혀 버렸다.

* 자신을 돌아보면 탈출구가 보인다

이 아버지는 자신이 왜 그렇게 딸에게 무섭게 구는지 도무지 이해할 수 없었다. 처음 상담받을 때는 자신이 딸과 그런 식으로 상호작용한다는 사실을 인정하는 것조차 힘들어했다. 높은 길과 낮은 길 프로세스에 대한 간략한 설명을 들은 뒤에야 그는 자신의 내면 작용을 좀 더 객관적이고 거리를 둔 관점에서 되돌아보기 시작했다. 거리를 둠으로써 스스로 안전함을 느끼자 이전에는 죄책감과 수치심 때문에 돌아보지 못한, 자신의 공격적이고 거친 행동의 근원을 성찰할 수 있었다. 새로운 틀을 통해 그는 과거를 치유하기 위한 치료 과정을 시작했다.

치료 과정에서 등장한 것은 술에 취해 자신을 학대한 그의 아버지와 딸에 관한 이야기였다. 치료가 거듭되면서 이야기가 일관성을 찾아 가긴 했지만, 처음에는 혼란스럽고 두려운 감정과 이미지가 겹겹이 쌓인 이야기로 드러났다. 외현 기억의 처리 과정이 망가졌는데도 어떻게 암묵 기억이 온전히 남아 있을 수 있는지를 이해하는 것은 이야기의 일관성을 찾기 위한 그의 움직임을 지지하는 의미 있는 틀을 제공했다.

그때까지 그를 설명할 수 있는 유일한 말은 그가 화가 나면 이성의 끈을 놓치는 경향이 있다는 것뿐이었다. 그러나 뇌와 기억과 낮은 길 상태를 이해하자 사실은 그의 뇌가 중요한 자기 성찰 기능을 차단하고 있었다는 것을 알 수 있었다. 전전두엽 영역이 어떻게 높은 처리 모드에서의 유연한 반응을 가능하게 하는지 이해함으로써 그는 '이성의 끈을 놓는 것'이 사실은 이성적이고 신중하고 유연한 선택을 할 수 있게 하는 뇌 영역이 차단되어 명확한 사고에 접근하지 못한 채 낮은 길에 갇혀 버리는 것을 뜻한다는 사실을 깨달았다.

이를 바탕으로 그는 자신의 경험을 이해하기 시작했다. 그의 내면 및 대인 관계 경험에서 일관성 있는 이야기를 구성하려면, 과거의 자전적 경험 정보가 현재의 경험과 연결되어야 했다. 그의 이야기는 두려움이 현재 그리고 트라우마를 일으킨 과거 모두의 한 부분을 구성하고 있음을 드러낸다.

* 상호작용을 반복하며 문제를 해결해야 한다

우리의 어린 시절 경험은 어떤 형태로든 트라우마나 상처를 동반할 수 있다. 트라우마와 상처를 극복하려면 낮은 길과 그것이 과거의 경험 패턴에 어떻게 연결되는지를 이해해야 한다. 해결되지 않은 문제가 대대로 전해지면 불필요한 정서적 고통이 발생하고 계속 이어진다. 만약 우리에게 미해결 문제가 남아 있다면, 우리 마음의 혼란이 자녀의 마음에도 혼란을 만들어 낼 가능성이 매우 크다.

우리 각자에게 남겨진 문제가 있을 수 있음을 인정하는 것이 중요하다. 그 문제는 아이를 키우기 전까지는 겉으로 드러나지 않는 취약점을 만들어 낸다. 우리가 낮은 길로 들어서면, 해결되지 않은 트라우마와 상처뿐만 아니라 남겨진 문제도 드러난다. 대부분의 부모가 가끔 낮은 길로 들어서지만, 해결되지 않은 트라우마나 상처가 있으면 이러한 상태가 훨씬 자주, 그리고 격하게 나타날 가능성이 크다.

아이들을 돌볼 때는 우리의 마음에 남겨진 문제가 활성화되는 것이 불가피하다. 낮은 처리 모드에 빠지면 이성적인 사고가 불가하고 격렬한 감정이 부풀어 올라 해일처럼 우리를 덮친다. 낮은 처리 모드에 완전히 몰입되지 않은 상태에서도 남겨진 문제가 명확한 사고를 방해할 수 있다. 지각을 편향되게 하고, 의사 결정 과정을 바꾸고, 아이들과의 협력적인 의사소통에 걸림돌이 될 수 있다.

낮은 길의 상호작용을 고치지 않으면, 애착 형성의 ABC에 문제가 생길 수 있다. 아이들이 일관성 있는 마음을 구성하려면 생리적 균형이 이루어져야 하는데, 그러려면 부모가 아이들의 마음에 귀 기울이고 조율하는 것이 필요하다. 일관성은 계속해서 변화하는 외부 세계의 경험에 적응할 수 있는 마음 상태를 가리킨다. 일관성 있는 마음을 갖추면, 자신 또는 타인과 연결되어 있다는 감각을 느낄 수 있다.

주로 해결되지 않고 남겨진 문제로 인해 일어나는 낮은 길의 경험은 부모가 조율된 의사소통을 가능하게 하는 뇌 영역을 사용하지 못하도록 막는다. 그러면 아이들은 부모와의 조율을 경험하지 못하고 그 순간에 일관성 또는 균형을 이루기 위해 나아가지 못한다.

해결되지 않은 문제는 종종 트라우마나 상처를 동반하며, 남겨진 문제보다 더 심하게 내면 및 대인 관계에 혼란을 일으킬 수 있다. 이러한 미해결 문제에 어떻게 접근하면 좋을까? 상처 또는 트라우마를 생각할 때마다 혼란스럽고 어쩔 줄 모르겠다면 그러한 사건을 되돌아보고 그것이 당신의 삶과 관계와 의사 결정에 어떠한 영향을 미치는지 생각해 볼 수 있다.

당신과 당신의 부모님이 주어진 환경에서 할 수 있는 최선을 다했음을 가정하고 시작하라. 비난이나 평가 대신, 그저 자신에게 너그러워져라. 신체 감각, 감정, 그리고 마음속에 떠오르는 이미지를 존중하라. 해결되지 않은 트라우마와 상처를 치유하는 일에는 인내심과 시간과 응원이 필요하다. 만약 격한 감정, 혼란스러운 생각, 자기 자신을 타인에게 표현하기 어려움, 사회적 고립 등의 문제를 동반하여 해결책을 찾기 어렵다면, 자격을 갖춘 전문가에게 찾아가는 것이 도움 될 수 있다.

부모가 자녀의 주관적인 경험을 되짚어 주면 아이들이 자신의 상처를 더 잘 처리할 수 있다. 성찰적인 말도 도움 된다. 몇 가지 예를 들어 보자. 시터가 바뀌는 상황이 왔다고 가정하자. 어린 자녀에게 이렇게 말할 수 있다. "안나는 네가 어렸을 때부터 쭉 너를 돌봐 줬지. 그래서 안나가 떠나는 게 속상할 거야. 아직도 안나가 매일 보고 싶니?" 이혼한 상황에서는 이렇게 말할 수 있다. "엄마와 아빠가 따로 살면 네가 많이 힘들 거야. 누구랑 같이 자고 싶은지도 결정하기 어렵겠지. 엄마가 이혼하니까 어떤 점이 가장 힘들어?" 새로운 집으로 이사한다면 이렇게 말할 수 있다. "새로운 환경에 적응하기 힘들 수 있어. 옛날 집의 어떤 점이 가장 그리워?" 이야기를 만들어 주거나 그림을 그리는 등의 구체적인 경험을 활용하면, 아이들이 자신의 경험을 처리하기가 한결 쉬워진다.

부모는 아이들이 혼란스럽고 두려운 경험을 받아들이도록 도울 수 있다. 우리가 대수롭지 않게 생각하는 것도 아이들에게는 중요한 문제일 수 있다. 다음 이야기는 부모에 따라 한 아이의 경험이 얼마나 달라질 수 있는지를 보여 준다.

한 아빠가 세 살 된 아들과 함께 곧 태어날 동생을 위해 매트리스를 사러 가구점에 갔다. 두 사람 모두 즐거웠고, 아이는 자신이 제법 큰 어린이가 된 것 같아서 뿌듯했다. 쇼핑이 끝난 뒤, 아빠는 아이가 바로 옆에 있다고 생각하고 매트리스를 매장 입구에 있는 차로 옮겼다. 그는 차에 매트리스를 싣고 아이를 카시트에 태우려고 몸을 돌렸다. 그때 아이는 순간적으로 매트리스에 시야가 가려 아빠를 보지 못했고, 아빠가 있는 방향을 등진 채 울고 있었다. 아이는 아빠가 매트리스를 차에 싣는 모습을 보지 못하고 자기가 혼자 매장에 남겨졌다고 생각했다. 그 모습을 본 아빠는 다시는 너를 혼자 두는 일이 없을 것이고, 실제로도 아빠는 계속 거기에 있었다고 안심시켰다.

집에 도착하자 아이는 엄마에게 아빠가 자기를 혼자 매장에 두고 갔다고 말했다. 엄마는 두 사람의 경험을 주의 깊게 들은 후, 크게 놀랐던 사건을 이해하려고 애쓰는 아이에게 다시 이야기를 들려주었다. 여러 번 이야기를 반복하자 아이는 한결 안정된 듯했고 문제도 해결된 것처럼 보였다. "오늘 있었던 일에 대해 궁금한 게 생기면 언제든지 물어보렴." 엄마는 이렇게 말하며 이야기를 마무리 지었다.

그날 오후 엄마와 아이가 놀고 있는데 아이가 갑자기 엄마를 올려다보더니 이렇게 물었다. "아빠가 정말로 나를 혼자 매장에 두고 갔어요?" 아이는 아직도 자신이 버려졌다는 기분을 처리하고 있었다. 아빠가 아이의 시야에서 벗어난 것은 고작 2분이었고, 실제로 아빠가 아이를 버리고 간 것도 아니었는데 말이다.

아이들은 자신의 감정을 처리하고 경험을 이해하는 데 시간이 걸린다. 그 짧은 시간 동안 아이가 느낀 정서적 고통은 버려졌다는 기분과 공포를 만들어 냈고, 이는 아이의 마음에 강력한 영향을 미쳤다.

부모가 이야기를 다시 들려주고, 아이가 겪은 사건에 대해 이후에도 안심시켜 주고, 앞으로도 언제든지 그에 대한 의사소통의 문을 열어두면, 아이는 훨씬 쉽게 자신의 속상했던 경험을 받아들일 수 있다.

* 문제에 맞서 극복해야 한다

해결되지 않은 트라우마는 계속해서 일상에 영향을 미친다. 위압적인 경험이 현재에 영향을 미치는 방식은 다양하다. 위협이나 두려움을 느꼈던 때의 감정을 떠올리면 머릿속이 뿌예진다. 이는 문제가 해결되지 않았다는 신호일 수 있다. 또한 외현 기억에서 암묵 기억이 분리되는 형태로 나타나기도 한다. 감정, 행동적 충동, 지각, 신체 감각 등 암묵 기억 처리의 다양한 요소는 내가 무언가를 회상하고 있다는 감각도 없이 우리의 의식적인 인식에 스며들 수 있다. 암묵 기억의 이러한 요소들은 과거 경험을 활성화한다. 마치 온전한 형태를 이룬 경험이 나를 압도하는 것처럼 느껴진다. 이것이 바로 플래시백이다.

과거 경험이 온전한 사건의 감각은 형성하지 못한 채 파편적인 요소들로만 남은 사례도 있다. 끊어진 지각(소리는 없이 시각적인 기억만 남은 경우), 신체 감각(팔다리의 통증), 격렬한 감정(공포나 분노), 행동적 충동(경직 또는 도피)이 의식에 침입한다. 이 경우 우리는 그것이 기억의 일부, 과거에 있었던 어떤 사건의 일부임을 인지하지 못하지만, 사실은 그것들이 '암묵 기억으로만 남아 있는' 기억의 요소일 수 있다.

해결되지 않은 트라우마가 있으면 암묵 기억으로만 남아 있는 기억과, 일관성 있는 이야기로 통합되지 않은 외현 기억의 파편을 모두 경험할 수 있다. 외현 기억을 떠올리면 내가 과거 사건을 기억하고 있다는 감각이 있다. 만약 그것이 자전적 기억이라면 자아와 시간에 대한 감각도 있을 것이다. 이렇게 통합되지 않은 외현 기억을 우리는 더 큰 인생 이야기에 아직 맞지 않는, 과거의 조각과 파편으로 경험한다. 우리의 인생 이야기는 외현 기억 처리 과정을 통해 기억의 다양한 요소가 통합될 때 드러난다. 기억의 요소들을 성찰하는 것은 과거 트라우마의 단절된 파편들을 해결하고 그것들을 일관성 있는 인생 이야기로 엮어 내는 데 필수적이다.

낮은 길에 있을 때는 성찰이 어려울 때가 많으므로, 낮은 길을 경험한 뒤에는 자기 이해를 심화하기 전에 먼저 회복을 위한 노력을 하는 것이 좋다. 시간이 지나면 낮은 길로 전환되는 순간에도, 심지어는 낮은 길에 있을 때조차도 그러한 성찰이 가능해질 수 있다. 어떤 사람들은 낮은 길에 있는 동안 행동을 바꿀 수는 없더라도, 마치 한 발짝 떨어져 있는 것처럼 스스로 관찰하는 것이 가능해진다고 설명한다. 이러한 관찰자적 관점을 갖추는 것은 낮은 길로 빠져드는 감옥에서 벗어나기 위한 시작점이다.

낮은 길에서는 본능적인 생존 반응인 투쟁, 도피, 경직 반응이 활성화되고 우리의 행동을 지배할 수 있다. 신체는 분노로 팽팽하게 긴장된 근육, 두려움에 도망치고 싶은 충동, 몸이 마비되어 움직일 수 없을 것 같은 느낌 등과 같은 자동적인 반응 패턴으로 오래된 본능적 반사를 드러낼 수 있다. 자신의 신체 감각을 인식하는 것은 낮은 길에 있는 경험을 이해하기 위한 첫 번째 단계다. 낮은 길에 있을 때의 신체 반응을 바꾸려고 의식적으로 노력하다 보면 우리 안에 각인된 반사에서 벗어나는 데 도움이 될 수 있다. 뇌는 신체 반응을 통해 우리 몸이 어떻게 느끼는지를 파악하고 그것의 의미를 평가한다. 따라서 자신의 신체 반응을 인식하는 것은 낮은 길에 몰입된 상태를 다루기 위한 직접적이고 효과적인 수단이 될 수 있다.

낮은 길이 우리 삶에 미치는 영향을 바꾸려면 경험의 기원에 익숙해지고 경험을 둘러싼 개인적인 의미를 깊이 들여다볼 수 있어야 한다. 예를 들어 어떤 사람은 누군가에게 오해를 사거나 무시를 받으면 갑작스러운 수치심으로 가슴이 쿵쾅거리고 상대방과 눈을 맞추지 못한다. 이때 낮은 길의 트리거가 수치심이라는 사실을 이해하면 그러한 몰입을 반복하지 않는 데 도움이 된다. 또 다른 사람은 무시를 받으면 분노의 감정이 일어난다. 낮은 길의 분노 상태에 빠져들면 다시 회복하기가 어렵다. 이러한 경험을 이해하고 해결책을 찾으려면 구체적인 트리거가 무엇인지, 그리고 그것이 어떻게 특정 감정을 자극하는지를 이해하는 것이 중요하다.

뇌에 대해 알면 자신을 평가가 아닌 수용하는 방향으로 나아갈 수 있다. 자기 성찰의 상태로 들어가려면 종종 혼자만의 시간이 필요하다. 어린 자녀를 둔 부모는 그러기가 쉽지 않지만 긴 하루의 끝에 짧게라도 성찰하거나 자신의 경험 이야기, 특히 감정적인 내용을 담은 이야기를 친구와 나누면 큰 도움이 된다.

자녀와의 언쟁 후 자녀의 행동에, 그리고 그에 대한 자신의 반응에 좌절감이 들 때는 스스로 질문을 던져 보아라. "내가 왜 그렇게 했을까?" "어째서 내 행동이 아이에게 긍정적인 변화를 끌어낼 것으로 생각했을까?" 이러한 질문은 자기 성찰을 강화하는 데 유용하다. 마음을 담은 성찰의 경험은 수십 년간 차단되어 있던 내면세계의 요소를 한데 모을 수 있도록 돕는다. 뇌와 마음을 이해하기 위한 틀은 자기 성찰의 과정을 더욱 심화할 수 있다.

신체 인식과 자기 성찰의 뒤에는 치유 과정을 강화하는 또 다른 경험들이 뒤따를 수 있다. 일기 쓰기는 조각난 파편들을 통합하고 치유할 힘이 있다. 신뢰할 만한 타인이 우리의 고통과 노력을 지켜봐 주는 것도 인생에 새로운 명료함과 일관성을 가져다준다.

그렇다면 치유 과정은 어떻게 시작해야 할까? 글을 쓰거나 당신의 성장을 지지해 주는 믿을 만한 어른에게 이야기하는 것으로 시작할 수 있다. 아이들에게는 부모의 경험이 짐이 될 수 있다. 당신의 정서적 지지자가 되는 것은 아이들의 역할이 아니다. 만약 트라우마가 일찍, 강하게, 그리고 반복적으로 일어났다면, 일관성 있는 이야기를 향한 당신의 여정에서 전문가의 도움이 필요할 가능성이 크다. 트라우마와 상처를 극복하는 것은 얼마든지 가능하며, 자기 자신은 물론 아이들을 위해서라도 매우 중요하다. 해결되지 않은 문제에 맞서기를 두려워하지 마라. 더는 그러한 감정이 나를 통제하게 두어서도 안 되고, 우리 아이들의 삶에 영향을 미치도록 두어서도 안 된다.

낮은 길로 들어서는 패턴 파악해 보기

01 자녀를 대하는 동안 낮은 길 상태에 들어갔던 때를 떠올려 보라. 어떻게 행동했는가? 아이들은 어떻게 반응했는가? 높은 길에서 벗어나는 감각을 알아차릴 수 있었는가? 자신의 트리거가 무엇인지 알고 언제 낮은 길로 들어서는지를 인지하는 능력을 갖는 것이, 당신과 아이의 관계에 영향을 미치는 방식을 바꾸기 위한 첫걸음이다.

02 아이들과의 관계에서 자주 낮은 길 상태에 빠지게 되는 특정 상호작용이 있는가? 어쩌면 낮은 길에 대한 경험을 이해할 수 있는 특정 주제가 반복되고 있을 수 있다. 아이들과 어떠한 상호작용이 있을 때 주로 두려움, 분노, 슬픔, 수치심과 같은 감정에 휩싸이는가? 어떤 사람은 누군가가 자신을 무시하거나 없는 사람 취급할 때 쉽게 낮은 길로 빠져든다. 또 다른 사람은 스스로 무능하다고 느낄 때 미칠 것 같다. 낮은 길로 향하는 트리거가 되어 당신을 벼랑 끝으로 내모는 주제가 무엇인가? 그러한 주제를 더 깊이 이해하려고 노력하라. 그중에서도 당신이 높은 길로 돌아오는 것을 특히 심하게 방해하는 요소는 무엇인가?

03 이미 낮은 길로 들어선 뒤에는 자기 성찰이 어려울 수 있다. 가능하면 자녀와의 상호작용에서 빠져라. 몸을 움직이고 스트레칭 하고 걸어라. 호흡에 집중하라. 마음이 진정되기 시작하면 내면 감각과 대인 간 상호작용을 관찰하라. 감정과 행동의 강도를 낮추는 데는 '자기 대화' 기술이 효과적이다. "나는 진정해야 해." "나는 낮은 길에 있어. 이러한 기분과 충동을 믿어서는 안 돼." "지금은 잠깐 쉬어야 해. 더 나아가지 말고 잠시 멈추자." 이러한 전략이 즉각적인 회복을 가져다주지는 못

하더라도, 낮은 길 상태가 아이와 당신의 자아의식에 미칠 파괴적인 영향력을 낮추는 데는 도움이 된다. 낮은 길에서의 자기 대화와 관찰자적 성찰은 결국 그 강도와 지속 기간을 줄이고 점진적으로 회복의 길로 나아가게 한다. 성찰과 통찰을 통해 새롭고 유연한 대응 방식을 선택할 때 낮은 길이 미치는 부정적인 영향을 제한할 수 있다.

04 과거의 패턴을 바꿀 수 있는 가능성에 대해 생각해 보라. 문제가 활성화되고 낮은 길로 넘어가려는 감각을 인지하면, 다른 길이 보인다는 사실을 기억하라. 심호흡을 하고 1부터 10까지 세라. 잠시 멈춰서 물 한 잔을 마셔라. '감정적 타임아웃'을 가짐으로써 상황에서 벗어나라. 이제 어느 정도 거리를 두었으니 무슨 일이 있었는지 되짚어 보아라. 현재의 반응으로 이어진 과거의 뿌리를 찾아라. 더는 이렇게 오래된 길을 따라갈 필요가 없다. 당신에게는 과거의 패턴을 반복하지 않을 선택권이 있다. 다음에는 어떻게 다른 반응을 보일 수 있을까?

* 손바닥 안의 뇌

마음이 몸과 뇌 안에서, 그리고 다른 사람들과의 대인 관계 안에서 통합적인 시스템으로 기능하는 방식을 이해하려면 신경생리학적 작용과 사회적 상호작용에서 어떻게 마음이 생겨나는지를 깊이 들여다보는 것이 필요하다. 지금까지 살펴봤듯 대인 관계 신경생물학의 관점 덕분에 우리는 마음을 정보와 에너지의 흐름을 포함하는 과정으로 바라볼 수 있게 됐다. 이러한 흐름은 사람들 간의 의사소통뿐만 아니라 뇌의 뉴런 간 연결로도 결정된다. 반응적 의사소통을 하면 자아의 내적 신경 생성과 사회적 세계의 외적 반응 사이에서 균형을 이룰 수 있다. 뇌에서, 신체에서, 그리고 사회적 환경에서 일정 형태의 균형을 이루기 위해 실제로 뇌는 어떻게 기능하는 것일까?

이 질문에 답하기 위해서는 먼저 뇌의 해부학적 구조가 뇌 기능과 어떻게 연관되어 있는지를 더 깊이 살펴봐야 한다. 신경 과학 분야의 새로운 발견은 뇌의 구조와 기능 사이의 관계에 대해 흥미로운 관점을 제시한다. 뇌는 수십억 개의 뉴런과 수조 개의 시냅스가 거미줄처럼 얽혀 있어서 매우 복잡하긴 하지만, 뇌의 구조를 개괄적으로 살펴보면 이렇게 복잡한 뉴런 구조에서 어떻게 정신 작용이 일어나는지를 파악할 수 있다.

손을 사용해 뇌의 대략적인 지도와 그것이 어떻게 마음의 작용을 만들어 내는지 살펴보자. 이는 특히 통합된 상태에서 어떻게 높은 길이 만들어지는지, 그리고 통합되지 않은 상태에서는 어떻게 낮은 길이 만들어지는지를 보여 주는 데 유용하다.

엄지손가락을 안으로 넣고 주먹을 쥐면 놀라울 정도로 정확한 뇌 모델을 얻을 수 있다. 많은 신경 과학자들과 마찬가지로 우리도 뇌 모델을 만들어서 뇌를 세 가지 주요 영역으로 나누고(폴 맥린의 '삼위일체의 뇌' 모델), 해부학적으로는 분리되어 있지만 기능적으로는 서로 연결된 뇌간, 변연계, 피질의 상호 관계를 탐구할 수 있다.

손톱이 자신을 향하도록 주먹을 쥐어라. 이것이 머리가 된다. 중지와 약지는 두 눈의 뒤쪽이다. 양쪽으로 두 귀가 나오고, 접은 손가락의 제일 위쪽이 정수리, 주먹 뒤쪽이 뒤통수, 그리고 손목이 목이 된다. 손목 가운데 부분은 등에서 올라오는 척수를 나타낸다. 손바닥의 중심이 척수에서 이어지는 뇌간이다. 뇌의 가장 아래쪽에 있는 뇌간은 진화적으로 가장 오래된 부분이며 때로는 원시적인 뇌 또는 파충류의 뇌라고 불린다. 이곳은 신경계에서 신체 감각이나 지각 시스템(후각을 제외한)을 통해 외부 세계로부터 데이터를 받아들이는 부분으로, 수면과 각성 상태를 조절하고 투쟁, 도피, 경직의 주요 생존 반사를 다루는 데도 중요한 역할을 한다.

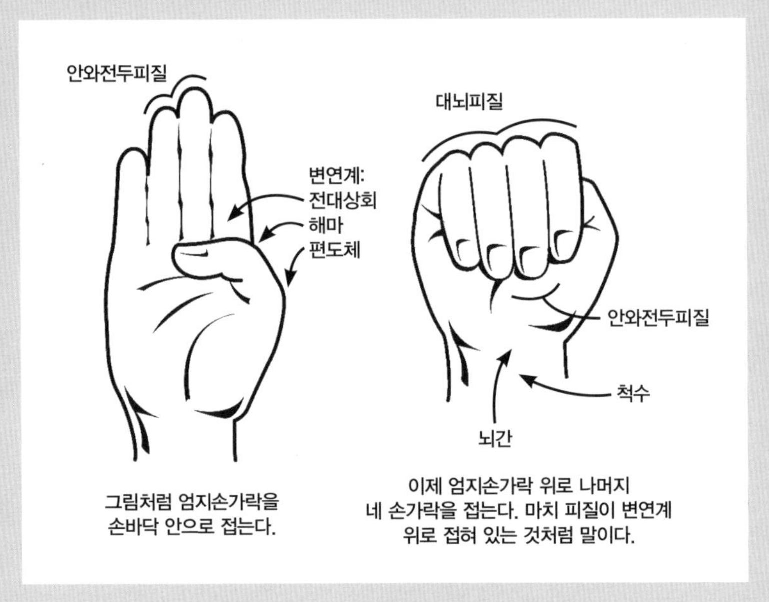

그림 5

네 손가락을 다시 펼치면 손바닥 안에 접혀 있는 엄지손가락이 보인다. 이것은 변연계 구조를 나타낸다. 변연계는 감정을 매개하고 동기 부여 상태를 만든다. 이 중요한 변연계 기능은 뇌 전반의 작용에 영향을 미친다. 감정은 이러한 변연계 회로에만 국한되지 않고, 사실상 모든 신경 회로와 거기서 만들어지는 정신 작용에 영향을 미치는 것으로 보인다. 변연계 구조는 진화적 기억도 비슷하고 신경전달물질도 비슷하다. 변연계가 미치는 영향은 매우 광범위하여 과학자들은 변연계 구조의 시작과 끝을 명확하게 파악하는 데 어려움을 겪었다. 이러한 이유로 현대의 많은 신경 과학자들은 변연계를 '계'가 아닌 다른 말로 표현하기 위해 적절한 용어를 찾고 있다.

뇌의 상당 부분은 두 개의 반구로 나누어져 있는데, 해마를 포함한 많은 구조가 양쪽 모두에 위치하고 있다. 이 모델에서는 단순화를 위해 오른쪽, 왼쪽 해마가 아닌 하나의 해마로 표현하고 있지만, 사실은 양쪽 해마에서 이루어지는 처리 과정에는 기능적 차이가 있을 수 있다.

과학에서 뇌의 특정 구조가 어떤 기능을 매개한다고 하면, 가령 해마가 외현 기억을 매개한다고 하면, 이는 특정 기능(외현 기억)이 일어나기 위해서 건강하고 온전한 구조(해마)가 필수적인 역할을 한다는 것을 의미한다. 그리고 특정 구조가 어떤 역할을 한다는 것은 해당 영역의 신경 처리가 필수적인 구성 요소(명암 대비의 시각적 처리 등)이거나 전반적인 프로세스(사물의 지각 등)라는 뜻일 때가 많다. 또한 해당 영역이 여러 영역에서 일어나는 신경 처리를 하나의 기능적 전체로 합치는 핵심적인 통합 기능을 수행하고 있음을 뜻할 수도 있다. 앞으로 살펴보겠지만, 변연계 구조는 이러한 통합적 기능에 필수적인 역할을 할 때가 많다.

변연계에는 해마, 편도체, 전대상회, 안와전두피질 등과 같이 육아에 있어 특히 중요한 영역이 몇 가지 있다. 이러한 구조를 통해 마음은 신체의 균형을 이루고, 변화하는 환경적 요구에 적응하고, 다른 사람들과 의미 있게 연결되는 중요한 기능들을 수행할 수 있다. 이러한 구조가 뇌에서 통합적인 기능 수준을 달성하여 아이를 번성할 수 있게 하려면 애착 관계, 즉 아이와 부모의 연결이 필요하다는 것이 우리의 가설이다.

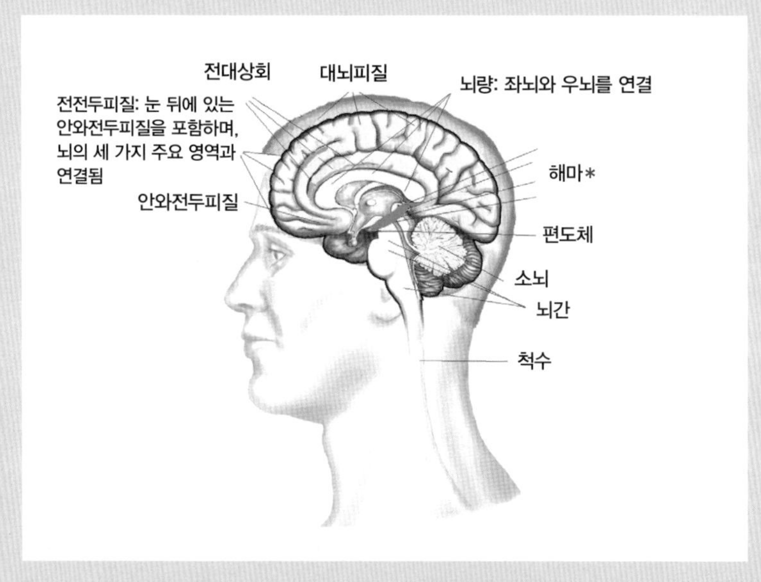

그림 6 중앙에서 오른쪽으로 바라본 뇌의 단면도. 뇌량, 변연계(편도체, 해마, 전대상회), 대뇌피질(전전두엽 영역을 포함한다. 전전두엽에 있는 안와전두피질은 변연계 구조에도 해당한다.) 등 뇌의 주요 영역이 표시되어 있다.

* 음영 처리된 부분은 이 그림에서 뇌간 뒤쪽에 있는 해마의 위치를 나타낸다. 해마의 머리 쪽에 감정을 처리하는 편도체가 있다. 해마와 편도체는 모두 내측 측두엽의 일부다.

1장에서 해마와 기억에 대해 이미 살펴본 바 있다. 손으로 만든 뇌 모델에서 해마는 엄지손가락의 두 번째 마디에 해당한다. 해마는 인지적 지도 작성자 역할을 하면서 광범위하게 분산된 신경의 입력값을 서로 연결한다. 이는 사실적 기억과 자전적 기억을 만드는 수많은 작용을 통합하는 데 중요한 역할을 한다.

편도체는 엄지손가락 뼈마디에 해당한다. 해마의 끝부분에 있으며 뇌의 가장 깊숙한 부분에 위치한다. 편도체는 여러 가지 감정, 특히 두려움을 처리하는 데 중요하다. '처리'란 내적 감정 상태를 만들고 그것을 외적으로 표현할 뿐 아니라 타인의 표현에서 그러한 감정 상태를 읽어 내는 것을 뜻한다. 예를 들어 편도체에는 상대방의 얼굴에 나타나는 감정적 표정에 반응하여 활성화되는 표정 인식 세포가 있다. 편도체는 입력된 자극의 의미를 판단하는, 뇌의 여러 중요한 평가 중추 중 하나다. 이 중요한 영역에 관한 연구는 편도체가 지각 편향의 '패스트 트랙'에 영향을 미치는 방식을 밝혀냈다.

패스트 트랙이란 지각 시스템에 빠르게 경고를 보내서 위협적인 환경에 대해 주의를 높일 수 있도록 의식적인 인식을 건너뛰는 것이다. 한편 '슬로우 트랙'에서는 두려움과 같은 감정 상태가 더 바깥쪽에 있는 신피질의 의식 처리 메커니즘에 신호를 보낸다. 패스트 트랙을 이용하면, 처리 방식이 좀 더 느린 의식적인 마음이 활성화되기를 기다리지 않고 바로 위험을 감지하고 빠르게 행동할 수 있다.

손으로 만든 뇌 모델에서 전대상회는 엄지손가락 첫 번째 마디 부분이다. 실제 뇌에서는 좌뇌와 우뇌를 연결하는 띠 모양 조직인 뇌량 위쪽에 전대상회가 있다. 어떤 사람들은 전대상회가 뇌의 최고 운영 책임자라고 생각한다. 전대상회는 우리의 생각과 신체를 조정하는 일을 돕고 주의 자원을 배분한다. 다시 말해 우리가 어디에 얼마만큼의 주의를 기울일지를 결정한다. 전대상회는 또한 신체로부터 정보를 받아들이는데, 이는 감정을 만드는 중요한 과정이다.

변연계 회로는 시상하부의 기능에 직접적인 영향을 미친다. 손 모델에서는 시상하부를 나타내기 어렵지만, 실제 뇌에서는 아주 중요한 구조 중 하나다. 어떤 책에서는 시상하부를 변연계 회로의 일부로 포함하기도 한다. 시상하부는 뇌에서 핵심적인 신경 내분비 작용의 중추 역할을 한다. 허기와 포만감을 비롯한 여러 뇌-신체 기능과 스트레스에 대한 반응을 조정하는 데 관여하는 호르몬 분비와 신경전달물질의 흐름이 이곳에서 시작된다.

마찬가지로 손 모델에서 쉽게 표현되지 않는 소뇌는 손목과 연결되는 손등에 해당한다. 소뇌는 신체적 균형에 중요하며, 정보처리에도 새롭게 밝혀진 중요한 역할을 한다. 또한 감정을 진정시키는 억제성 GABAGamma amino butyric acid(감마 아미노 부티르산) 섬유를 시상하부와 변연계 구조에 보낸다. 주목할 점은 어린 시절의 트라우마와 방임이 이러한 GA 섬유의 성장에 부정적인 영향을 미치고 뇌량과 뇌 전체의 성장을 억제하는 것으로 나타났다는 것이다.

변연계 구조의 마지막 부분인 안와전두피질은 뇌의 세 번째 주요 영역인 신피질에 위치한다. 손 모델에서 신피질은 엄지손가락을 덮고 있는 네 손가락으로 표현된다. 대뇌피질 또는 피질이라고도 불리는 이 영역은 뇌의 가장 위쪽에 있으며, 추상적 사고, 성찰, 의식 등 인간을 다른 동물들과 구분되게 하는 가장 진화된 뇌 기능을 수행하는 중추로 여겨진다. 피질은 여러 개의 엽Lobe(주름진 부분)을 갖고 있다. 각각의 엽은 시각적 정보처리, 청각적 정보처리, 운동 작용 등과 같은 고유한 기능을 매개한다.

육아와 관련하여 우리는 특히 전두엽이라고 불리는, 신피질의 앞부분에 관심을 두어야 한다. 네 손가락의 두 번째 마디부터 손톱까지에 해당하는 전두엽은 추론과 연상 작용을 매개한다. 전두엽의 앞부분을 뜻하는 전두피질은 첫 번째 마디부터 손톱까지에 해당한다.

전전두피질의 두 가지 주요 영역으로는 배외측전전두피질이라고 하는 양 측면 부분과 안와전두피질이라고 하는 중간 부분이 있다. 검지와 새끼손가락의 첫 번째 마디로 표현되는 배외측전전두피질은 작업 기억의 중추로, 긴 숫자나 긴 단어를 외우고 자신이 한 말을 기억할 수 있는 이유가 이 때문이다.

안와전두피질은 그것이 안와, 즉 안구 뒤에 있어서 그렇게 불린다. 손 모델에서는 중지와 약지의 첫 번째 마디부터 손톱까지가 안와전두피질에 해당한다. 일부 신경 과학자들은 안와전두피질을 거기에 연결된 전대상회까지 묶어서 보기도 한다. 예를 들어 더글라스 브렘너 등의 과학자들은 외상 후 스트레스 장애 환자의 경우, 전대상회와 안와전두피질이 해마 및 편도체와 상호작용 하는 회로가 상당히 손상되었을 수 있음을 밝혀냈다. 앞으로 살펴보겠지만, 안와전두피질과 이러한 변연계 구조의 협력은 유연한 기능에 필수적이다.

손 모델에서 중지와 약지 손톱, 즉 안와전두피질이 신피질(손가락)과 연결되어 있으며, 나머지 변연계 구조(엄지손가락)의 윗부분과 뇌간(손바닥)에도 닿아 있다는 사실에 주목하라. 손 모델에서 나타나는 이런 해부학적 위치는 실제 뇌 구조와 일치한다! 안와전두피질은 하나의 시냅스가 뇌의 세 가지 주요 영역 모두와 연결된 유일한 영역이다. 안와전두피질은 피질, 변연계 구조, 뇌간과 전부 뉴런을 주고받으며 이 세 가지 영역을 하나의 기능적인 전체로 통합한다. 이 독특한 위치 덕분에 안와전두피질은 뇌의 복잡한 시스템을 통합하는 데 특별한 역할을 한다. 안와전두피질은 뇌의 궁극적인 신경 통합 수렴대다.

안와전두피질의 중요한 기능 중 하나는 자율신경계ANS, autonomic nervous system를 조절하는 것이다. 자율신경계는 심박수, 호흡, 소화와 같은 신체 기능을 조절하는 신경계다. 자율신경계는 다시 교감신경계와 부교감신경계로 나뉘는데, 자동차로 치면 교감신경계는 액셀과 같고 부교감신경계는 브레이크와 같다. 이 두 가지 시스템은 신체의 균형을 유지하며, 위협 등이 나타나면 교감신경이 흥분하여 대응할 준비를 하고, 위험이 지나가면 흥분을 가라앉히는 일을 한다. 균형 잡힌 자기 조절 능력은 안와전두피질이 일종의 감정 클러치로서 신체의 액셀과 브레이크를 적절하게 밟을 수 있는지에 따라 달라진다.

안와전두피질은 또한 뇌의 신경 내분비 중추인 시상하부를 조절하는 데도 도움을 준다. 게다가 망양체(뇌간의 한 부분으로, 신경 섬유와 신경 세포가 그물 모양처럼 모여 있는 신경조직)와 같은 뇌간 구조에 의해 매개되는 경계 및 감정적 각성 상태는 안와전두피질의 직접적인 영향을 받는다. 주목할 점은 안와전두피질 영역이 뇌의 우측까지 확장되어 있다는 것이다. 이러한 조절 기능 중 상당수는 사람의 스트레스 반응 메커니즘과 관련 있으며, 이는 주로 우뇌의 기능과도 연관이 있다. 안와전두피질이 뇌의 CEO로 불리는 이유는 그것이 뇌의 세 가지 주요 영역과 통합하여 신체와 마음의 균형을 유지하고 체내 신진대사 상태에 맞춰 그것들을 조정하는 역할을 하기 때문이다.

안와전두피질은 육아와 특히 관련이 깊다. 좋은 정신적, 감정적 기능의 중심이 되는 뇌의 여러 측면을 통합하기 때문이다. 안와전두피질은 자율신경계를 통해 신체를 조절하는 것 외에도 감정 조절과 대인 관계 의사소통(눈 맞춤을 포함한)에도 관여한다. 또한 전대상회 및 밀접하게 관련된 영역과 함께 사회적 인지에서도 중요한 역할을 하는 것으로 보이는데, 사회적 인지란 다른 사람의 주관적인 경험을 감지하고 대인 간 상호작용을 이해하는 능력을 가리킨다. 최근 연구에서는 이러한 영역이 윤리적 행동 발달에서도 중요한 역할을 한다는 결과가 나왔다.

안와전두피질은 또한 반응 유연성, 즉 데이터를 받아들이고 그에 대해 생각하고 선택할 수 있는 반응을 다양하게 고려한 후, 적절한 반응을 출력하는 능력과도 관련이 있다. 마지막으로, 안와전두피질은 자기 인식과 자전적 기억을 만드는 데도 필수적인 것으로 생각된다.

안와전두피질은 변연계에서 가장 높은 부분이자 신피질에서 가장 바깥쪽에 있는 부분이다. 뇌간의 자율신경계에서 입력값이 들어오는 끝 지점으로, 신체 기능을 인식하고 통제한다. 이 고유한 해부학적 위치로 인해 안와전두피질은 중요한 신경 통합 기능을 수행한다. 변연계 구조에서 보면 안와전두피질은 전대상회와 마찬가지로 확장된 전전두엽 회로의 일부에 속한다. 이 전전두엽 영역은 안와전두엽이 담당하는 복잡한 자전적, 사회적, 신체적, 감정적 작용과 함께 주의력을 조직할 수 있게 한다.

안와전두피질은 해마와 서로 연결되어서 맥락과 기억에 대한 확장된 인지 지도를 처리하여 자전적 외현 기억을 만들 수 있다. 또한 편도체의 신속한 감정 처리와도 연결되어 있어서 감정 상태를 형성하는 데도 도움을 준다. 마지막으로 안와전두피질은 자신의 상태를 타인의 상태에 맞추는 것을 돕는다. 이 통합적인 영역은 이런 식으로 대인 관계와 내면 균형 사이의 통로 역할을 한다.

높은 길에 계속 머물기 위해서는 적어도 통합적인 전전두엽 기능이 유연하고 안정적인 기능을 수행할 수 있는 내적 및 외적 흐름을 만들 수 있어야 한다. '평정심 유지Keeping it together(평정심을 유지한다는 뜻과 무언가를 함께 엮어 둔다는 뜻. 평정심을 유지하려면 뇌의 여러 기능이 잘 연결되어 있어야 한다는 의미를 담은 중의적 표현이다.)'는 문자 그대로 우리 뇌가 기능을 통합하는 능력에 달려 있다. 안와전두엽이 전전두엽의 내측(가운데 쪽)에 인접하는 전대상회를 비롯한 뇌의 모든 주요 영역과 원활하게 연결되는 것이 내적으로나 대인 관계에서나 좋은 성과를 내는 데 필수적이다. 전전두엽의 이러한 통합 프로세스가 일시적으로 차단되면 낮은 길로 들어갈 수 있다. 이러한 전전두엽 피질의 내측 및 해마와 편도체의 기능 장애는 외상 후 스트레스 장애의 임상 조건에서 나타나는 것으로 보인다.

그렇게 심각한 조건이 아니더라도 어느 정도의 스트레스 요인과 내부 조건이 갖춰지면 많은 사람이 전전두엽의 통합 기능이 차단되는 상태에 빠지기 쉽다. 이러한 단절은 편도체에서 과도한 감정이 배출되거나 시상하부의 신경 내분비 조절에 의해 심한 스트레스 호르몬이 분비될 때 발생한다. 이러한 낮은 길 상태가 일어나면 암묵 기억의 한 형태로 각인되어 활성화될 가능성이 커진다. 다시 말해 과거에 강렬한 감정을 경험했을 때 낮은 길의 뉴런 발화 패턴, 즉 뇌의 주요 영역 간 연결이 끊어진 상태가 더 쉽게 재발할 수 있다.

손으로 만든 뇌 모델에서는 엄지손가락을 감싸 쥐고 있는 네 손가락으로 높은 길 상태를 그려 볼 수 있다. 이러한 통합 시스템은 전전두엽 영역이 어떻게 변연계와 뇌간 메커니즘과 연결될 수 있는지를 보여 준다. 연결이 끊어진 낮은 길 상태는 네 손가락을 들어 올려서 표현할 수 있다. 이제 안와전두피질 영역은 더는 다른 변연계 구조에 대한 조절 및 통합 기능을 수행할 수 없다. 전대상회와의 연결이 차단되면서 주의력 및 사회적, 감정적 메커니즘을 조절할 수 없게 된다. 편도체 활동이 안와전두피질의 통제에서 벗어나면서 두려움, 분노, 슬픔 등의 감정이 과도해진다. 해마 역시 맥락을 만드는 능력을 상실할 수 있다. 게다가 액셀과 브레이크를 조절하는 감정의 클러치가 고장 나면서 낮은 길로 접어들게 된다.

안와전두엽 영역이 어떤 식으로든 손상되거나 전대상회, 편도체, 해마와 협력하는 능력이 일시적으로 차단되면, 그 사람은 타인과의 단절감과 성찰적 자아의식의 붕괴를 경험할 수 있다. 전전두엽의 정상적인 억제 프로세스가 무너지면 반응 유연성 대신 자동 반사적 반응이 나올 수 있다. 트라우마는 트라우마가 된 사건으로부터 감정적으로 회복하기 위해 꼭 필요한, 전전두엽 영역의 신경 통합 능력을 망가트린다. 회복을 향한 길에는 아마도 신체적, 정서적, 자기 성찰적, 대인 관계 경험을 일관성 있는 전체로 통합하는 전전두엽의 능력을 되찾을 수 있는 새로운 형태의 학습이 필요할 것이다.

* 낮은 길과 전전두엽 영역

낮은 길이란 높은 처리 모드의 일반적인 통합 기능, 즉 높은 길이 차단된 상태를 가리킨다. 이러한 제안의 타당성을 뒷받침하는 증거가 무엇일까? 교사와 치료사들은 자녀를 키우는 사람들이 종종 '정신을 놓는다.' '미칠 것 같다.' '이성을 잃는다.' '무너진다.' '심연에 빠지는 것 같다.'고 표현하는 때가 있다고 보고한다. 이러한 주관적인 설명은 원래는 잘 기능했던 마음에 일시적인 변화가 생기는 것을 드러낸다. 이렇게 변화된 상태에서 그들은 더는 내적으로 정보를 처리하지 못하고, 외적으로는 원래 하던 대로 행동하지 못하게 된다. 이때 부모는 분노, 두려움, 슬픔 등으로 가득 차서 '통제할 수 없는' 방식으로 느끼고 생각하게 된다고 설명한다. 행동이 거칠어지고, 아이의 욕구에 무뎌지며, 때로는 신체적으로 체벌을 가할 수도 있다.

이러한 행동 및 정신 기능의 변화는 어떻게 일어날까? 뇌 연구 결과를 통해 교육적인 제안을 몇 가지 할 수 있다. 뇌 전체는 서로 다른 회로가 하나의 기능적인 전체로 통합되는 방식을 토대로 복잡하게 기능한다. 신경 통합에 문제가 생기면 일관성 있는 마음에 필요한 뇌의 정상적인 기능이 무너질 수 있다. 뇌의 통합적인 기능을 연구하는 기초 및 임상 과학을 살펴보면, 정상적인 상태가 어떻게 통합 및 적응 능력이 떨어지는 처리 모드로 빠르게 전환될 수 있는지에 대한 실마리를 구할 수 있다. 신경 통합의 핵심 영역 중 하나는 바로 전전두피질이다.

메술람의 제안은 낮은 길의 존재와 전전두엽 시스템 통합 기능의 역할을 뒷받침한다. "전전두엽이 해부학적으로 뚜렷하게 편도체와 연결된 것은 안와전두피질의 부변연계 부분이 경험의 감정적 조절에서 특히 지배적인 역할을 할 수 있음을 시사한다. … 실제로 안와전두피질이 손상되면 경험을 적절한 감정 상태와 연결하는 데 심각한 어려움을 겪을 수 있고 판단, 통찰, 행동에 광범위한 문제를 초래할 수 있다."

이러한 발견과 인접한 전대상회의 역할을 함께 종합해 보면, 전전두피질 내측의 통합 영역에 기능적 장애가 생기면 사람의 내적 경험과 외적 행동에도 상당한 변화가 일어날 수 있음을 나타낸다.

안와전두피질과 전대상회피질 기능의 상호 연결은 유연하게 기능하는 높은 길 상태를 만드는 데 핵심적일 수 있다. 안와전두엽 영역은 대뇌피질, 변연계 구조 전체, 그리고 아래로는 뇌간까지 광범위하게 연결되어 있다. 또한 심박수, 호흡, 위장 기능과 같은 신체 기능의 균형을 유지하는 자율신경계ANS의 가지를 조절한다.

전대상회피질은 두 부분으로 나누어져 있다. 하나는 정보의 흐름을 조절하면서 주의력의 최고 운영 책임자 역할을 하고(인지 영역), 다른 하나는 신체적 입력값을 받아들이고 감정 상태와 감정 표현을 만들어 낸다(감정 영역).

데빈스키, 모렐, 폭트는 다음과 같이 주장했다. "전반적으로 전대상회피질은 시작, 동기 부여, 목표 지향적 행동에 중요한 역할을 하는 것으로 보인다. … 전대상회와 그 연결은 감성과 지성이 결합할 수 있는 메커니즘을 제공한다. 대상회는 마음의 감정적, 인지적 요소를 서로 연결하는 증폭기이자 필터로 볼 수 있다. 엄마와 아기의 관계와 같이 복잡한 사회적 상호작용에는 단순한 감각-운동 반사궁(반사를 조절하는 신경 경로)이 담당하는 수준 이상의 뇌 조직이 관여한다. 이러한 상호작용 중 일부는 후대상회피질에 저장된 장기 기억과 전대상회피질이 담당하는 감정과 실행 기능을 포함할 수도 있다."

뇌 손상으로 전대상회에 이상이 생긴 경우에는 낮은 길 상태보다 좀 더 심각한, 그러나 질적으로는 유사한 변화가 보고됐다. 데빈스키와 동료들은 이렇게 기록했다. "전대상회피질 병변에 따른 행동 변화로는 공격성 증가, … 정서적 둔화, 동기 부여 감소, … 엄마-아기의 상호작용 이상, 조급함, 두려움이나 놀람 반응의 역치 감소, 같은 종 내의 부적절한 행동 등이 나타났다."

원숭이와 햄스터를 대상으로 한 연구에 따르면 전대상회 병변이 있는 엄마는 아기에게 주의를 기울이는 능력이 떨어지는 것으로 나타났다. 임상 논문에 기술된 어느 뇌 손상 환자의 경험은 "전대상회와 안와전두피질의 손상으로 인한 사회적 결과는 절망적일 수 있다. … 임상 평가 결과 전대상회 및 안와전두피질 병변이 있는 환자에게서는 이미지에 대한 지적 이해와 자율적 표현(동공 확장, 눈 깜빡임, 홍조 등과 같이 자기가 통제할 수 없는 감정 표현) 사이에서 단절이 확인됐다. … 대상회와 안와전두피질은 감정적 자극과 자율신경 변화를 감정적 자극과 자극에 따른 행동 변화에 연결하는 데 중요한 역할을 한다."

전전두엽 시스템의 내측 부위 손상은 감정적 및 사회적 기능에 현저한 변화를 가져올 수 있다. 이러한 변화는 좀 더 심각하고 지속적이긴 하지만, 질적으로는 낮은 길 상태에서 나타나는 일시적인 변화와 비슷하다.

대상회 발작, 즉 뇌전증은 전두엽 기능이 일시적으로 망가질 수 있음을 뒷받침하는 임상적 증거다. 뇌전증은 일관성 있는 뉴런 발화에 기능 장애를 수반하고, 행동과 주관적 경험의 변화를 드러낸다. 이는 전전두엽 기능에 순간적이지만 상당한 변화가 일어나면 일시적인 낮은 길 상태로 이어진다는 의견과도 일치한다. 데빈스키와 동료들은 다음과 같이 주장했다. “정상적인 상태에서는 감정적 자극에 반응하여 소리를 내는 등과 같은 행동 반응이 전대상회피질과 인접한 운동 영역에 있는 회로를 통해 촉진된다. 마찬가지로, 감정 상태 또한 부분적으로는 전대상회피질에 의해 조절된다.”

이러한 전대상회의 기능 이상이 내측 전전두엽 파트너인 안와전두피질과 결합하면, 사회적 이해에 심각한 장애가 생긴다. “전대상회피질 손상에 따른 극적인 행동 변화는 다른 병변과도 관련이 있다. 따라서 이것이 안와전두피질 병변과 결합하면 치명적인 ‘사회적 인지 불능’을 초래한다.” 다시 말해 이 두 영역이 제대로 기능하지 못하면, 사회적 상호작용과 이해에 심각한 문제가 발생한다.

기능적 뇌 영상 연구를 통해 낮은 길에서의 육아 경험을 명확하게 평가한 연구는 아직 없고 앞으로도 없을 수 있지만, 인간을 대상으로 한 임상 결과와 영장류 및 다른 포유류에 대한 연구 데이터는 감정적, 사회적, 신체적 조절 기능에서 일련의 변화가 일어난다는 사실을 보여 준다. 이는 특정 조건에서 아이가 부모를 대할 때 일어나는 것과 강력하게 일치한다. 뿐만 아니라 트라우마 희생자를 평가한 연구에 따르면, 외상 후 상태에서는 편도체 및 해마와 전전두엽 내측의 기능적 연결도 손상되는 것으로 나타났다.

외상 후 상태, 뇌전증, 뇌 손상은 부모가 낮은 길에 들어서는 경험보다 훨씬 더 극단적이다. 그러나 스트레스는 높은 길을 통합하는 전전두엽의 능력에 일시적인 변화를 일으켜서, 이렇게 만성적이고 극단적으로 나타나는 트라우마 상태와 같은 특징을 보이게 할 수 있다. 게다가 해결되지 않은 트라우마나 상처, 사회적 지지의 부족, 그 밖의 심리 사회적 스트레스 요인과 같은 특정 상황은 부모가 좀 더 쉽게, 그리고 깊게 낮은 길 상태로 빠지는 원인이 될 수 있다.

인간의 경험을 이해하기 위한 융합적 접근 방식은 이러한 과학적 발견을 바탕으로 우리 마음과 뇌에서 일어나는 일에 대한 관점을 제시한다. 이는 자녀 양육 시 우리 내면에서 일어나는 일을 좀 더 깊이 이해할 수 있도록 돕는다. 또한 우리가 불완전한 부모라는 생각에서 오는 죄책감과 수치심에 마비되어 '이성을 잃을 것 같은' 느낌을 이겨내는 데도 도움이 된다. 대신 우리는 자기 자신을 좀 더 연민 어린 마음으로 이해하고, 우리가 돌아오기를 기다리고 있는 아이들과 높은 길 상태에서 다시 연결되는 것이 얼마나 중요한지를 이해하는 방향으로 나아갈 수 있다.

Parenting from the inside out

8장

어떻게 끊어지고, 어떻게 다시 연결되는가? : 균열과 복구

부모가 아이들과의 소통에서 오해, 논쟁, 그 밖의 갈등을 겪는 것은 불가피하다. 이러한 갈등을 균열이라고 한다. 부모와 자녀는 서로 다른 욕구, 목표, 관심사 탓에 관계에 긴장감이 생길 때가 있다. 아이는 밤늦게까지 게임을 하고 싶어 하는데 부모는 자녀가 일찍 자기를 원한다. 이럴 때는 한계 설정의 균열이 일어날 가능성이 크다. 부모가 아이를 무섭게 대할 때 일어나는 균열은 그보다 더 위험하고 아이의 마음에 큰 스트레스를 준다.

다양한 유형의 균열을 피할 수 없긴 하지만, 이것들에 대해 알고 있으면 자녀와 협력적이고 바람직한 관계를 회복할 수 있다. 이처럼 관계를 재연결하는 과정을 복구라고 부른다.

회복 과정을 시작하려면 부모가 자신의 행동과 감정, 그리고 그것들이 어떻게 관계에 균열을 가져왔는지 이해할 수 있어야 한다. 장기간 단절되면 자녀의 성장에 해로운 수치심과 모욕감을 유발할 수 있다. 따라서 자녀와의 관계 균열이 일어나면 책임지고 재연결을 이루려고 노력해야 한다.

마음은 기본적으로 신호의 송수신을 통해 타인과 연결된다. 연결에 균열이 생기면, 특히 비언어적 신호의 연결이 끊어지면, 기본 감정이 상대방과 분리되어 더는 상대방의 마음 안에서 자신의 마음을 느끼지 못하고 표류할 수 있다. 상대방으로부터 느껴지고 있음을 인지하는 대신, 오해와 외로움이 생긴다. 중요한 사람과의 연결이 끊어지면 마음은 일관적이고 균형 있는 기능에 혼란을 경험한다. 인간는 정서적 안녕을 위해 서로에게 의지하도록 만들어졌기 때문이다.

때로는 자녀와의 관계가 긴장감으로 팽팽해질 때가 있다. 부모가 항상 아이를 좋아하거나 아이에게 긍정적인 감정을 느낄 수는 없다. 특히 아이들이 부모를 힘들게 할 때는 더욱 그렇다. 자신의 정서적 경험에 연민을 느낄 수 있으면 자녀와의 힘겨운 갈등을 자책하지 않고 좀 더 편안하게 받아들일 수 있다.

때로는 자녀에게 화를 냈다는 죄책감이 오히려 자녀와의 관계 균열을 인지하거나 돌보지 못하도록 방해한다. 안타깝게도 이러한 죄책감은 관계 회복의 시작을 막고 부모 자녀 사이의 골을 더욱 깊게 만들 수도 있다. 이러한 과정에 대한 자기 이해가 있으면 재연결을 향한 중요한 문을 열 수 있다.

자녀와 협력적으로 의사소통하고 정서적으로 연결되면서도 규칙과 한계를 제시하기는 쉽지 않다. 어떻게 해야 할까? 규칙과 연결 사이에서 균형을 유지하는 것이 우리의 기본 목표지만, 이를 언제나 온전하게 달성하기는 불가능하다. 부모가 자녀에 대한 죄책감과 분노 사이에서 흔들리는 자기감정의 균형을 유지하는 법을 배우면, 아이들에게도 양육과 한계를 모두 제공할 수 있다. 자기 자신에게 공감하고 친절하면, 아이에 대한 감정적 반응에 지나치게 동요하지 않을 수 있다.

이해만으로는 이러한 관계 균열을 막을 수 없다. 어떤 것들은 불가피하게 일어날 수밖에 없다. 유머와 인내심으로 인간성을 포용함으로써 친절하고 열린 마음으로 아이들과 관계 맺는 일은 이 세상 모든 부모가 풀어야 할 숙제다.

자신의 실수를 계속 자책하면, 감정적 문제에 휘말리고 자녀와의 관계가 끊어지게 된다. 행동에 책임감을 느끼는 것도 중요하지만, 이상적으로 행동하지 않는다거나 계속해서 발전하지 않는다는 이유로 자신을 비난해서도 안 된다. 아이들과 마찬가지로 우리도 지금 여기에서 할 수 있는 한 최선을 다하고 있고, 존중하는 의사소통 방식을 배우고 있다.

우리가 아무리 좋은 육아 원칙을 적용하더라도, 자녀와의 관계에서 오해와 균열은 필연적이다. 어떤 관계에서도 단절은 일어날 수 있다. 따라서 우리의 에너지를 자신을 비하하는 데 쓰기보다는, 어떻게 하면 자녀와 다시 연결될 수 있을지를 모색하고 그 시간을 학습의 기회로 삼는 것이 훨씬 바람직하다.

심호흡을 하고 긴장을 풀어라! 우리는 모두 평생에 걸쳐 배움을 이어 나간다.

* 가벼운 균열은 빈번하게 발생한다

부모와 자녀 사이는 항상 변한다. 때로는 반응적이고 협력적인 의사소통이 이루어지면서 부모와 자녀 모두 상대방으로부터 이해받고 있다고 느낀다. 이러한 조율과 유대는 기분이 좋다. 연결의 경험이 반복되면 타인의 존재를 긍정적으로 생각하게 되고, 상대방의 마음 안에 내가 있음을 느낄 수 있는 공명감이 생성된다.

[표 11] 단절과 관계 균열의 유형
• 진동적 단절Oscillating disconnections • 가벼운 균열Benign ruptures • 한계 설정의 균열Limit-setting ruptures • 파괴적 균열Toxic ruptures

그러나 이상적인 수준의 유대는 특성상 일관적으로 유지되기가 어렵다. 훌륭한 유대감도 끊어질 때가 있기 마련이다. 단절은 여러 형태를 띤다. 일상생활 속에서 부모와 자녀는 모두 연결과 고립에 대한 욕구가 왔다 갔다 진동하는 것을 느낀다. 인생은 이처럼 연결과 주체성 사이의 긴장으로 가득 차 있다. 조율된 부모는 변화하는 자녀의 욕구를 감지하여 때로는 자연스러운 분리가 일어날 수 있도록 거리를 두고, 자녀가 친밀감을 원할 때는 언제든지 다가올 수 있도록 곁에 있어 준다.

가끔은 연결에 대한 아이의 욕구가 귀찮게 느껴질 수 있다. 부모도 자기만의 시간을 갖고 싶기 때문이다. 그러나 부모는 자신을 위한 시간을 찾기 전에 먼저 어린 자녀에게 시간을 내어 주어야 한다. 아이가 좀 더 크면, 부모가 때로는 혼자 있고 싶어 한다는 것을 잘 이해하고 견딜 수 있게 된다. 아이 자신도 연결과 고립에 대한 욕구 사이에 경계가 있음을 좀 더 분명하게 경험하기 때문이다. 청소년기는 완전히 다른 이야기다. 그들은 부모로부터 분리되어 또래들과 더 많이 연결되고 싶어 한다.

혼자 있고 싶은 마음이 든다면, 마음을 아이에게 직접 표현하는 것이 낫다. 아이가 당신과 함께 있고 싶다고 조르는 것을 무시하거나 혼내기보다는 “지금은 엄마 혼자 있는 시간이 필요해. 그렇지만 10분 후에는 그 책을 읽어 줄게.”라고 말할 수 있어야 한다. 부모의 기분과 행동이 부모 자신의 욕구를 충족하기 위한 것이지 아이 때문이 아니라는 사실을 알려 주면, 부모가 혼자 있고 싶어 하는 것이 아이에 대한 거부가 아니라는 것을 아이가 경험할 수 있다. 부모의 욕구를 명확히 하지 않으면, 아이에게 화를 내거나 아이가 '너무 귀찮게 군다'고 생각하는 등 바람직하지 않은 방식으로 아이와 거리를 두게 된다.

다른 형태의 관계 균열로는 부모가 아이의 메시지를 이해하지 못해서 일어나는 균열이 있다. 부모는 아마도 다른 일에 신경 쓰느라 아이가 보내는 메시지에 관심을 기울이지 못했을 것이다. 또는 신호의 의미를 제대로 이해하지 못했을 수도 있다. 아이들은 자신의 마음속에 있는 것을 말로 정확히 전달하지 못할 때가 많다. 그리고 그렇게 모호한 메시지도 부모가 이해해 주길 바란다. 그러나 부모는 겉으로 드러나는 아이의 행동에만 집중하느라 더 깊은 의미를 놓치곤 한다.

한편 부모도 모순된 메시지를 전함으로써 아이들에게 혼란을 줄 수 있다. 부모도 자신의 마음을 정확히 말로 옮기지 못할 때가 많으며, 아이는 상충하는 신호에 숨어 있는 진짜 메시지를 가려내려 노력한다.

이 모든 상황이 가벼운 균열에 해당하며, 이는 아이들과의 생활에서 빈번하게 일어난다. 아이들이 흥분하거나 분노해 감정적으로 변하면 이해받고 싶은 욕구가 더 커진다. 이럴 때 아이들은 가벼운 균열조차도 유난히 아프게 느낀다. 아이들이 회복 탄력성과 활력을 키우고 유지하려면, 균열된 관계를 시기적절하고 세심하게 복구하는 것이 중요하다.

* 모호한 한계 설정은 균열을 만든다

부모가 생활에 규칙을 만들어 주면 아이들에게 도움이 된다. 아이들은 부모가 설정해 주는 한계를 통해 가족 및 더 큰 문화 안에서 어떠한 행동이 적절한지를 배운다. 한계 설정은 부모와 자녀 사이에 긴장감을 조성할 수 있다. 아이가 무언가를 하길 원하는데 부모는 그 행동을 허용해 줄 수 없으면, 한계 설정의 균열이 일어날 수 있다. 이러한 관계 균열은 자녀의 정서적 고통과 부모와의 단절감을 동반한다.

부모는 특정 행동을 하고 싶거나 특정 물건을 가지고 싶은 아이의 욕구를 모두 해결해 줄 수 없다. 이처럼 부모와 자녀 사이의 조율이 깨지면 아이가 괴로움을 느낄 수 있다. 만약 식사 전에 아이스크림을 달라고 하거나, 마트에 갈 때마다 장난감을 사 달라고 하거나, 식탁에 올라가려 하면, 부모는 한계를 설정해 주어야 한다.

한계 설정 경험은 아이에게 매우 중요하다. 이는 자기가 하고 싶은 행동이 안전하지 않거나 사회적으로 적절하지 않다는 것을 가정 내에서 배움으로써, 자기 자신을 건강하게 억제하는 감각을 발달시키는 것과 관련 있다.

"안 돼."라는 말을 들으면 아이는 자신의 욕구나 행동이 '잘못됐다'는 느낌을 받는다. 이때 부모는 아이의 충동을 좀 더 사회적으로 적절하고 안전한 방향으로 돌릴 수 있도록 도와야 한다. 한계 설정 상호작용에서도 아이와의 연결을 유지하는 핵심 열쇠는 부모가 아이의 기본 감정 상태에 주파수를 맞추는 것이다. 아이의 욕구를 실제로 들어 주지는 않더라도 아이가 느끼는 욕구의 본질을 반영하고 공감해 주는 것이 좋다. "아이스크림을 먹고 싶은 것은 알겠어. 하지만 곧 저녁을 먹어야 하니까 밥 먹고 나서 먹자." 부모가 이렇게 말해 주면, 아이에게는 "안 돼! 먹을 수 없어."라는 말을 듣는 것과는 완전히 다른 경험이 된다.

많은 경우, 아이의 욕구를 반영하고 공감하는 말은 아이가 자신이 원하는 바를 얻지 못했을 때 느끼는 좌절감을 이겨 내는 데 도움이 될 수 있다. 물론 부모가 아무리 지지적인 반응을 보여도 아이의 화가 풀리지 않고 자신의 욕구를 굽히지 않을 수도 있다. 그럴 때는 아이를 혼내거나 받아 주지 말고 내버려 두면, 아이가 자신의 불편함을 견디는 방법을 배울 기회가 된다.

부모가 져 주거나 아이의 불편한 감정을 없애려 노력함으로써 상황을 해결할 필요는 없다. 아이가 자신의 감정을 느끼고 자기가 원하는 것을 얻지 못하는 것이 힘들다는 사실을 이해할 수 있도록 내버려 두는 것이 그 순간에는 아이에게 가장 친절하고 도움 되는 일이다.

부모는 자녀와의 불만스러운 경험 또는 힘들었던 경험을 성찰함으로써 좀 더 효율적으로 육아하는 법을 배울 때가 많다. 다음의 이야기를 읽어 보면 한계 설정의 균열에서 엄마와 아이의 역학 관계를 이해하는 데 도움이 될 것이다.

아침 7시 반, 엄마는 주방에서 아침 식사를 준비하면서 머릿속으로는 오늘의 할 일 목록에 있는 여러 가지 일을 검토하고 있다. 네 살 아들 잭은 평소와 다름없이 기운이 넘친다. 아이는 냉장고 옆 구석에 쌓여 있는 바구니 위로 올라가기 시작했다. "거기 올라가지 마. 위험해. 거기서 뭐 하려고?" 엄마가 물었다. "부활절 잔디 꺼내려고요." 잭이 대답했다.

엄마는 부활절 바구니에 깔고 남은 잔디를 건드리는 게 싫어서 거기에 없다고 거짓말을 했다. 그러나 엄마가 거짓말을 하고 있다는 것을 안 잭은 "아뇨, 저기 있거든요!"라고 맞받아쳤다. 엄마는 거짓말을 했다는 사실이 미안해서 마지못해 잔디를 꺼내 주면서 이렇게 물었다. "이걸로 뭘 하게?" 잭은 잔디를 전부 꺼내더니 거실로 향했다.

"주방 밖으로 가지고 나가지 마. 엄마는 그게 집 안에 굴러다니는 거 싫어. 청소기에 걸릴 거야." 그러나 잭은 엄마 말을 무시했고, 엄마가 무섭게 이름을 부르자 그제야 주방으로 돌아왔다. "그냥 그런 척만 했던 거예요." 잭은 주방놀이 장난감 쪽으로 가더니 그 위에 잔디를 깔아서 꾸미기 시작했다.

아빠는 식탁에서 신문을 읽고 있었다. 몇 분 후 엄마가 들여다보니 이번에는 잭이 식탁을 꾸미고 있었다. 테이블 매트와 양념통마다 초록색 플라스틱 잔디가 올려져 있었다. 엄마는 잭이 어지럽혀 놓은 것을 자신이 치워야 한다는 생각에 엄한 목소리로 말했다. "식탁 위는 어지르지 말아라." 하지만 잭은 엄마 말을 무시하고 꾸미기를 계속했다. "부활절이 아닐 때는 갖고 노는 거 아니야." 엄마가 말했지만 잭은 계속해서 못 들은 척했다. "엄마 말을 듣지도 않네." 엄마가 꾸짖었다.

아빠가 옆에서 거들었다. "거기에 잔디를 놓으면 엄마가 화낼 거야." 하지만 잭은 아무 소리도 들리지 않는다는 듯 놀이를 계속했다. 결국 엄마는 머리끝까지 화가 나서 소리쳤다. "거기서 잔디 치워!" 아빠도 위협적인 어조로 잭의 이름을 불렀다. 엄마가 소리를 지르자 화가 난 잭은 웅얼거리며 대답했다. "아, 알았어요." 잭은 식탁에 있는 잔디를 걷어서 바닥에 던졌다.

이 무례한 행동에 화가 난 아빠는 자리에서 일어나 아이에게서 남은 잔디를 빼앗았다. "그만! 잔디는 더는 안 돼!" 아빠가 소리쳤다. 잭은 소리를 지르고 울면서 다시 잔디를 되찾으려 했다. "하지만 시키는 대로 했잖아요! 식탁에 있던 거 제가 다 치웠다고요!"

엄마, 아빠가 잔디를 빼앗느라 씨름하는 동안 집은 고성이 오가는 전쟁터로 변해 버렸다. 잭의 분노는 점점 더 격해졌다. 잔뜩 화가 난 엄마, 아빠는 부활절 잔디를 찬장에 집어넣어서 놀이를 강제로 끝내버리는 비효율적인 조처를 내렸다. 그날 오후 부모님이 집을 비운 사이, 잭은 시터에게 잔디를 갖고 놀게 해 달라고 졸랐다. "엄마가 허락했어요." 잭이 말했다.

어떻게 하면 이날 아침이 달라질 수 있었을까? 한 가지 분명한 해결책은 남은 잔디를 가지고 노는 것이 선택지가 될 수 없다면 애초에 그것을 치워 버리는 것이었다. 그러나 이미 일어난 일을 후회하기는 언제나 쉽다.

다만 이 시나리오가 좀 더 긍정적인 방향으로 흘러갈 수 있었을 만한 의사소통 방식은 있었다. 예를 들어 다음과 같은 대처가 가능했다. 먼저 엄마가 처음부터 잔디가 냉장고 위에 있다는 것을 사실대로 말한 후 바로 한계를 설정해 줄 수 있었다. "그래, 부활절 잔디가 거기에 있어. 하지만 지금은 안 돼. 아침을 먹고 난 후에 갖고 놀 계획을 세워 보는 게 어떠니?"

만약 엄마가 다가올 곤경을 예측하지 못한 채, 거짓말을 했다는 미안함에 이미 잔디를 줘 버린 후라면 어떨까? 그럴 때는 일이 커지기 전에 식사 준비를 멈추고 먼저 상황을 정리했어야 했다. "잭, 지금은 안 돼. 아침 식사 전까지 잔디는 안 된다고 말했어야 했는데! 지금 당장 치울 테니, 나중에 어디서 갖고 놀아야 집이 엉망이 되지 않을지 생각해 보렴." 더 일찍 한계를 설정해 줬다면 무섭게 윽박지르거나 아이가 기싸움을 하도록 자극하지 않고도 효율적으로 대처할 수 있었을 것이다.

갈등이 심해진 상황에서도 다른 선택지를 상상해 볼 수 있다. 부모가 어떻게 달리 말하거나 행동할 수 있었을까? 정해진 답은 없지만, 여러 선택지가 있을 것이다. 중요한 것은 아이에게 말로 대응하고 겁주기보다는 행동을 취해야 한다는 것이다. 이야기에서 나타나듯, 잭은 어디까지가 괜찮은지를 알기 위해 한계를 계속 넓혀 나갔다. 부모의 한계 설정이 양면적이고 엄마의 메시지에 명확성과 일관성이 부족했기 때문이다. 엄마가 자신의 진짜 의도가 무엇인지 알아내 보라고 독려하는 듯한 혼란스러운 신호를 주었기 때문에 잭이 계속해서 한계를 시험한 것이다.

이 장면을 재구성하여 다른 선택지를 생각해 보고 가능한 결과를 예상해 보는 것은 흥미로운 연습이 된다. 당신의 아이를 대입해서 당신이 크게 화를 냈고 그 결과가 만족스럽지 않았던 상황을 생각해 보는 것도 좋다. 아이가 왜 그렇게 반응했는지, 그리고 더 긍정적인 방향으로 에너지를 전환하려면 어떻게 해야 했었는지를 생각해 보라.

자기 자신을 점검해야 내가 원하는 한계와 전달하고 싶은 메시지를 좀 더 명확하게 알 수 있다. 한계 설정은 자신은 물론 아이들에게도 존중을 보여 주는 방식이며, 아이에게 화를 내기 전에 한계를 명확히 설정하는 것이 훨씬 효과적이다.

* 파괴적 균열이 일어나면 반드시 복구해야 한다

부모와 자녀 사이에 강한 고통과 절망적인 단절을 수반하는 관계 균열은 아이의 자아에 해로운 경험이 될 수 있으므로 '파괴적 균열'이라고 부른다. 이러한 마찰의 순간에 아이들은 자신이 거부당했다고 느끼거나 끝없는 외로움을 느낄 수 있다. 부모가 자신의 감정을 주체하지 못하고 아이에게 소리 지르거나 욕하거나 위협적인 행동을 하면 파괴적 균열이 생길 수 있다.

파괴적 균열은 부모가 낮은 길에 들어설 때 자주 일어난다. 낮은 길 상태에 있는 사람은 유연하고 반응적인 의사소통을 할 수 없다. 파괴적 균열이 일어나면 아이들에게 압도적인 수치심을 주게 된다. 수치심을 느끼면 생리적 반응이 나타난다. 배가 아프거나, 가슴이 묵직하거나, 눈을 피하고 싶은 충동을 느낀다. 몸이 움츠러들고 위축되며 자기 자신을 나쁘고 결함 있는 존재로 생각하기 시작한다.

부모에게 남겨진 문제 또는 해결되지 않은 문제가 있으면 자녀와의 관계에서 파괴적 균열이 나타나기 쉽다. 부모는 낮은 길 상태에 깊이 빠져들 수 있으며, 만약 부모가 파괴적 균열을 인지하더라도 스스로 평정심을 찾기 전까지는 복구하기가 어렵다. 평정심을 되찾기 위해서는 부모가 자녀와의 상호작용에서 벗어나는 것이 필요하다. 반드시 물리적인 거리를 둬야 하는 것은 아니지만, 평정심을 찾기 위한 정신적 공간을 확보하는 것이 중요하다. 만약 부모가 계속 낮은 길에서 자녀와의 상호작용을 시도하면, 감정적으로 대응하기 쉽고 부모의 남겨진 문제로 인해 효과적으로 양육하기가 어려워질 것이다.

파괴적 균열이 지속적이고 빈번하게 일어나면 아이의 자아의식 성장에 상당히 부정적인 영향을 미칠 수 있다. 따라서 아이의 자라나는 정체성이 손상되지 않도록 적시에 효과적인 방식으로 균열을 복구해 주는 것이 중요하다.

일단 부모가 마음을 가라앉히고 상황을 성찰할 수 있으면 이미 낮은 길 상태는 벗어난 것이다. 자신이 자녀에게 상처 주고 겁주었다는 사실을 인정하기는 쉽지 않다. 그러나 할 수 있다. 자신이 통제 불능 상태였다는 사실에도 거부감이 들 것이다. 이러한 거부감은 자녀와의 관계에 파괴적 균열을 가져온 자신의 책임을 부인하는 것으로 이어질 수 있다. 부모는 행동에 책임을 지는 것이 중요하다. 복구 프로세스에서 중요한 것은 부모가 관계의 단절을 가져온 자신의 역할을 인정하는 것이다.

"네가 저녁에 늦게 들어온 이유를 들어 보지도 않고 소리 질러서 미안해. 밖이 점점 어두워지고 있어서 네게 무슨 일이 생겼나 걱정했었나 봐. 그렇게 소리 질러서 너를 무섭게 하려던 것은 아니었단다. 내가 너무 지나쳤어. 네 말을 먼저 들어 보고 그다음에 내 걱정을 말했어야 했는데 말이야."

갈등에 대한 내면의 정서적 경험을 함께 성찰해 보는 것은 부모와 자녀 모두에게 중요하다. 이러한 성찰은 균열을 복구하는 데는 물론, 부모가 통제 불능한 낮은 길 상태에서 한 행동을 고스란히 받아 내면서 아이가 느낀 수치심과 굴욕감을 치유하는 데도 효과적이다.

내면의 경험에 대한 부모 자녀 간의 성찰적 대화는 관계 균열에 의해 만들어진 마음의 요소에 초점을 맞춘다. 이런 식으로 부모는 자신은 물론 자녀의 내적 경험과 반응도 돌이켜 볼 수 있다. 결국 목표는 부모와 자녀가 새로운 수준의 조율을 달성함으로써 서로 이해받고 있고 연결되어 있음을 느끼고, 존엄성을 회복하여 자신과 타인을 사랑할 수 있게 되는 것이다.

물론 되도록 파괴적 균열을 피하는 것이 좋겠지만, 이미 일어났을 때는 그것을 스스로 통찰하고 서로 간의 이해도를 높이는 기회로 삼을 수 있다. 복구 과정에서 아이들은 관계가 다시 연결될 수 있음을 배우고, 부모와의 새로운 친밀감을 느낄 수 있다.

* 수치스러운 경험이 방어기제를 만든다

파괴적 균열의 핵심에는 압도적인 수치심이 있을 때가 많다. 자녀의 행동에 긍정적인 영향을 미칠 수 없다는 무력감은 좌절감, 굴욕감, 분노와 같은 감정의 홍수로 이어진다. 스스로가 문제 있는 사람이라는 생각은 수치심을 동반하며 이는 유년기 경험과도 관련 있다. 어린 시절 제대로 이해받지 못하고 학대받았던 기억은, 균열이 생긴 관계의 멘털 모델과 내면에서 생성된 수치심으로부터 자신을 방어하려는 자동 반사 현상을 불러일으킨다. 감정과 방어의 눈사태에 사로잡힌 부모는 낮은 길에 빠져 아이들의 욕구를 쉽게 파악하지 못한다. 그러한 상태에서는 협력적이고 반응적인 의사소통을 할 가능성이 희박하다.

수치심을 느끼는 상태에서 부모는 과도하게 주변 사람의 의견을 신경 쓰고 머릿속이 옳고 그름에 대한 생각으로 가득 찬다. 아이가 공공장소에서 잘못 행동하면, 아이 행동의 의미를 이해하고 효과적으로 훈육하려 하기보다는 낯선 사람들의 반응에 더 집중한다. 남들 보기에 부끄러워서 아이를 더 엄하게 혼내고 아이의 정서적 욕구에는 귀 기울이지 않는다. 수치심에 사로잡힌 부모는 아이가 보내는 신호를 받아들이기 어렵다. 특히 자신이 무능하고 부족하다는 평가를 받고 있다는 생각에 더욱 취약해진다.

만약 스스로 생각하기에 내가 다른 사람들의 기대만큼 아이들을 통제하지 못한다고 느끼면, 자신의 무능함에 수치심을 느끼기 시작한다. 어떤 사람들에게는 이러한 수치심이 남겨진 문제를 자극하여 과거의 경직된 패턴을 활성화하기도 한다. 수치심에 맞서기 위해 일련의 방어기제가 터져 나오면 우리는 낮은 길로 들어선다.

방어기제는 혼란스러운 감정에 대한 인식을 차단함으로써 스스로 균형을 유지하려는 자동적인 정신 반응이다. 이 경우 수치심에 대한 초기 적응 패턴에는 우리의 의식적인 마음이 유년기에 겪은 고통스러운 정서적 경험을 인지하지 못하도록 막는 방어기제가 포함되어 있을 수 있다. 이러한 일련의 방어기제를 수치심 역학Shame dynamic이라고 한다. 이것이 활성화되면 우리는 의식적인 마음으로부터 수치심을 계속 숨기기 위한, 오래된 반응 패턴의 급류에 삼켜질 수 있다. 이러한 반응은 과거로부터 이어진 것인 한편, 수치심이라는 두려운 감정을 인지하지 않으려는 현재의 노력이기도 하다.

모든 방어기제와 마찬가지로, 수치심 역학은 우리가 의식 또는 의도하지 않은 상태에서 일어난다. 복잡한 마음은 일상적인 기능을 방해하는 파괴적인 생각과 감정을 최소화하기 위해 이러한 자동 프로세스를 활용한다. 역학을 인지하면 삶을 살아가는 방식을 바꾸고 자신을 알아갈 기회를 얻을 수 있다.

수치심은 또한 아이가 파괴적 균열을 겪는 주요한 원인이 될 수도 있다. 감정이 격해졌을 때 느끼는 단절감은 생물학적으로 자동으로 수치심 상태를 유발한다. 이는 연결이 간절하게 필요한 때에 일어난 단절에 대한 자연스러운 반응일 수 있다. 관계에 균열이 생긴 상태가 오래 이어지면, 수치심이 독이 되어 아이의 자아의식에 해를 끼친다.

부모의 분노로 단절이 일어나면 아이는 수치심과 모욕감을 모두 느낀다. 그러면 타인을 거부하고, 극심한 정서적 고통을 느끼고, 자신에게 무언가 결함이 있다는 인지적 믿음을 갖게 된다. 경직된 방어기제가 발달하여 아이의 성격 발달에 직접적인 영향을 미칠 수도 있다. 관계가 균열된 경험이 복구되지 않은 채 지속되고 반복되면 아이는 성장하는 마음에 상처 입는다.

어린 시절 복구 과정 없이 파괴적 균열을 반복적으로 경험하면 의식하지 못할 때도 수치심이 기능한다. 타인과 의사소통할 때 갑작스러운 감정 변화가 일어나는 것은 방어기제가 활성화되었음을 나타내는 것이다. 취약함 또는 무력감을 느끼면 어린 시절 수치심으로부터 자신을 보호하기 위해 구축해 둔 방어기제를 자극한다. 이러한 방어기제는 육아 방식에도 영향을 미친다. 효과적인 육아 능력을 저해하는 수치심 역학의 복잡한 메커니즘을 푸는 데는 성찰이 중요하다.

자녀와의 소통에서 균열이 발생했음을 알리는 신호는 미묘하거나 극단적일 수 있다. 극단적인 형태의 관계 균열은 아이가 위축되거나 공격적인 반응을 보이는 것으로 이어진다. 미묘한 형태의 관계 균열은 아이가 고개를 돌리거나 눈을 피하는 모습으로 나타난다. 목소리 톤이 바뀌거나 매사에 심드렁해지는 등의 변화도 부모와 자녀가 수치심 상태에 있음을 반영하는 것일 수 있다. 아이나 부모가 논쟁의 특정 측면에만 집중하고 상대방과의 온전한 소통에는 마음을 열지 않는 모습을 보일 수도 있다. 상대방이 자신에게 귀 기울이지 않는다고 느낄 때 아이와 부모는 모두 본인의 관점을 더욱 고집하게 되고, 그렇게 시작되는 논쟁은 깊은 단절로 이어진다.

남겨진 문제에는 단절이라는 주제가 포함될 수 있으며, 이는 격한 감정 상태에서 특히 더 쉽게 활성화되고 부모가 낮은 길에 들어갈수록 악화된다. 그러면 부모와 자녀는 모두 상대방이 자신을 무시하고 자기 말을 듣지도, 이해하지도 못한다고 느끼는 피드백 루프에 빠지게 된다.

* 노력으로 관계를 복구할 수 있다

복구는 대개 부모가 평정심을 찾는 과정으로 시작되는 상호적인 경험이다. 부모가 여전히 분노에 차 있고 낮은 길에 있으면, 복구 프로세스는 작동되기 어렵다. 상호적인 복구 프로세스를 시작하기 전에 부모는 먼저 높은 길에 재진입하기 위한 시간을 가져야 한다. 부모가 마음을 챙기고 평정심을 찾아야만 중요하고도 필수적인 재연결 과정을 시작할 수 있다. 부모가 화를 내거나 그 밖의 방식으로 무섭게 대하는데 아이가 먼저 부모와의 연결을 시도하기는 어렵다.

단절, 특히 감정이 격해지고 연결이 필요한 순간에 단절되는 경험은 수치심을 불러일으킨다는 사실을 기억하라. 이 때문에 부모와 자녀 모두에게 복구는 어려운 과정이며, 그냥 방치되는 경우가 많다. 어떤 부모는 불편했던 상호작용과 자신의 감정을 그냥 넘기고 싶어서 마치 그러한 관계 균열이 일어난 적 없는 것처럼 행동한다. 그러면 아이는 자신의 감정으로부터 더 큰 단절감을 느끼게 된다.

만약 부모가 어린 시절에 복구되지 않은 파괴적 균열을 경험했더라도, 그러한 관계 균열을 그냥 잊고 싶은 본능적인 충동을 지금이라도 바꿀 수 있다. 파괴적 균열을 부정하는 것은 수치심을 느낀 어린 시절 경험을 둘러싼 남겨진 문제를 제공할 수 있다. 이제 당신은 정서적 문제를 치유하고 아이들에게 감정적으로 풍부한 경험을 선물할 기회를 얻었다. 육아의 가장 힘든 순간과 문제가 두려운 짐이 아닌 성장과 개선의 기회가 될 수 있다. 관계 균열과 회복의 경험은 친밀감과 회복력을 구축한다.

복구 프로세스를 시작하려면 부모가 어떻게 평정심을 찾아야 할까? 먼저 정신적으로, 필요하다면 물리적으로도 거리를 약간 둠으로써 갈등을 일으킨 상호작용을 바라보는 관점을 확보하는 것이 중요하다. 모든 균열이 즉각 해결될 수는 없다. 사람마다 사건과 그에 대한 감정을 처리하는 데 걸리는 시간이 다르다. 상호작용으로부터 한 발 떨어져 시간을 갖는 것이 중요하다.

크게 심호흡하고 균열에 대한 생각을 멈춤으로써 마음을 편안하게 하는 것도 평온하고 차분한 마음 상태를 만드는 데 도움이 된다. 분위기를 전환하고 아드레날린으로 인한 에너지를 해롭지 않은 방식으로 쓰기 위해 신체 활동을 하는 것도 좋다. 몸을 움직이면 기분을 바꾸고 상황에 대한 새로운 시각을 얻을 수 있다. 야외로 나가서 자연 속에 있는 것도 마음을 차분하게 하는 효과가 있다. 물이나 차를 마시거나 물리적 장소를 바꾸는 것도 낮은 길에 갇힌 상태에서 벗어나는 데 종종 효과가 있다.

마음이 좀 더 차분해지고 어느 정도 이성을 되찾으면, 이제 아이와 재연결할 방법을 생각해 본다. 섣불리 이 단계로 넘어가지 않도록 주의하라. 마음의 먹구름이 걷히기 전까지는 통제 불능의 상태가 되기 쉬우며 순식간에 다시 낮은 길로 미끄러질 수 있기 때문이다. 낮은 길에 있는 동안에는 아이에게 나중에 후회할 말이나 행동, 높은 길에서는 절대 하지 않을 말이나 행동을 할 수 있다. 낮은 길에 있을 때는 가급적 아이를 건드리지 않도록 한다. 분노의 감정이 당신의 손을 통해 표현될 수 있으며, 마음이 충동을 억제하는 것보다 빠르게 해로운 행동으로 이어질 수 있기 때문이다. 만약 당신의 분노가 물리적인 형태로 아이에게 표출되면, 복구 프로세스는 훨씬 더 어렵고 복잡해지며 적시에 이루어져야 할 필요성도 더욱 커진다.

일단 높은 길로 다시 돌아오면, 아이에게 어떻게 다가갈지 고민하라. 자신의 남겨진 문제가 무엇인지, 왜 이것이 활성화되었는지를 생각해 본다. 이러한 문제를 살펴볼 때는 두 가지에 초점을 맞춰야 한다. 자신의 정서적 응어리를 이해하는 한편, 아이의 경험과 신호와도 조율해야 한다. 아이에게 재연결을 시도할 때 아이가 거부하더라도 다시 낮은 길 상태로 빠지지 않으려면 두 가지 모두에 초점을 맞추는 것이 중요하다. 자신과 아이의 타이밍을 모두 존중해야 한다.

마음을 가라앉히고 평정심을 되찾으면, 자신의 어린 시절 문제에 대해 생각해 본다. 지금의 상호작용이 어떻게 당신 인생의 특정 주제를 활성화했는가? 아이의 반응이 당신에게 낮은 길로 들어가는 트리거가 된 이유가 무엇인가? 아이의 관점에서 상호작용을 보려고 노력하라. 아이 입장에서는 지금의 상호작용과 단절이 어떻게 다가왔을까? 아이들이 얼마나 작고 여린지, 단절의 경험이 아이들에게 얼마나 무섭고 강하게 느껴질지를 부모는 쉽게 잊곤 한다. 아이들, 특히 아주 어린 아이들은 이러한 단절이 장기간 지속되면 버려졌다는 기분과 스트레스를 견디지 못한다. 따라서 부모가 최대한 빨리 재연결하려고 노력하는 것이 중요하다.

부모가 이성을 잃고 행동한 자신의 모습에 분노를 느끼면 복구를 위한 노력에 방해가 된다. 아이의 감정적 반응에 대한 부모의 방어기제 때문에 아이의 재연결 욕구를 부모가 보지 못할 수 있다. 어떤 부모는 자신의 나약함이나 연결에 대한 정서적 욕구를 증오해서 이러한 감정을 아이의 행동에 대한 강한 분노로 아이에게 투사하기도 한다. 이처럼 부모의 남겨진 문제는 복구 프로세스에 걸림돌이 될 수 있다.

* 복구 과정을 시작하는 것은 부모의 역할이다

효과적인 복구 프로세스의 핵심은 자신과 자녀의 경험에 모두 초점을 맞추는 것이다. 이러한 이중 초점을 유념하면 상호적인 복구 프로세스를 시작할 수 있다. 자녀와 신체적인 거리를 맞추면 관계를 다시 연결하는 데 도움이 된다. 어린아이들은 대부분 부모와 가깝게 있기를 원한다. 반면 큰 아이들은 약간의 거리를 유지한 채 복구 프로세스를 시작하고 싶어 한다.

혹시 아이가 재연결을 요청하지 않거나 단절에 대한 문제를 언급하지 않더라도, 부모로서 강압적이지 않고 공감하는 태도로 복구 프로세스를 시도하는 것이 중요하다. 아이마다 성향이 다르므로 낮은 길 상태 또는 통제불능의 상태에 있는 방식도 각각 다르게 나타난다. 어떤 아이들은 회복하는 데 오랜 시간이 걸리고, 어떤 아이들은 빠르게 회복한다. 아이들은 대개 부모가 먼저 손을 내밀어 주기 전까지는 회복하지 못하는 경우가 많다.

아이가 관계 균열을 처리하고 재연결하는 방식을 파악하고 존중해 주어야 한다. 타이밍이 중요하다. 당신이 손을 내밀었는데 아이가 거부하는 것처럼 느껴지더라도 포기해서는 안 된다. 아이는 부모와 따뜻하고 긍정적인 관계로 다시 돌아가길 원한다. 복구 프로세스를 시작하는 것은 부모의 역할이며, 따라서 재연결을 시도할 다른 시기를 찾아야 한다. 이중 초점을 염두에 둔 채 관계 균열의 경험을 중립적으로 다루는 것도 유용하다. "이렇게 다툰 것은 너에게도, 엄마에게도 너무 힘든 일이었어. 엄마는 정말로 우리가 서로에게 마음을 풀었으면 좋겠어. 같이 대화해 보자."

당신과 아이는 각자 사건을 바라보는 관점은 달라도 단절의 경험을 함께 공유했다. 비난을 끼워 넣으면 화해가 일어날 수 없다. 부모로서 당신은 자신의 행동에 책임감을 느껴야 하고 자신의 내적 문제를 알아야 한다. 재연결하고 싶은 마음을 전하고 서로에게 가졌던 어려움을 인정하고 나면, 아이의 기분과 생각에 귀를 기울여야 한다. 추궁해서는 안 된다. 아이의 대답을 평가하고 싶은 마음을 억눌러야 한다. 그냥 들어주어라. 아이의 관점에 마음을 열어라. 변명할 필요도 없다. 당신의 경험을 공유하기 전에 아이의 경험이 어땠는지 들어 본다. 아이의 이야기를 어떻게 들었는지 되짚어 줌으로써 아이에게 주파수를 맞춰라. 지각적 내용은 물론 정서적 경험의 의미에도 주의를 기울여라.

고성, 욕설, 물건 던지기 등과 같은 관계 균열의 파괴적 측면을 이야기할 때는, 사람은 누구나, 심지어 부모조차도 때로는 이성적으로 행동하지 못하고 이성의 끈을 놓을 때가 있다고 알려 주는 것이 중요하다. 사람은 일시적으로 이성을 잃었다가 돌아오곤 한다. 아이들이 사람의 본성, 마음, 파괴적 균열의 본질을 이해하려면 이러한 이야기를 들어야 한다. 이를 이해하지 못하면 아이들은 공포스러운 균열의 경험으로부터 일관성 있는 이야기를 구성하지 못한다.

나이와 기질에 따라서도 관계 균열에 대한 내성과 회복을 위한 노력이 다르게 나타난다. 영유아들은 특히 파괴적 균열에 취약하며, 균열이 일어났을 때 사건을 처리할 수 있는 기술이 부족하다. 미취학 아동은 부모의 낮은 길 상태에 혼란스러움과 돌발 행동으로 반응하며, 좀 더 비언어적으로 달래 주려는 노력이 필요하다. 자신이 경험한 균열을 일관성 있는 이야기로 통합할 수 있도록 역할놀이, 인형 놀이, 스토리텔링, 그림 등과 같은 도구를 사용해 도와야 한다. 더 큰 아이들은 있었던 사건을 말로 논의할 수 있으며, 부모의 행동에 대한 자신의 경험과 반응을 탐구하는 데 개방적일 수 있다.

* 액셀과 브레이크의 균형을 유지해야 한다

부모가 자녀와 소통하는 방식은 아이들이 자신의 감정과 충동을 조절하는 법을 배우도록 도와준다. 앞에서 전전두엽이라는 뇌의 중요한 영역이 자기 인식, 관심, 정서적 소통과 같은 중요한 작용을 조율하는 데 도움을 준다는 사실을 살펴봤다. 전전두엽은 또한 감정을 조절하는 과정에서도 중요한 역할을 한다. 전전두엽의 한 부분은 뇌의 세 가지 주요 영역과 직접적으로 연결되는 위치에 있으면서 ① 추론, 복잡한 개념적 사고 등과 같이 높은 수준의 사고 과정을 처리하는 신피질 ② 뇌의 가운데 있으면서 동기와 감정을 만들어 내는 변연계 ③ 신체에서 입력된 정보를 받아들이고 수면 주기 및 경계·각성 상태의 조절, 본능 등과 같은 기본적인 작용에 관여하는 뇌간 구조의 기능을 조율한다.

전전두엽은 심장, 폐, 장과 같은 신체 기관을 조절하는 신경계의 가장 윗부분에 있다. 많은 학자들이 이러한 신체 기관에서 보내는 신호가 뇌로 전달되어 우리의 기분을 결정한다고 생각한다. 전전두엽은 이러한 신체 시스템으로부터 신호를 받을 뿐만 아니라 최고 운영 책임자 역할을 하면서 그것들의 기능을 조절하는 것으로 밝혀졌다. 전전두엽은 자율신경계의 교감신경계(액셀)와 부교감신경계(브레이크)를 통제한다. 액셀이 활성화되면 심장 박동이 빨라지고, 폐가 더 빨리 호흡하며, 장이 꿈틀대기 시작한다. 브레이크가 걸리면, 반대 반응이 일어나고 몸이 더 차분해진다. 액셀과 브레이크의 균형을 유지하는 것은 건강한 감정 조절의 핵심 열쇠다.

사람이 무언가에 흥분하면 액셀이 활성화되고, 안 된다고 말하면 브레이크가 걸린다. 이를 보여 주는 실험을 집에서도 해 볼 수 있다. 친구나 지인에게 자리에 앉아서 눈을 감으라고 한다. 그냥 조용히 앉아서 몸에서 일어나는 감각을 관찰하라고 말한다. 이제 "안 돼."라는 말을 천천히 또박또박 다섯 번 반복한다. 잠시 기다렸다가 몸에서 어떠한 반응이 일어나는지 느껴 보라고 한다. 이번에는 "좋아."라는 말을 천천히 또박또박 다섯 번 반복한다. 잠시 기다렸다가 반응이 어떤지 물어본다. 많은 사람들이 "안 돼."라는 말을 들으면 몸이 무거워지고, 위축되고, 뭔지 모를 불쾌감을 느낀다. 반면 "좋아."라는 말을 들으면 일반적으로 기분이 좋아지고, 신나고, 평온해진다.

이처럼 "좋아."는 액셀을, "안 돼."는 브레이크를 활성화하는 것으로 생각된다. 육아에서 우리는 한계 설정이 필요한 상황을 자주 직면한다. 아이들은 특히 생후 12개월이 지나면서부터 부모에게 "안 돼."라는 말을 많이 듣는다. 생후 18개월이 되면 주변을 탐색하는 데 흥미를 느끼고 자신의 욕구를 행동으로 옮길 수 있는 운동 능력까지 생긴다. 아이는 당연히 위험할 수 있는 무언가를 탐구하고 싶어 하지만, 부모는 거기에 한계를 설정하려 할 것이다. 부모가 제한을 걸면 아이 뇌의 액셀이 활성화된 상태에서 브레이크를 밟는 것과 같다. 이상적인 상황이라면 브레이크가 아이의 행동에 제동을 걸면서 액셀이 풀리고 아이는 부모의 말을 따를 것이다.

순전히 뇌 기능 측면에서만 보면, 액셀이 활성화된 상태에서 브레이크를 밟으면 눈을 피하게 되고, 가슴이 답답하고, 기분이 가라앉는 신경계 반응으로 이어진다. 이는 수치심을 느낄 때 나타나는 반응과 유사하다. 일부 연구원들은 이처럼 한계를 설정하기 위한 "안 돼."라는 말이 유발한 수치심을 건강한 수치심이라고 부른다. 이는 해로운 수치심과 모욕감과는 다르다. 아이들은 감정의 클러치를 발달시킴으로써 자신의 행동을 조절하는 방법을 배운다. 전전두피질에 위치한 감정 클러치는 브레이크가 걸리면 액셀을 풀고 자신의 관심을 좀 더 수용 가능한 방향으로 바꾸는 역할을 한다. 아이들은 자신이 원하는 것이 가끔은 허용되지 않을 때도 있으며, 그럴 때는 에너지를 다른 곳으로 돌려야 한다는 것을 배운다.

이토록 중요한 한계 설정 경험을 하지 못한 아이들은 감정 클러치가 덜 발달할 수 있다. 그러나 감정 클러치는 반응 유연성의 기본 요소다. 나쁜 부모가 되고 싶은 않은 부모는 종종 한계 설정을 하지 않고, 그러면 아이들은 이처럼 중요한 발달을 경험할 기회를 얻지 못한다. 이러한 아이들의 감정 클러치는 자신의 에너지를 생산적인 방식으로 돌릴 수 있을 만큼 발달하지 못한다.

부모의 역할 중 하나는 아이들이 만족을 지연시키고 충동을 조정할 수 있도록 브레이크와 액셀을 균형 있게 조절하는 능력을 발달시켜 주는 것이다. 즉 아이들이 "안 돼."라는 말을 듣고도 자기에 대한 믿음과 정신을 유지하는 법을 배워야 한다는 뜻이다. 이는 감성 지능을 이루는 핵심 요소다.

아이가 장난감을 던지거나 주방 조리대에 올라가는 것을 재밌어한다면 "안 돼."라고 말해야 한다. 브레이크를 밟는 것이다. 이때 부모는 아이의 에너지와 놀고 싶은 욕구를 부모와 아이가 모두 만족할 수 있는 방향으로 돌려야 한다. "밖에 나가서 공을 갖고 노는 게 어떠니? 공을 아주 멀리 던질 수 있을 것 같은데!" 또는 "조리대에는 올라가는 거 아니야. 하지만 밖에 나가서 그네를 탈 수는 있지. 그네를 타고 높이 올라가면 아주 멀리까지 잘 보일 거야."라고 말한다.

던지고 싶고 높이 올라가고 싶은 아이의 욕구에 부모가 귀 기울이면, 아이의 액셀이 다시 활성화된다. 브레이크가 꺼지고, 액셀은 사회적으로 적절한 활동을 하며 놀 수 있도록 방향을 튼다. 한계를 설정해 주고, 허용 가능한 행동의 경계를 명확히 정해 주고, 규칙을 제공해 주면 아이들은 안전함과 안정감을 느끼는 중요한 경험을 할 수 있다.

이처럼 필수적인 "안 돼."를 경험하는 것은 스스로 브레이크를 밟고 자신의 에너지를 다른 방향으로 돌릴 수 있는 자기 조절 능력을 발달시키는 기회가 된다. 자기 조절 능력을 키울 기회를 얻지 못한 아이들의 감정 클러치는 종종 환경에 유연하게 적응하지 못하는 모습으로 나타난다. 이러한 아이들은 "안 돼."라는 말을 들으면 화내고 짜증 부린다. 전전두엽이 클러치를 다루지 못하기 때문에 유연하게 반응하지 못하는 것이다. 이어지는 떼쓰기와 분노 반응은 아이와 부모 모두를 지치게 한다.

부모는 아이들이 액셀과 브레이크를 균형 있게 사용할 수 있도록 감정 클러치를 조절하는 법을 가르쳐야 한다. 그러기 위해서는 부모가 한계를 설정했을 때 아이가 경험하는 긴장과 불편함을 견딜 수 있어야 한다. 만약 아이가 심통 부리는 모습을 부모가 견디지 못한다면,

그 아이는 감정 조절 방법을 배우기가 어렵다. "안 돼."라고 한계를 설정한 뒤에는 부모가 단호하고 차분한 모습을 보이는 것이 가장 바람직하다. 아이를 달래려고 매번 항복하고 아이가 원하는 바를 들어주면, 브레이크를 밟고 행동 방향을 바꾸는 건강한 능력을 발달시키는데 도움이 되지 않는다.

매번 말로 이유를 설명해 주는 것도 좋지 않고, 그럴 필요도 없다. 논리적인 이유에만 치중하면 끝없는 논쟁과 협상을 하게 되고, 아이들은 자기가 합리적인 주장을 하면 부모님이 항상 자기가 원하는 대로 들어줘야 한다고 생각하게 된다. 때로는 "안 돼, 엄마는 허락할 수 없어." 또는 "네 기분이 어떤지는 알겠지만, 엄마 마음은 바뀌지 않을 거야."라고만 말하는 것도 괜찮다. 우리의 결정을 항상 설명해 줄 필요도 없고, 우리가 하는 모든 행동에 이유를 알려 주고 거기에 아이들이 즉각 동의해 주기를 기대할 필요도 없다.

만약 "안 돼."라는 말에 불평하는 아이에게 언성을 높이고 소리를 지른다면, 해로운 수치심과 모욕감을 주게 될 것이다. 해로운 수치심을 경험한 아이는 부모로부터 이해받지 못하고 단절되었다고 느낀다. 아이의 충동이 단지 잘못된 방향을 향했을 뿐인데, 그것을 다른 방향으로 돌려 주는 대신 아이의 충동을 '나쁜' 것처럼 만들어 버린다.

만약 아이가 부모의 분노까지 경험한다면, 아이의 전전두엽은 브레이크("안 돼."로 인한 반응)와 액셀(부모의 분노에 대한 반응)을 동시에 밟게 된다. 이는 마치 차를 운전하면서 액셀과 브레이크를 동시에 밟는 것과 마찬가지로 위험한 상황이다. 아이의 감정 클러치가 브레이크를 밟을 때 액셀을 풀지 못하면 '유아적 분노' 상태에 이른다. 회로에 과부하가 걸리고 아이는 빠르게 낮은 길 상태로 빠져든다. 때로는 부모에게도 이러한 과부하와 낮은 길 상황이 일어날 수 있다.

* 장난감 가게에서 싸움이 일어나다

다음은 대니얼이 자신의 아이와 겪은 관계 균열과 복구에 관한 이야기다.

나는 열두 살 아들이 비디오 게임 세트에 추가하고 싶어 했던 하드웨어를 사기 위해 아들과 장난감 가게에 가기로 했다. 그날은 아주 중요한 회의 직전에 잠시 동안만 시간이 났고, 30분 만에 가게에 다녀와야만 했다. 시간이 촉박해서 부담스럽고 불안했지만, 아이가 실망하는 것을 원치 않아서 미뤘어야 할 외출을 수락하고 말았다.

우리는 점심 식사도 건너뛰고 가게로 가서 원하던 물건을 찾았다. 점원이 20달러짜리 물건을 가져오는 동안, 아이는 새롭게 발매된 소프트웨어를 둘러보다가 아주 비싼 새 야구 비디오 게임을 발견했다. 나는 시간도 부족했고 그만큼의 돈을 쓸 준비도 되어있지 않았기에 "우린 지금 가야 해. 그리고 그건 너무 비싸구나."라고 말했다. 아이는 용돈과 심부름 값으로 모은 65달러를 쓰고 싶어 했지만, 나는 그보다 덜 비싼 게임을 고려해 보라고 설득했다. 우리는 아이가 고른 게임의 가치, 돈의 가치, 그리고 친구들이 가진 것을 전부 가질 수는 없다는 점을 둘러싸고 논쟁을 벌였다.

나는 배가 고팠고, 회의에 늦으면 안 된다는 압박감에 시달렸으며, 아이가 이미 가진 게임에 만족하지 못하고 또 새로운 것을 원한다는 사실에 짜증이 났다. 나는 현대인의 삶이 물질적인 것으로 가득해 아이들이 올바른 가치관을 형성하기가 힘들다고 혼자 한탄했다. 그러다 부모로서 아이에게 교훈을 주기로 했다. "글쎄, 40달러는 매우 큰 돈이야. 이런 소비를 할 때는 미리 계획을 세워야 한단다. 그리고 네가 가진 물건을 감사히 여길 줄 알아야 해. 갖고 싶은 걸 전부 다 살 순 없어. 이번 주까지 생각해 보고 다음 주 주말에도 계속 갖고 싶으면 그때 다시 와서 네 돈으로 사렴."

"저 집에 돈 있어요. 그리고 이미 생각도 다 해 봤는데 갖고 싶어요. 돈도 충분히 모았으니까 아빠는 절 말릴 수 없어요." 아이가 말했다. 아이의 협박 어린 말에 나는 단호하게 대응했다. "이건 살 수 없어! 이제 가자!" "알았어요. 집에 가면 엄마한테 말할 거예요. 엄마랑 다시 와서 살 거예요." 아이가 대답했다. "아니, 엄마도 그렇게 안 해 줄 거야." "아뇨, 엄마는 해 줄 거예요." 아이가 반박했다. "두고 보세요. 최종 결정은 아빠가 아니라 엄마가 해요. 엄마는 바로 여기에 데려다줄 거고 저는 이걸 살 거예요."

나는 회의적인 말투로 대답했다. "아니, 엄마는 그러지 않을 거야.

엄마한테 조르지 마라." "아뇨, 그럴 거예요." 아이가 조롱하듯 말했다. "엄마는 바로 차에 타서 저를 여기로 데려다줄 거예요." "이제 그만해라. 안 그러면 이 하드웨어도 없을 줄 알아." "아빠가 얼마나 못되게 굴었는지 엄마한테 이를 거예요. 엄마는 바로 여기에 데려다줄 거예요." "한 번만 더 말하면 이 하드웨어도 안 사고 그냥 집에 갈 거야." "그러세요. 어차피 엄마가 그것도 사 줄 거예요." 나는 쾅 소리가 나게 하드웨어를 카운터에 내려놓았다. 이제 완전히 낮은 길 상태에 들어선 나는 말했다. "이제 됐다. 나가자." 나는 거칠게 차로 향했다.

집으로 돌아가는 동안, 아이는 눈물을 흘리면서 아빠는 아주 예민한 사람이고 아빠가 예상하지 못할 때 언젠가 어떻게든 복수할 거라고 말했다. 아이의 협박에 도저히 참을 수 없었던 나는 결국 폭발하고 말았다. 나는 앞으로 열 달 동안 비디오 게임을 못 하게 할 거라고 윽박질렀다. 집에 도착하자마자 아이는 엄마에게 달려가서 아빠가 자기에게 악담을 퍼붓고 못되게 굴었다고 말했고, 자기를 다시 가게로 데려가 달라고 조르기 시작했다.

아이는 자기 방으로 들어갔고, 나는 내 방으로 들어갔다. 피가 거꾸로 솟는 것 같았다. 나는 내가 상황을 제대로 볼 수 없고 화를 억누르기 힘든 상태라는 것을 알았다. 마음을 가라앉히고 평정심을 찾아야 했다. 나는 심호흡을 몇 번 한 뒤 긴장을 풀기 위해 방안을 서성였다. 처음에는 새로운 게임을 사는 것을 내년으로 미루거나 아예 비디오 게임을 없애야겠다고 생각했다. 화가 누그러지기 시작하자 우리의 균열된 관계에 대해서 생각할 수 있었다.

아침까지만 해도 우리는 같이 놀면서 즐거운 시간을 보냈다. 아이와 하드웨어를 사러 갈 생각에 설레기도 했다. 그러다가 아이가 새로운 야구 게임에 관해 이야기하던 표정이 떠올랐다. 아이는 신난 표정이었다. 그 게임이 어떤 것인지, 얼마나 재미있을 것인지를 미주알고주알 이야기했고, 아빠한테도 방법을 알려 줄 테니 같이 하자는 말도 했다. 내가 다가올 회의 생각에 압박감을 느낀 것도, 아들과 함께 세운 계획을 지키고 하드웨어를 사러 갈 수 있어서 행복함을 느낀 것도 기억이 났다.

그때 나는 아무리 아이의 돈이라도 40달러를 더 쓸 준비가 되어 있지 않았다. 나는 아이에게 혼란스러운 메시지를 주었다. 만약 덜 비싼 게임을 사는 것은 괜찮다면, 아이가 자기 용돈을 써서 좀 더 비싼 새 게임을 사지 못할 이유가 무엇인가?

그러나 나는 아이의 말을 귀담아듣지 않았다. 아이가 엄마한테 말해서 내가 못 하게 한 것을 할 거라고 협박하는 순간, 낮은 길로 빠져들었다. 내가 아이의 주체성에 대한 욕구(어찌 됐건 그건 아이의 돈이었다.)를 완전히 무시하자 아이는 엄마를 등에 업고 협박함으로써 내게 맞섰다. 그야말로 악순환이었다. 이 모든 사건의 감정적 의미를 보지 못한 나는 계속해서 겉으로 드러나는 요소에만 집중했다. 하드웨어를 새로 사는데도 감사하지 못하는 '버릇없는 아이'가 이제는 게임을 또 사면 안 된다는 합리적인 한계 설정조차 받아들이지 않고 무례하게 군다고 본 것이다.

한계 설정은 중요하며, 이를 통해 아이들은 좌절감을 견디고, 유연하게 반응하고, 감정 클러치를 균형 있게 사용하는 법을 배운다. 그러나 다른 한편으로는 아이들이 스스로 결정하고 실수를 통해 교훈을 얻는 것도 필요하다. 아이의 소비를 제한했던 것은 전적으로 합리적인 판단이었지만, 아이의 좌절감이 엄마한테 말할 거라는 협박으로 표현된 것을 나는 알아차리지 못했다. 이성을 잃었고, 더는 효과적으로 대처할 수 없었다. 내 안의 뉴런들은 그저 비효율적인 결과와 부적절한 언어만 쏟아 내도록 반응했다. 나는 완전히 낮은 길로 빠져들었다.

머릿속에서 액셀과 브레이크가 동시에 밟히는 바람에 더는 감정이라는 자동차를 몰 수 없었다. 새 게임에 대한 아이의 설렘을 알아차리지 못한 것이 아이를 액셀-브레이크 과부하 상태로 만드는 트리거로 작용했고, 아이는 복수를 계획하기 시작했다. 나 또한 그에 팽팽하게 맞섰고, 우리 중 누구도 효과적으로 상대방과 소통하지 못했다.

모든 경험을 되돌아보자 재연결을 위해 손을 내밀고 싶어졌다. 아이의 방으로 가서 침대 옆 바닥에 앉았다. 아이는 침대에서 눈물을 흘리며 울고 있었다. 나는 우리가 싸운 것에 대해 사과하고, 화해하고 싶다고 말했다. 아이는 외면했지만 울음을 그쳤다. 아이에게 잘못된 말을 했음을 인정하고, 무슨 일이 있었던 것인지 같이 대화해 보고 싶다고 말했다. 아이는 게임 이야기를 꺼내면서 오래전부터 그 게임을 갖고 싶었다고 말했다. 아빠가 그 사실을 몰랐을 뿐이며, 자신이 그걸 살 수 있게 허락해 줬어야 했다고 했다. 나는 내가 그 사건을 어떻게 이해했는지, 그리고 당시 내가 어떤 생각에 사로잡혀 있었는지, 어떤 문제들이 내 머릿속을 떠다니고 있었는지를 설명했다. 아이가 그 게임을 보고 얼마나 신났었는지를 이제야 깨달았으며, 개인적인 걱정 때문에 그 기쁨을 제대로 공유하지 못했다고 말했다.

아이는 울기 시작했다. 나는 아이를 안아 주면서 내가 너무 바보같이 굴었다고 말했다. 아이에게 나쁜 말을 한 것을 사과했고, 내가 잠시 이성을 잃었으며, 열 달이나 비디오 게임을 못 하게 하는 것은 너무 심한 처사라고 말했다.

나는 용돈을 어떻게 쓸 것인지를 스스로 결정하는 것이 얼마나 중요한지 이제 이해하고 존중한다고 이야기했다. 또한 내가 생각하기에 아이가 싸움에 기여한 부분에 대해서도 표현했다. 엄마한테 이르겠다거나 내게 '복수'하겠다는 협박으로 지나치게 한계를 밀어냈던 점을 언급했다. 화가 난 것은 이해하지만, 아무리 기분이 나쁘더라도 그렇게 해서는 안 된다고, 그것은 나도 마찬가지라고 말했다.

나는 엄마와 상의해서 이 모든 일을 어떻게 처리할지 계획을 세우겠다고 했다. 그 뒤 아내와 나는 극단적인 방법은 배제하고 앞으로 일주일간 모든 구매를 보류하기로 결정했다. 그날 저녁, 우리는 가족회의를 열어 그날 있었던 일을 되짚어 보았다. 아이와 내가 장난감 가게에서 다투었던 일을 이야기했다. 사건을 상기하는 동안 약간 눈물을 흘리기도 했지만, 각자 상대방의 행동을 흉내 내면서 기분 좋은 웃음을 터트리기도 했다. 아이는 나를 꽤 잘 따라 했다.

균열된 경험 떠올리고 회복해 보기

01 어린 시절 당신의 가족은 어떠한 관계 균열을 경험했는가? 가벼운 균열 또는 한계 설정의 균열 중에 떠오르는 것이 있는가? 부모님은 어떻게 대처했는가? 이번에는 파괴적 균열을 경험한 때를 떠올려 보라. 어떤 일이 있었는가? 기분이 어땠는가? 부모님은 어떻게 행동했는가? 균열의 결과는 어땠는가? 복구 과정이 있었는가? 그 과정이 당신의 관계를 어떻게 바꾸어 놓았는가?

02 당신의 자녀와 경험한 관계 균열에 대해서 생각해 보라. 어떤 일이 있었는가? 기분이 어땠는가? 당신의 남겨진 문제 또는 해결되지 않은 문제가 활성화되었는가? 그러한 문제가 아이와 협력적인 관계를 맺는 데 반복적으로 개입하는 패턴을 인지할 수 있겠는가? 파괴적 균열이 될 수 있는 요소가 있는가? 낮은 길에 들어서면 당신은 어떤 행동이나 내면 상태를 보이는가? 낮은 길로부터 어떻게 회복했는가? 아직 회복하지 못했다면 지금 그리고 앞으로 어떻게 할 수 있을까?

03 복구 프로세스 중 어떤 부분이 가장 어렵게 느껴지는가? 스스로 낮은 길에 빠졌음을 인지하고 거기서 벗어나는 데는 무엇이 도움이 될까? 단절이 일어나는 것을 감지할 수 있는가? 단절이 일어나면, 어떻게 해야 파괴적인 상호작용에서 벗어나 다시 평정심을 찾고 높은 길로 돌아갈 수 있는가? 어떠한 방식으로 재연결 과정에 접근하는가? 복구를 위한 의사소통에서는 어떤 부분이 가장 어려운가? 수치심은 어떠한 방식으로 당신을 낮은 길로 이끌고 관계 회복을 방해하는가?

04 어떻게 하면 스스로 회복할 수 있을까? 당신이 수치심을 인식하지 못하도록 작용하는 방어기제는 무엇인가? 처음에는 자녀와의 상호작용에 격렬하게 반응했다가, 뒤늦게 성찰을 통해 수치심이나 모욕감을 인지하는 경험이 반복되는 것을 느낄 것이다. 어린 시절 어떠한 방식으로 단절감이나 수치심을 느꼈었는지 생각해 보라. 그러한 경험의 이미지나 감각이 의식의 수면 위로 떠오르도록 해라. 검열하려 하지 말고 그냥 관찰하라. 준비를 마쳤다면, 어떻게 하면 이 오랜 상처를 치유할 방법을 찾을 수 있을지 스스로 물어보아라. 과거의 해묵은 문제를 인지하고 해소할 수 있도록 수면 위로 드러내라. 당신은 스스로 부모가 되어 자신의 내면 아이를 돌봐 줄 수 있다.

* 연결과 주체성 사이의 긴장: 복잡계와 정신 건강

삶의 복잡성

인간 경험의 본질을 파고든 수많은 연구가 연결과 주체성 사이의 긴장을 탐구해 왔다. 한 사람의 서사는 타인과 관계를 형성하는 상황에서도 자아를 온전하게 유지하는 방법을 찾기 위한 시도로 가득하다. 발달 연구에 따르면 인간은 유아기부터 개성을 유지하는 것과 집단에 소속되는 것 사이에서 허우적댄다.

청소년기에 우리는 부모에게서 벗어나 자신의 정체성을 찾고 세상에 속하기 위한 새로운 방법을 모색해야 한다는 새로운 과제를 직면한다. 그와 동시에 또래 세계에 더 집중하게 되고 청소년기 문화에 영향을 많이 받는다. "남들과 달라지고 싶어 하는 다른 애들처럼 되려면 이런 바지를 입어야 해요." 어느 청소년은 이렇게 말했다. 그러나 이런 긴장이 사춘기와 함께 끝나는 것은 아니다. 성숙한 성인도 비슷한 주제로 갈등을 겪는다. 혼란스러운 정도는 좀 덜할 수 있지만, 집단에 대한 헌신과 주체성을 위한 시간 사이에서 종종 갈등한다.

왜 이런 긴장이 나타나는 것일까? 앞에서 살펴봤듯 모든 아이, 어쩌면 모든 사람은 연결과 고립에 대한 욕구 사이에서 진동한다. 이렇게 복잡한 문제를 깊이 이해하려면 복잡계Complex system에 관한 연구를 들여다봐야 한다. 카오스 이론, 복잡계 이론, 또는 '복잡계의 비선형 동역학'으로 알려진 이 관점은 구름이나 인간의 마음과 같은 복잡한 시스템이 그 기능을 시간에 따라 어떻게 조직하는지를 수학적으로 유도한 것이다. 이 섹션에서는 물의 복잡성을 간략히 살펴보고, 특히 육아 및 인간관계와 관련된 몇 가지 원리를 짚어 볼 것이다.

구름은 왜 그토록 경이로운 방식으로 형성되는가? 구름을 이루는 물 분자들이 대기 전체에 무작위로 분포하지 않는 이유는 무엇인가? 물 분자가 일렬로 줄을 서서 하늘을 가로지르는 하나의 띠 모양으로 나타나지 않는 이유는 무엇인가? 이러한 질문에 답을 찾지 못한 과학자들은 몇 가지 유의미한 설명을 찾기 위해 확률 이론을 이용했다. 그들이 계산한 수학 공식은 구름과 그 밖의 복잡계가 시간의 흐름에 따라 특정 궤도 또는 경로를 따르는 수많은 이유를 제시했다. 복잡한 시스템은 개방적이며(햇빛, 타인의 신호 등과 같이 외부로부터 지속적인 입력값을 받아들임), 무작위하게 운동하는 여러 구성 요소가 겹겹이 쌓여 있는 시스템을 가리킨다. 인간의 마음과 뇌도 이러한 복잡성 기준을 충족한다.

복잡한 시스템은 스스로 조직화하는 특성이 있는데, 이러한 특성은 물리적 관련성에 내재되어 있다는 것이 바로 복잡계 이론의 기본 개념이다. 자기 조직화는 시간에 따른 시스템 흐름의 상태, 즉 시스템 구성 요소의 위치 또는 활동을 결정한다. 구름의 경우, 이는 특정 시점에 물 분자들이 어디에서 어떻게 움직일 것인지를 가리킨다. 뇌의 경우에는 어떠한 뉴런 그룹이 발화되는지를 뜻하며, 마음의 경우에는 정보와 에너지가 어떻게 흐르는지를 의미한다. 자기 조직화 시스템의 몇 가지 특징은 다음과 같다.

- 자기 조직화: 시스템은 시간이 흐를수록 복잡해지는 경향을 띤다.
- 비선형: 입력값의 작은 변화도 시간이 지나면 시스템 흐름에 예측할 수 없는 큰 변화로 이어질 수 있다.
- 반복되는 특징: 시스템 흐름은 시간이 지남에 따라 스스로 피드백을 받아서 방향이 더욱 강화되는 경향을 띤다.
- 제약: 일반적으로 내적 및 외적 제약 조건이 시스템 경로에 영향을 미친다.
- 상태: 시스템은 존재 또는 활성화된 후에 시간에 따라 움직인다. 어떤 상태들은 다른 상태보다 더 쉽게 나타난다. 내적 및 외적 제약 조건은 특정 상태가 만들어지는 가능성에 영향을 미친다. ① 어트랙터Attractor 상태는 그 특징이 이미 각인되어서 자연스럽게 일어날 가능성이 큰 상태이고, ② 리펠러Repellor 상태는 그 특징이 일어날 가능성이 낮은 상태다. ③ 상태 간 이동이 일어날

때는 종종 시스템 흐름의 해체와 재조직화가 나타나는데, 이를 중간 단계 또는 전환 단계라고 한다. ④ 이상한 어트랙터 상태가 나타나기도 하는데, 이는 예상치 못한, 일반적으로 불안정한 구성의 시스템이 강화되거나 더 쉽게 활성화되는 상태를 가리킨다.

정신 건강과 복잡성

복잡계 이론의 이 관점을 좀 더 넓게 적용해 보면, 이는 정신 건강과 정서적 웰빙의 개념과도 관련이 있다. 복잡계 이론에 따르면 시스템의 자기 조직화 과정이 복잡성을 향해 나아갈 때, 가장 안정적이고 유연하며 변화에 잘 적응하는 상태의 흐름이 일어난다. 복잡성이 무엇인지를 정확히 설명하기는 어려우므로, 복잡성이 아닌 것을 이해하기 위해 복잡성 정도의 양극단을 먼저 살펴보자. 복잡성 정도를 스펙트럼으로 나타낸다고 볼 때, 한쪽 끝은 균일하고 경직되어 있으며, 예측 가능하고 질서정연한 상태다. 다른 한쪽은 변화하고 무작위하며, 예측 불가능하고 무질서한 혼돈 상태다. 복잡성은 이 양극단의 가운데에 있다.

합창단을 예로 들면 복잡성의 의미를 설명하는 데 도움이 된다. 만약 모든 합창단원이 똑같은 방식으로 정확히 똑같은 음을 낸다면, 이는 경직성으로 볼 수 있다. 이때는 단조롭긴 하지만 큰 소리가 난다. 반면, 합창단원이 각자 완전히 독립적으로 노래를 부른다면 불협화음과 혼돈이 생긴다. 복잡성은 이러한 양극단 사이의 어딘가에 있는 하모니와 같다.

양극단에서 느낄 수 있는 주관적인 감정을 살펴보면, 한쪽 끝에서는 지루함을, 반대편 끝에서는 불안함을 느낄 수 있다. 풍부하고 생기 있고 활기가 넘치는 복잡성은 시스템이 자연스러운 자기 조직화 흐름을 따라 복잡성을 향해 나아갈 수 있을 때 나타난다. 이러한 상태는 생명감이 넘친다. 또한 복잡계 이론에서는 이러한 자기 조직화 흐름이 가장 안정적이고, 적응력이 뛰어나며, 유연하다고 예측한다. 이는 정신 건강을 아주 멋지게 설명하는 살아 있는 정의다!

그렇다면 마음의 복잡계는 어떻게 이러한 흐름을 달성할까? 먼저, 마음은 자연스럽게 복잡성을 향해 움직인다. 다시 말해서 마음이 건강한 방향으로 움직이는 것은 자연스러운 흐름이다. 이는 좋은 소식이다! 치유를 위해서는 이런 자연스럽고 본능적인 작용이 나타나야 한다. 복잡성을 향한 마음의 움직임을 가로막는 경험과 상황은 시스템에 스트레스를 주는 요인으로 정의할 수 있다. 스트레스를 받은 시스템은 복잡성으로부터 멀어져 양극단 중 어느 한쪽으로 움직이는 경향을 띤다. 극도로 경직되거나 극도로 혼란스러워지는 것이다.

이러한 관점을 한 개인의 마음에 적용하면, 균형 잡힌 기능을 새로운 시각으로 이해할 수 있다. 마음이 건강한 상태의 흐름에 있으면 에너지와 정보가 복잡성을 최대화하는 방향으로 움직이면서 끊임없이 발전한다. 변화에 계속 열린 마음을 유지하는 상태의 일례가 평생 학습이다. 그러나 때로는 마음이 스트레스를 받아서 에너지와 정보의 흐름이 건강하지 않은 '어트랙터 상태'로 움직인다. 복잡성에서 멀어져 경직성으로 들어가는 예로는 수치심 때문에 위축되는 상태에 빠지거나 분노에 휩싸여 마음이 혼란스러워지는 것을 들 수 있다. 위축과 분노는 모두 마음의 시스템이 복잡성의 하모니로부터 멀어지는 움직임이다.

연결과 주체성 사이의 복잡한 긴장

이러한 원리를 바탕으로 연결과 주체성 사이의 긴장에 관한 질문을 새로운 시각에서 살펴볼 수 있다. 인간의 마음은 분명히 (외부로부터 입력값을 받아서) 예측할 수 없게 움직이는 열린계에 해당한다. 그런데 일부 사람들에게는 이러한 특징이 지나치게 강하게 나타난다!

마음은 내적 및 외적 제약 조건에 영향을 받는 역동적이고 복잡한 시스템이다. 마음의 내적 제약은 뇌의 뉴런 간 시냅스 연결로 생각할 수 있다. 이는 머릿속에서 벌어지는 에너지와 정보 흐름의 특성을 좌우하고, 이것이 다시 정신 작용을 만들어 낸다. 시스템의 외적 제약 조건은 다른 사람들과의 관계로 볼 수 있다. 마음의 관점에서 보면 관계는 에너지와 정보가 한 사람에게서 다른 사람으로 전달되는 것을 포함한다. 다시 말해서 대인 간 의사소통은 마음의 시스템을 형성하는 외적 제약 조건이다.

연결이 필요할 때 우리는 마음의 복잡계를 수정하기 위해 외적 제약 조건을 사용하는 데 집중한다. 뇌는 외부의 사회적 입력값에 의지하여 뇌 기능을 조절하도록 설계되어 있다. 아기는 뇌 기능 조직과 시간에 따른 적절한 뇌 발달을 위해서 양육자와의 연결이 필요하다. 이것을 '양방 간 조절Dyadic regulation'이라고 한다. 한 쌍(부모와 자녀) 또는 양방의 상호작용을 통해 아이가 자신의 마음에서 균형 또는 조절을 이룰 수 있다는 것이다.

양육자와의 상호작용은 아이의 뇌가 양방 간 조절에서 더 자율적인 형태의 자기 조절로 옮겨가는 데 필요한 뉴런 구조를 발달시킬 수 있도록 돕는다. 뇌의 자기 조절 구조는 전전두피질, 안와전두피질, 전대상회피질 안쪽 주변의 통합 영역을 포함한다. 이 영역들은 사회적 세계로부터 대인 간 의사소통의 형태로 정보를 받아들인다. 이들은 이러한 정보를 사용해서 정보 흐름, 감정 처리, 체내 균형 상태를 조절하는 것을 돕는다. 전전두엽 영역은 기본적으로 사회적, 인지적, 감정적, 신체적 작용이라는 이 네 가지 요소를 조절하는 역할을 한다.

예를 들어 대인 간 상호작용은 안와전두엽 영역이 자율신경계의 두 가지를 조절할 수 있게 한다. 교감신경계(액셀)와 부교감신경계(브레이크)는 특히 우뇌쪽 안와전두피질의 직접적인 영향 아래에 있다. 타인이 보내는 비언어적 신호는 우뇌가 지각하고 처리하는데, 이러한 비언어적 신호가 중요한 핵심적인 이유는 우뇌가 정보를 사용해 대인 관계와 내면을 연결하기 때문이다. 신체 기능과 감정적, 인지적, 사회적 영역과의 연결은 사회적, 육체적 존재로서 인간의 마음이라는 복잡계가 수행하는 궁극적인 통합 프로세스를 드러낸다.

적응적 자기 조절을 통해 자율신경계의 두 가지는 유연하게 균형을 이룬다. 이러한 상황은 복잡성을 극대화하는 것으로 볼 수 있다. 따라서 자기 조직화 상태의 순응적이고 안정적인 특성을 보인다. 그러나 이러한 과정의 균형이 깨지면 복잡성에서 벗어나 어느 한 극단으로 향하는 움직임을 드러낼 수도 있다. 교감신경계가 과도하게 액셀을 밟으면 자아가 지나치게 활성화되어 과흥분 상태 또는 혼돈 상태로 들어간다. 불안과 통제할 수 없는 분노가 나타난다.

반면 부교감신경계가 과도하게 활성화되면 자아가 위축되어 절망과 우울 상태가 뚜렷하게 나타날 수 있다. 브레이크와 액셀이 동시에 작용하는 상황도 있을 수 있는데, 이는 어린아이의 분노와 같은 '이상한 어트랙터' 상태에서 드러날 수 있다. 이처럼 다양한 형태의 불균형 상태가 나타나는 이유는 사회적 환경과의 상호작용 때문이거나 과거 경험이 개인의 내면에 취약성을 만들어 낸 탓일 가능성이 크다. 이러한 취약성은 기억에 내재되어 우리의 자기 조직화 패턴에 직접적인 영향을 미친다.

외적 제약 조건(관계)은 어린아이들이 내적 제약 조건(뉴런 형성으로 인한 신경 구조 및 기능)에도 의지할 수 있도록 감정 조절 능력을 발달시키게 한다. 뇌에서 이러한 외적, 내적 조절 작용의 균형을 매개하는 것은 전전두엽 영역인 것으로 보인다. 우리는 모두 평생에 걸쳐 연결과 고립에 대한 욕구를 주기적으로 경험한다. 외적, 내적 제약 조건은 마음이라는 복잡계의 경로를 형성하고, 우리는 이러한 제약 조건의 진동하는 영향에 의지한 채 자신을 조직화하며 살아간다.

분화와 통합의 균형 이루기

어떻게 하면 복잡성을 향한 경로를 실용적인 용어로 개념화 할 수 있을까? 다행히 우리는 복잡계 이론의 아이디어를 덜 추상적이고, 더 접근하기 쉬운 개념으로 설명할 수 있다. 복잡계 이론은 시스템이 분화(구성 요소가 전문화되는 것)와 통합(구성 요소가 하나의 기능체로서 합쳐지는 것)이라는 두 가지 상반되는 과정의 균형을 맞출 수 있을 때 복잡성이 달성된다는 아이디어를 수학적으로 도출한다. 예를 들어 살펴보고자 하는 시스템이 사람이라면, 뇌의 회로가 어떻게 분화되었다가 신경 통합 과정에서 다시 기능적으로 연결되는지를 생각해 볼 수 있다. 분화된 구성 요소를 통합할 때 시스템은 최대 복잡성을 향해 움직일 수 있다. 우리는 이처럼 고도로 순응적이고 유연하며 안정적인 상태를 웰빙의 동의어로 정의한다.

복잡계의 개념은 개인, 연인, 가족, 학교, 커뮤니티, 문화 그리고 아마도 글로벌 사회 등 다양한 규모의 분석에 적용될 수 있다. 사회적 집단에 속한 개인의 개별적이고 고유한 정체성을 인정하면 분화를 존중할 수 있다. 이러한 개인을 모아 기능적으로 통합된 공동체를 이룰 수 있으면 통합이 가능해진다. 통합과 분화가 균형을 이룰 때, 복잡성과 그에 따른 웰빙이 달성된다.

대인 간 의사소통을 이해하기 위해 복잡계 이론이 제공하는 관점을 활용할 수도 있다. 조화로운 의사소통 상태는 구성원이 각자의 개별성을 존중하면서도 서로 다른 자아를 통합하기 위해 함께 모일 때 이루어진다. 그러면 개개인의 개별성과 서로 간의 일체감이 동시에 존재한다. 이것이 바로 연결과 주체성 사이의 긴장을 해결하는 이상적인 방법이다.

안정 애착을 가진 아이들과 그의 부모들을 대상으로 한 연구에 따르면, 이들의 의사소통에서는 각자가 대화에 기여하고 상대방의 반응을 예측하는(완전히 정확할 수는 없지만), 최대 복잡성의 주고받기가 이루어진다. 이처럼 역동적인 형태의 공명 속에서 두 사람의 관계에는 활력 있는 일치감이 생생하게 살아 있다.

어떤 가족들에게서는, 유대감과 개별성이 복잡하게 균형을 이루고 있는 상태로부터 멀어지려는 움직임이 나타난다. 한쪽 극단에는 개별성이 금지된 얽매인 가족이 있다. 모든 사람이 같은 음식을 좋아하고, 비슷하게 행동하고, 같은 관점을 가져야 한다. 분화가 극도로 억제되어 가족 시스템의 복잡성(과 활력)을 제한한다.

반면 어떤 가족은 통합이 부재한다. 가족 구성원이 서로 식사 시간, 관심사, 활동을 공유하지 않는다. 이들의 대화를 살펴보면 다른 가족 구성원의 내면에 관심이 부족하다는 것이 드러난다. 고도로 분화된 개인은 유대감 없이 자신의 삶을 살아간다. 이러한 분화에 대응하는 통합이 서로 균형을 이루지 않으면, 가족 시스템의 복잡성 수준도 심각하게 제한된다. 양극단 모두 스트레스를 받은 시스템의 예가 될 수 있다.

건강한 가족의 일상에서 불가피하게 일어나는 가족 구성원 간의 관계 균열도 복잡계 이론의 관점을 통해 이해할 수 있다. 관계 균열이 일어나면, 살아 있고 연결되어 있다는 생생한 감각이 무너진다. 뇌가 혼돈 또는 경직 상태로 빠지면서 두 사람 사이의 통합이 깨질 수 있다. 때때로 이러한 관계 균열은 상대방의 기대에 부합해야 한다는 압박감이 있거나 상대방이 지나치게 통제적이라고 느낄 때 발생할 수 있다. 이는 각 개인의 분화된 자아가 갖는 주체성을 존중하지 않고 지나치게 통합만을 중시하는 의사소통으로 볼 수 있다.

한편 반대편 극단에서는 신호가 무시당했을 때, 통합 또는 유대감을 갈망하지만 얻지 못했을 때, 개인이 통합은 없고 과도한 분화만 있는 상태에 남겨졌을 때 관계 균열이 일어날 수 있다. 이렇게 고립된 상태에 남겨지면 연결이 필요한 순간에도 자율적인 자기 조절에 의존한다. 어떤 형태의 단절이든 그 결과는 개인이 복잡성에서 멀어지는 방향으로 움직이고, 시스템이 스트레스를 받고, 경직 또는 혼돈 상태의 반응에 들어가고, 균형 있는 자기 조직화 능력에서 벗어나는 것으로 나타날 수 있다.

시간이 지남에 따라 사람들은 적응 패턴, 또는 방어기제라는 것을 발달시킨다. 이는 고립의 순간에, 또는 나의 영역이 침범당한 순간에 마음이 대응하는 방식으로 볼 수 있다. 성인이 되어 부모가 되면, 어린 시절 가족 안에서 주체성과 연결 사이의 긴장을 다루었던 패턴이 새로운 환경에서 활성화될 수 있다. 사람들은 부모와 자녀 사이의 친밀한 관계에 대응하여 오래된 방어 패턴을 재활성화하면서 익숙한 장소에서 길을 잃는다. 이처럼 주체성과 연결 사이, 분화와 통합 사이에서 보편적으로 나타나는 긴장에 접근하는 방법을 찾는 것은 우리 모두에게 평생 숙제다.

9장

어떻게 마인드사이트를 발달시키는가? : 공감과 성찰적 대화

부모로서 우리는 자라나는 아이들의 마음뿐 아니라 우리 자신의 마음을 형성하는 데도 도움이 되는 경험을 제공한다. 아이들은 부모를 보고 따라 하면서 배운다. 만약 말만으로 아이들을 가르칠 수 있다면 그것은 아주 쉬운 일이 될 것이다. 그러나 아이들은 부모가 하는 말을 그냥 따르는 것이 아니라, 부모와 함께 살아가면서 부모에게 무엇이 중요한지, 부모가 어떤 가치를 소중하게 여기는지를 배운다.

우리의 정체성, 우리 성품의 본질은 우리가 살아가는 방식과 의사결정 방식에서 드러난다. 우리가 아무리 자신을 되돌아보고 깊이 성찰하더라도 궁극적으로는 우리가 이 세상에서 어떻게 행동하는지가 우리의 진정한 가치관을 드러낸다. 아이들은 겉으로 표현되는 부모의 성품을 관찰하고, 부모가 세상을 살아가는 방식을 기억하고, 모방하고, 재창조한다. “내가 행동하는 대로 하지 말고, 내가 말하는 대로 해라.”라는 오랜 격언은 부모의 희망 사항일 뿐이다. 아이들은 부모가 어떤 사람인지 알기 위해 부모를 지켜본다.

성품은 타고난 기질이 사회적 세계에서의 경험으로 빚어지면서 발달한다. 아이들이 어떤 성품을 갖추기를 원하는가? 아이가 자신은 물론 다른 사람들과 주변 세계를 존중하고 배려할 수 있는 따뜻한 사람으로 자라길 원한다면 공감 능력을 발달시킬 수 있는 방식으로 아이를 양육해야 할 것이다. 우리가 아이들과 관계를 형성하는 방식에 따라 공감과 연민을 느끼는 아이들의 능력이 발달할 수 있다. 사고하고 추론하고, 삶을 즐기고 타인과 건강한 관계를 맺는 따뜻한 사람들은 공동체의 생산적인 구성원으로서 자기만의 특별한 재능을 활용하는 데 더 뛰어나다. 만약 아이들의 공감 능력 발달을 돕는 것이 목표라면, 부모가 어떤 것들을 해 줄 수 있을까?

* 의도를 가지고 마음을 챙겨야 한다

부모가 의도를 갖는 것은 아주 좋은 출발점이다. 어떠한 책이나 전문가도 아이들과의 일상에서 일어나는 모든 상황에 정답을 제시해 줄 수는 없다. 따라서 육아 기술에만 의존하는 대신, 아이들과 함께하는 방식을 배움으로써 아이들이 공감 능력을 발달시키도록 돕는 것이 좋다.

이러한 존재 방식은 부모의 연민 어린 자기 이해에 뿌리를 둔다. 부모가 자기 자신을 개방적이고 응원하는 마음으로 이해할 때, 아이들도 스스로를 이해할 수 있도록 격려하는 과정에 첫걸음을 내디딜 수 있다.

의도적인 태도, 즉 자기 인식을 바탕으로 평정심을 유지하는 태도는 육아에 대한 신중한 접근 방식이다. 그렇다면 신중한 자기 이해는 어떻게 공감 능력을 향상시키는가?

아동 발달 연구와 그보다 최근에 이루어진 신경생물학 연구에 따르면, 인간의 뇌 기능에는 마인드사이트(공식적으로는 '마음 이론'이라고 불린다), 자기 이해(자전적 기억), 반응 유연성(실행 기능, 만족감을 계획하고 조직하고 지연할 수 있는 능력) 이렇게 세 가지 측면이 있는데, 이것들이 공존하면서 우리의 성장 방식을 결정한다. 이러한 고차원적인 정신 작용 덕분에 우리가 어렵고 모호한 상황을 포함한 다양한 상황에서 신중한 의도를 가지고 반응할 수 있는 것이다.

실행 기능이 잘 발달하면, 즉 우리의 행동 방식과 의사 결정 방식에 의도적으로 접근할 수 있으면, 우리는 더욱 유연하게 행동할 수 있다. 다른 사람에 대한 긍정적인 관심과 자기 자신에 대한 감정적인 이해가 실행 능력과 결합하면, 우리는 연민하고 공감하는 마음으로 행동할 수 있다. 마인드사이트, 자기 이해, 실행 기능이라는 상호 연관된 과정을 잘 발달시킨 아이들은 훨씬 의도적으로 자신의 행동을 선택할 수 있다.

부모로서 우리가 아이들의 이러한 능력을 증진시키기 위해 무엇을 할 수 있을까?

다양한 연구에 따르면 부모는 역할놀이, 스토리텔링, 감정에 따른 행동에 관한 대화 등의 상호작용을 통해 아이들이 자신과 타인의 내면을 이해하는 능력을 발달시키도록 적극적으로 도울 수 있다.

* 마인드사이트 능력으로 타인의 마음을 볼 수 있다

마인드사이트는 타인의 내적 경험을 지각하고 그렇게 상상한 경험을 이해하는 능력으로, 우리가 이해와 관심을 반영하여 공감 어린 반응을 제공할 수 있게 한다. 다른 사람의 관점에서 생각해 볼 수 있으려면, 타인의 내면세계를 상상하는 것은 물론 자기 자신의 내적 경험을 인식할 수도 있어야 한다. 이러한 과정을 통해 우리는 내면에 타인의 마음에 대한 이미지를 생성할 수 있다.

마인드사이트의 발달은 아이들이 타인의 행동을 보고 그 사람의 마음속에서 일어나는 일을 예측하고 설명할 수 있게 한다. 이러한 과정을 발달시키면서 아이들은 다른 사람들도 그들의 행동에 동기 부여가 되는 마음이 있다는 것을 이해하는 모델을 만든다. 타인의 마음을 이해함으로써 자신이 살아가는 사회적 세계와 행동을 받아들이는 것이다.

이러한 이해는 영유아가 움직이는 사물과 움직이지 않는 사물의 차이를 인지하는 능력에서부터 시작한다. 아이들은 대인 간 상호작용의 기본 원칙을 빠르게 학습하면서 반응성, 상호성, 의사소통, 관심 공유, 감정 표현에 대한 그들의 기대치를 만든다. 이러한 상호작용을 경험하면서 인간의 마음이 어떻게 움직이는지에 대한 자기만의 이론을 계속해서 형성해 나간다.

마인드사이트 능력(마음 읽기, 성찰적 기능, 정신화라고도 한다.)은 아이들이 타인의 마음을 볼 수 있게 한다. 이 중요한 능력을 '마인드사이트'라고 부르는 이유도 이 때문이다. 타인의 마음을 볼 수 있을 때, 그 사람의 생각과 감정을 이해하고 거기에 공감으로 반응할 수 있다.

마인드사이트는 공감적 상상을 가능하게 한다. 그래서 우리는 어떤 사건의 의미를 자신의 관점에서뿐만 아니라 타인의 관점에서도 고려할 수 있다. 공감적 상상력이 있기에 우리는 타인의 의도를 이해하고 사회적 상황에 맞는 행동을 판단하여 유연하게 의사 결정을 할 수 있다. 마인드사이트는 타인은 물론, 자기 자신의 마음까지도 더욱 깊이 이해할 수 있게 한다.

과학자들은 인간의 마인드사이트 능력이 언어 습득 및 고도의 추상적 사고 능력과 밀접하게 연관되어 있다고 주장한다. 언어와 추상적 사고는 우리의 시야를 확장하고 눈앞에 있는 물리적 세계를 넘어 정신적 이미지까지 창조하고 조작할 수 있게 한다.

정상적인 영유아는 유전적으로 내장된 마인드사이트 능력을 갖추고 태어나지만, 이러한 인지 능력의 발달은 삶의 경험을 통해 형성된다. 마인드사이트를 결정하는 것은 일관성을 만드는 정신 작용의 역할인 것으로 보인다. 여기에는 우뇌와 전전두엽의 통합 섬유가 관여한다.

앞으로의 연구는 어린 시절 경험이 정확히 어떻게 뇌의 통합 영역에 영향을 미쳐서 마인드사이트를 발달시키는지에 대한 정보를 찾아낼 것이다.

* 마음의 기본 요소를 알아야 한다

자녀와의 성찰적 대화는 아이의 마인드사이트를 발달시키는 데 도움이 된다. 아이들과 대화를 나눌 때는 아이들의 내면세계를 만드는, 마음의 기본 요소를 알고 있는 것이 유용하다. 마음의 요소에는 생각, 감정, 감각, 지각, 기억, 신념, 태도, 의도 등이 포함된다. 여기서는 이러한 요소 중 몇 가지를 간략하게 살펴본다.

[표 12] 마음에 대해 알기

- **연민:** 다른 사람과 함께 느끼는 능력으로, 연민이 많으면 타인의 처지를 동정할 줄 알고 인정이 많다. 연민은 타인이 정서적으로 괴로움을 겪는 사건에 같이 아파할 수 있는 태도를 가리킨다. 타인의 감정 상태를 반영하여 상대방의 아픔을 함께 느낄 수 있도록 하는 거울 뉴런 시스템에 의해 작동한다.
- **공감:** 타인의 내적 경험을 이해하는 능력으로, 자신의 의식을 다른 사람이나 사물의 감정에 상상으로 투영하는 것이다. 타인의 마음을 상상할 수 있는 정신적 능력을 포함하는 인지적으로 복잡한 과정이다. 공감 능력은 통합적인 우뇌와 전전두엽으로 매개되는 마인드사이트 능력에 따라 달라질 수 있다.
- **마인드사이트:** 자신 또는 타인의 마음을 보거나 이미지화 하는 능력으로, 정신 작용의 관점에서 자신 또는 타인의 행동을 이해할 수 있게 한다. 동의어로는 '정신화' '마음 이론' '마음 읽기' '성찰적 기능'이 있다.
- **통찰력:** 무언가를 관통하는 관찰력과 분별력을 통해 지식을 끌어내는 힘이다. 개인적 성찰이라는 개념과 함께 사용될 때, 통찰력은 자아에 대한 더 깊은 이해를 의미한다. 통찰력 자체가 타인에 대해 공감 또는 연민하는 능력을 뜻하지는 않는다.
- **성찰적 대화:** 다른 사람들과 마음의 내적 과정을 성찰하는 대화로, 생각, 기분, 감각, 인식, 기억, 신념, 태도, 의도와 같은 과정에 초점을 맞춘다.

사고

사고는 우리가 다양한 방식으로 정보를 처리하는 것을 가리키며, 종종 의식적인 인식 밖에서 일어난다. 우리는 단어나 이미지를 통해 자기 생각을 의식적으로 인식할 수 있는데, 좀 더 온전한 의사소통을 위해서는 단어와 이미지 이면에 있는 의미를 이해하는 것이 중요하다.

단어 기반의 사고는 좌측 처리 모드에 의해 이루어진다. 좌측 처리 모드는 인과 관계를 이해하는 선형적이고 논리적인 분석을 담당하며, 옳고 그름을 평가하고, 모호함을 견디지 못하는 것으로 보인다. 모순적인 정보를 잘 다루지 못하고, 상충하는 관점이 있으면 좌뇌가 판단하기에 올바르다고 생각되는 논리적인 해결책을 찾고 문제를 해결하기 위해 관점을 빠르게, 때로는 과도하게 단순화한다. 우뇌의 영역인 비언어적 신호와 사회적 세계의 맥락은 생각이라는 논리적 모드에서는 종종 무시된다.

아이와 자기 생각에 대해 성찰할 때는 좌측 처리 모드의 이러한 한계를 염두에 두어야 한다. 우측 처리 방식은 이와는 완전히 다른 처리 모드로, 상대적으로 눈에 잘 안 띄는 듯해도 인정받고 이해받을 기회를 조용히 기다리고 있을 수 있다. 우측 모드의 사고는 비언어적이고 비선형적인 이미지와 감각의 집합으로 경험된다. 이처럼 중요한 과정을 말로 옮기기는 어려울 수 있어도 그것이 있기에 우리는 자신이 어떻게 느끼고, 기억하고, 삶의 의미를 만들어 내는지에 대한 정보에 직접 접근할 수 있다.

영유아는 부모와 비언어적 의사소통을 하므로 주로 우뇌의 지배를 받는다. 미취학 아동은 우뇌와 좌뇌가 모두 잘 작동하지만, 그 둘을 잇는 뇌량이 아직 미성숙하다. 이 시기의 아이들은 기분을 말로 표현하는 능력이 발달하기 시작한다. 초등학교 기간에, 어쩌면 그 이후로도 뇌량이 성숙하면서 좀 더 고도로 통합적인 기능을 수행할 수 있게 된다. 청소년기에는 사고의 본질을 심오한 방식으로 변화시키는 뇌의 재조직화 과정이 일어난다.

기분

우리의 내면이 겪는 주관적인 경험은 마음 안에서 에너지와 정보의 흐름이 밀물과 썰물처럼 끊임없이 처리되면서 만들어진다. 기분은 자기 내면의 감정을 인식하는 것으로, 마음의 기본 음악에 대한 의식적인 감각을 드러낸다. 이러한 기본 감정이 더욱 정교해지면서 마음은 의미를 만들어 낸다. 의미와 감정은 동일한 과정으로부터 긴밀하게 얽혀 있다.

기본 감정은 때때로 슬픔, 분노, 두려움, 수치심, 놀람, 기쁨, 혐오감 등의 범주적 감정으로 정교화된다. 우리는 이처럼 정교화되고 강렬한, 그래서 종종 겉으로 표현되는 감정을 느끼고 거기에 이름을 붙일 수 있다. 그러나 범주적 감정과 그 이름에만 지나치게 집중하면, 때로는 자기 자신이나 아이들의 경험이 갖는 더 깊은 의미를 파악하는 데 방해가 될 수 있다.

성찰적 대화는 기본 감정으로 경험되는 기분의 중요한 차원을 포함하여 마음의 요소에 초점을 맞춘다. 따라서 아이들과 기분에 관해 대화할 때는 아이들이 무엇에 관심을 두고 있는지, 무엇이 중요하다고 생각하는지, 어떤 것을 '좋다' 또는 '나쁘다'고 느끼는지, 어떤 일을 하고 싶은지, 무언가가 아이들에게 어떤 의미가 있는지, 아이들이 경험하고 있는 범주적 감정에 어떤 이름을 붙여 줄 것인지 등을 나눠 보는 것이 중요하다.

감각

우리는 말보다 먼저 내면의 주관적 경험을 형성하는 감각의 바다에서 살아간다. 때로는 이러한 감각이 형성되지도, 정의되지도 않은 채 존재하기도 한다. 사실 언어 기반 의식인 좌측 처리 모드의 지배는, 이처럼 모호하고 역동적이고 유동적인 내적 작용은 중요하지도 않고 주목할 가치도 없는 것처럼 보이게 할 수 있다. 그러나 최근 연구에 따르면, 이러한 감각이야말로 우리에게 의미 있는 것을 파악하기 위한 중요한 단서다. 신체 감각은 뇌의 이성적인 의사 결정 프로세스의 기초가 된다.

감각은 정신생활의 핵심 기반이다. 현대 사회에서는 감각을 인식하는 것을 간과하는 경우가 많다. 그러나 감각은 통찰과 지혜를 얻을 수 있는 풍부한 원천이다. 일관성 있는 자기 이해는 자신의 내면 상태와 그에 수반하는 감각을 더욱 민감하게 인식하는 데 달려 있다.

아이들과 감각에 대해 성찰할 때는 신체의 느낌을 생각해 보는 것이 유용하다. 우리 몸 안에서 무엇이 느껴지는지 스스로 또는 아이들에게 질문해 볼 수 있다. 지금 당신의 배에서 어떤 느낌이 느껴지는가? 심장이 빨리 뛰는가? 목이 뻣뻣한가? 이러한 감각에 집중하고 그것들이 당신에게 또는 아이들에게 무엇을 의미하는지 생각해 보아라. 아이에게 "네 몸이 지금 무슨 말을 하려는 것 같아?"라고 물어볼 수도 있다. 이러한 비언어적 메시지에 마음을 열어라. 자신과 아이들을 알기 위한 직접적인 통로가 거기에 있다.

인식

사람마다 현실에 대한 자기만의 인식이 있다. 각 개인의 고유한 관점을 존중하는 것은 단순히 좋은 일에서 그치는 것이 아니라 신경학적으로도 유효한 접근 방식이다. 각 개인의 경험이 갖는 고유함을 열린 마음으로 대하기가 항상 쉬운 것은 아니다. 우리는 종종 자신의 관점이 옳고 다른 사람의 관점은 틀리거나 왜곡되었다고 느낀다. 자신의 관점이 세상을 바라보는 유일한 방식이라는 생각에 갇히기 쉽다.

'메타인지'는 생각에 대한 생각을 뜻한다. 3세에서 9세 사이에 발달하기 시작하는데, 이 과정에서 외양과 현실의 구별을 배우는 것이 중요하다. 인간은 어떤 사물이나 현상의 실체가 겉으로 보이는 것과 다를 수 있다는 것을 이해하게 된다. 예를 들어 어린아이들은 TV에 나오는 장면을 실제라고 믿지만, 더 큰 아이들은 그것이 실제처럼 보이긴 하지만 사실은 프로그램 제작진이 특수 효과를 넣어서 진짜처럼 보이도록 만든 장면이라는 것을 안다.

메타인지의 또 다른 측면은 표상의 변화다. 이는 한 사람이 무언가에 대해 했던 생각이 나중에 바뀔 수도 있다는 것을 의미한다. 즉 마음이 바뀔 수 있다는 이야기다. 표상의 다양성은 사람마다 똑같은 무언가를 두고 완전히 다른 관점에서 바라볼 수 있다는 개념을 받아들이는 능력이다. 예를 들어 어떤 사람에게는 롤러코스터가 신나는 모험으로 느껴지지만, 어떤 사람에게는 무서운 일일 수 있다는 것을 아이들이 이해할 때 이러한 과정이 드러난다.

메타인지 능력의 또 다른 측면은 감정에 대한 이해, 즉 감정적 메타인지다. 아이들은 감정이 자신의 행동과 인식에 영향을 미친다는 것을 배우게 된다. 또한 서로 상충하는 것처럼 보이는 감정을 동시에 느끼는 것이 가능하다는 것도 배운다. 감정적 메타인지를 비롯한 메타인지의 여러 특징은 모두 성찰적 대화의 중요한 구성 요소이자 감성 지능의 한 부분이다. 당연하게도 이러한 메타인지 발달은 어린 시절에 끝나지 않으며, 우리는 평생에 걸쳐 이처럼 중요한 영역을 발전시켜 나갈 수 있다.

기억

기억은 마음이 경험을 부호화하고, 저장하고, 인출하여 미래의 경험과 행동에 영향을 미치는 기본적인 방식이다. 기억에는 두 가지 기본 형태가 있다. 인간은 신생아 때부터 행동적, 감정적, 지각적, 신체적 기억을 저장할 수 있는 암묵 기억 능력을 가지고 태어난다. 암묵 기억은 또한 현실에 대한 인식을 형성하는 멘털 모델 안에서 경험 전반을 일반화하는 능력도 포함한다.

외현 기억은 나중에 발달한다. 사실적 기억은 대개 첫돌 이후부터, 자전적 기억은 두 돌 이후부터 작동한다. 암묵 기억과 달리, 외현 기억은 우리가 무언가를 회상하고 있다는 내적 감각을 수반한다. 우리가 흔히 '기억'이라고 생각하는 것은 외현 기억의 형태를 띤다.

아이가 어떤 사건을 겪은 후 그 경험을 어떻게 기억하는지에 대해 이야기 나누는 것은 여러 이유로 중요하다. 부모와 기억에 관한 대화를 한 아이는 실제로 기억을 더 잘한다. 서사의 공동 구성 과정에서 부모와 아이는 일상에 관한 이야기를 함께 만들어 나간다.

기억에 관한 대화와 공동 구성은 모두 기억에 초점을 맞추고, 그렇게 회상한 것을 이야기로 엮기 위해 힘을 합쳐 함께 노력하는 과정이다. 공동 구성한 이야기 안에서 과거, 현재, 미래를 서로 연결함으로써 우리는 시간을 초월하는 자아의식을 만드는 과정에 함께 참여한다. 이러한 이해 과정은 일관된 내적 자아를 형성하는 핵심 메커니즘이다.

신념

신념은 자신과 타인을 알아 가는 방법의 핵심에 있다. 신념은 세계가 움직이는 방식에 대한 생각을 가리킨다. 이는 세상에 대한 우리의 멘털 모델이 현실에 대해 구성한 인식을 어떻게 해석하는지에서 비롯된다. 신념은 부분적으로 무의식적인 멘털 모델을 형성한 경험에서 나올 수 있으므로 의식하지 못하는 사이에도 그 효과가 발휘될 수 있다.

아이와 신념에 대해 성찰할 때는 어린아이들조차도 세상이 움직이는 방식에 대해 자기만의 생각이 있다는 것을 명심해야 한다. 그리고 이러한 신념을 탐구할 때는 다음과 같이 개방형 질문을 던지는 것이 도움이 된다. "왜 그런 일이 일어났다고 생각하니?" "이게 어떻게 된 일이라고 생각해?" "지금은 생각이 어떻게 달라졌니?" "그 아이가 파티에서 왜 울었다고 생각하니?"

신념에 초점을 맞추는 방법에는 여러 가지가 있다. 그중에서도 특히 중요한 것은 마음을 열고 아이의 관점에 귀를 기울이는 것이다. 우리의 신념은 과거에 있었던 일과 현재 일어나고 있는 일이 광범위하게 모여 형성된다.

태도

신념이나 신념 체계보다 더 일시적인 것은 그 순간의 태도에서 볼 수 있는 순간적인 마음 상태다. 이처럼 특정한 방식으로 인식하고, 해석하고, 반응하는 성향은 겹겹이 쌓인 경험을 형성한다. 태도는 우리가 상황에 접근하는 방식에 직접적인 영향을 미친다. 또한 무언가에 대해 우리가 어떻게 느끼고 행동하는지를 보여 주며, 우리가 다른 사람들과 상호작용 하는 방식에도 직접적인 영향을 미친다.

태도와 마음 상태에 대한 개념과 아이디어를 아이들과 직접 이야기하는 것이 도움 될 때가 많다. 예를 들어 만약 아이가 감정 폭풍 속에 있다면, 나중에 아이와 함께 그러한 상태에 대해 대화해 보고 짜증, 붕괴, 감정적 폭풍이나 화산 폭발과 같은 이름을 붙여 보는 것이 좋다.

아이가 그러한 마음 상태에 있는 동안 어떻게 느끼고 생각했는지 이야기해 보라. 이러한 대화를 통해 아이는 정신 상태 및 감정 변화의 본질에 대한 통찰을 얻고, 정신 상태와 감정을 타인을 대하는 태도에 지대한 영향을 미칠 수 있는 일시적인 변화로 인식할 수 있다.

의도

우리는 원하는 미래를 만들기 위해 어떠한 의도를 가지고 행동을 형성한다. 그러나 행동의 결과가 항상 의도와 맞아떨어지는 것은 아니며, 전혀 다른 결과를 낳기도 한다. 우리는 바라는 결과 안에서 서로 상충하는 의도를 가질 수 있다. 부모 자녀 간의 복잡한 상호작용에서는 특히 더 그렇다. 부모는 아이가 행복하기를 의도하지만, 중요한 가치관을 배우기를 의도하여 아이의 욕구에 제한을 설정하기도 한다.

부모는 다층적 의도를 가진 탓에 서로 상충하고 헷갈리는 행동을 할 수도 있다. 상호작용에서 의도가 하는 역할에 대해 이야기를 나눠 보면 행동이나 말 이면에 숨어 있는 진정한 동기를 찾을 수 있다.

의도의 본질에 대해 아이와 성찰해 보는 것은 아이가 바라는 결과와 실제 결과의 차이를 이해하는 데 도움이 될 수 있다. 예를 들어 아이의 의도는 다른 아이와 친구가 되는 것이었으나 실제로는 그 친구를 밀치고 공격적으로 행동했다면, 아이의 의도와 그에 맞는 대체 행동을 함께 탐색해 보는 것이 좋다.

아이는 같이 놀자는 의도로 한 행동이 다른 친구에게는 불친절한 행동으로 해석될 수 있다. 복잡한 사회적 세계에서 타협하는 법을 배우기 위해서는 다른 사람에게 다르게 받아들여진 내 의도를 명확히 하는 것이 중요하다. 내면 및 대인 관계 세계에서 중요한 부분을 차지하는 것들에 대해 아이와 대화하면, 아이가 사회적 기술과 정서적 역량을 개발하는 데 도움이 될 것이다.

* 부모는 아이의 서기관이다

부모가 자녀와 마음의 내적 작용에 대해 성찰하는 대화를 나눌 때, 아이들의 마인드사이트가 발달하기 시작한다. 만약 부모가 아이의 행동에만 초점을 맞추고 그 행동의 동기가 된 정신 작용은 고려하지 않는다면, 그것은 단기적인 결과만을 위한 육아가 되어 아이들이 정작 자기 자신에 대해서는 배우지 못한다. 그러한 부모는 빠르게 반응하고 그 순간에 아이 또는 자신이 느끼는 불편함을 줄일 수 있는 것이면 무엇이든 한다. 이것을 '폭풍 때문에 아무 데나 정박하는' 육아라고 한다.

상황이 안 좋을 때마다 가장 가까운 항구를 찾으면 진짜 목적지에 도달하지 못할 가능성이 크다. 부모로서 우리는 마인드사이트를 견지한 태도로 아이들을 대하고, 아이들이 앞으로의 삶을 더욱 풍요롭게 만들 수 있도록 마인드사이트 기술을 개발하는 일을 도와야 한다. 자녀의 장기적인 인성 발달을 위해 무엇이 중요할지를 생각해 보면, 아이들에게 어떻게 반응할 것인지를 결정할 때 더욱 의도적인 선택을 할 수 있다.

자녀와 자기 자신에 대한 사랑과 인내의 태도는 서로의 개별성을 소중히 여기고 북돋아 주는 대화를 가능하게 한다. 부모는 서로의 주관적인 현실을 존중함으로써 자녀의 마인드사이트 발달을 돕는다. 이러한 의도를 표현하는 한 가지 방법은 우리 내면에 있는 정신생활의 본질을 주제로 아이들과 성찰적 대화를 하는 것이다.

예를 들어 아이에게 책을 읽어 줄 때 주인공이 어떻게 생각하고 느낄지를 대화하면, 이야기를 더욱 정교하게 만들어 줄 수 있다. 이러한 종류의 대화는 공감적 상상력을 발달시키고, 내적 정신생활을 표현할 수 있는 어휘력을 제공하는 데 도움이 된다. 언어를 통해 우리는 아이디어를 표현하고, 처리하고, 소통함으로써 사회적 세계가 움직이는 방식에 대한 새로운 가능성을 상상하는 능력을 향상한다. 마인드사이트 능력은 복잡한 사회적 상호작용의 세계에서 지혜롭게 타협하는 능력을 확장해 준다. 아이들과 대화할 때 쓰는 언어는 아이들이 경험을 받아들이는 방식에 대한 새로운 차원, 새로운 수준의 의미를 창조한다.

한 연구에서는 수화에 능숙한 부모와 그렇지 않은 부모 밑에서 자란 청각장애 아이들의 마인드사이트 능력을 비교했다. 수화가 능숙한 부모의 자녀는 마인드사이트가 정상적으로 발달했으나, 수화가 능숙하지 않은 부모의 자녀는 그렇지 않았다. 이처럼 현저한 차이의 원인에 대해 연구원들은 수화가 능숙하지 못한 부모는 자녀와 마음에 대해 대화하기가 어려웠던 반면, 수화가 능숙한 부모는 자녀와 그러한 의사소통을 충분히 나눴기 때문이라고 보았다.

다른 연구에서는 감정, 특히 감정의 원인에 초점을 맞춘 대화를 부모와 많이 한 아이들일수록 인생에서 감정이 하는 역할을 더 잘 이해하는 것으로 나타났다. 이러한 대화와 역할놀이, 정교한 스토리텔링은 전부 마인드사이트의 구성 요소로 파악된다.

한 연구 결과에 따르면 부모가 행동을 지나치게 통제하거나 부정적인 표현을 많이 하면 마인드사이트 능력이 손상된다. 또 다른 연구에서도 부모가 자녀를 심하게 통제하거나 무섭게 대하면 아이들의 성찰적 능력이 제대로 발달하지 못하는 경향이 있다는 것을 밝혔다.

연구원들이 발견한 사실에 따르면 격렬한 감정 자체는 문제가 아니다. 아이가 어려운 감정적 경험을 겪을 때 부모가 응원해 주면, 이는 오히려 아이들이 마음에 대해 정교하게 이해할 수 있는 기회가 된다. 일상의 마찰을 문제로만 보는 대신, 이처럼 긴장이 고조된 순간 성찰적 대화를 함으로써 자녀의 마인드사이트 능력을 키워 줄 수 있다.

마인드사이트는 언어 기반의 성찰적 대화를 바탕으로 하지만, 삶의 비언어적, 본능적, 무의식적 측면을 존중하는 것 또한 중요하다는 것을 인정한다. 언어가 가치 있는 이유는 그로 인해 마음이 세상에 대한 추상적 개념을 발달시킬 수 있기 때문이다. 그러나 언어에서 단어가 차지하는 부분은 전체 그림의 일부일 뿐이다. 연구에 따르면 마인드사이트는 상당 부분 우뇌의 비언어적 처리 능력에 의존한다.

실제로 마인드사이트를 발휘하려면 사회적 상호작용에서 자주 일어나는 모호하고 미묘한 측면을 유연하게 통합할 줄 알아야 하는데, 이는 우뇌의 특기다. 이러한 표상을 만들고 그것을 처리할 수 있을 만큼 충분히 오랫동안 마음에 붙잡아 두는 것은 복잡한 능력이다. 정신화는 의식적으로 인식하지 않아도 자동으로 사회적 세계에 대한 감각을 떠올릴 수 있는 통합 능력, 이른바 '중심적 일관성'에서 비롯된다.

예를 들어 학교에서 돌아온 아이가 짜증을 부리고 침울하게 집 안을 어슬렁거리는 모습을 보고 '오늘부터 학교 연극 리허설이 시작되었는데, 아무 배역을 맡지 못한 게 실망스러워서 저렇게 행동하나 보다' 하고 생각할 수 있다. 우리는 누군가의 표정과 내가 기억하는 최근 사건을 토대로 생각을 떠올린다. 때로는 무언가를 직감적으로 알기도 한다. 내가 그것을 어떻게 알았는지는 잘 모르겠지만, 그래도 그 생각을 말로 표현할 수 있다.

그러나 몸의 반응은 우뇌의 처리 작용으로 나타나며, 개인적인 자아와 사회적 마음의 아주 많은 부분이 여기에서 비롯된다는 것을 기억하라. 본능적인 감각에 주의를 기울이면 타인의 주관적인 경험에 마음을 여는 데 도움이 되고, 타인의 행동뿐만 아니라 마음에도 반응할 수 있다. 짜증을 부리고 힘들어하는 딸을 혼내는 대신 딸의 기분이 어떤지, 왜 그렇게 짜증이 나는지 대화해 보는 것이 좋다. "오늘 힘들었어? 엄마랑 이야기해 볼까?"

아이의 자기 이해 형성을 도울 또 다른 방법은 스토리텔링이다. 아이의 하루를 이야기로 들려주면 어린아이들이 자신의 경험을 기억하고 통합하는 데 도움이 된다. 아이의 하루를 되짚어볼 때는 따뜻하고 비판적이지 않은 태도를 유지해야 하며, 거기에는 즐거웠던 순간은 물론 힘들었던 순간도 포함되어야 한다. 그러면 평범한 하루를 보내며 느끼는 감정들이 아이의 기억 속에 통합될 수 있다.

잠자기 전 시간은 하루의 활동을 되돌아보기에 좋은 시간이다. 하루를 마무리하면서 어린 자녀의 하루 이야기를 다음과 같이 들려줄 수 있다. 이야기하는 동안 아이도 생각과 기억을 꺼내 놓을 수 있도록, 그리고 언제든지 질문할 수 있도록 격려해 주어라.

"오늘 정말 많은 일을 했구나. 아침 먹고 공원에 갔었지. 엄마가 그네를 밀어 줬더니 네가 정말 좋아했어. 아주 높이 올라가서 발을 뻗었다가 뒤로 밀었다가 하면서 혼자서 타기 시작했지. 기분이 어땠어? 엄마가 낮잠 잘 시간이라고 말했을 때는 네 기분이 안 좋아졌어. 네가 낮잠을 자러 간 동안 엄마가 정원에서 꽃을 심고 있었더니, 네가 엄마 혼자서 정원 일을 시작했다고 화를 내면서 꽃을 뽑아 버렸지. 엄마도 화가 나서 큰 목소리로 당장 그만두라고 말했어. 그때 엄마가 좀 무서웠니? 너도 감정이 격해져서 울었지. 기분이 좀 풀린 뒤에는 엄마가 심은 꽃 옆에 너도 빨간 꽃 몇 송이를 심었어. 저녁 준비를 할 때는 네가 샐러드용 채소를 씻고 잘게 찢어서 그릇에 담는 것을 도와주었어. 아빠가 뭐라고 하셨는지 기억나니? 아빠는 샐러드가 아주 맛있다고 칭찬하셨어. 넌 아주 뿌듯해 보였단다. 오늘 있었던 일 중에 또 기억나는 게 있을까?"

감정적으로 힘들었던 문제는 부모와 아이가 모두 쉬면서 깨어 있는 낮 시간대에 살펴보는 것이 가장 좋다. 그림을 그리거나 인형 놀이를 하면서 이야기하면, 아이가 무슨 일이 일어난 것인지를 이해함으로써 힘들었던 경험을 처리하고 통합할 수 있다. 경험에 대한 스토리텔링은 아이가 괴로웠던 사건의 혼란스럽고 속상했던 측면에서 벗어나는 데도 도움이 될 수 있다.

어떤 의미에서 부모는 아이의 경험을 기록하고 아이가 자신의 경험을 이해할 수 있도록 되짚어 주는 서기관이다. 어린 시절 부모와의 성찰적 대화를 통해 아이는 자기가 누구인지, 세상을 어떻게 이해할 것인지를 처음으로 배운다. 성찰적 대화는 외적 행동의 기저에 깔린 내적 작용을 이해하는 데 도움이 된다는 점에서 일관성을 길러 준다.

* 연민을 갖는 문화를 조성해야 한다

성찰적 대화는 가족 내에 연민을 갖는 문화를 조성함으로써 마인드사이트를 키운다. 문화는 우리가 다른 사람들과 상호작용 하는 방식을 형성하고 삶에 의미를 부여하는 데 영향을 미치는 일련의 가정, 가치, 기대, 신념을 포함한다. 사회로 확장해 보면 일상생활 곳곳에 문화적 관행이 작용한다. 영성, 이타주의 교육, 물질주의, 경쟁을 강조하는 가치관은 우리가 사는 다양한 세계에 스며들어 있다. 가정에서 우리는 언어, 행동 방식, 아이의 삶에서 우리가 강조하는 것 등을 통해 직접 또는 간접적으로 가치관이 표현되는 세계를 구축한다.

연민의 문화는 가족 구성원끼리 차이를 인정하고, 서로 존중하고, 연민을 담아 상호작용 하고, 공감 어린 이해를 하도록 한다. 우리는 가정에서 아이들의 일상에 의미를 부여하는 문화를 만들기 위해 신중한 의도를 가지고 우리가 소중히 여기는 가치를 선택할 수 있다.

가정 내 연민의 문화는 다른 사람의 감정을 공유하고 그들의 아픔과 기쁨을 느끼는 것이 가치 있는 것이라는 태도를 장려한다. 공감하는 태도는 이러한 감정적 공명을 더 개념적인 영역, 즉 언어로 표현해 대화에 깊이를 더하고 이해를 촉진할 수 있다. 가족 구성원이 서로를 이해하고 존중하면 더욱 배려심 있게 행동할 가능성이 크다. 공감 어린 걱정과 연민을 담은 행동은 학교나 경기장에서의 성취만큼이나 가치 있는 것일 수 있다. 부모로서 먼저 공감과 연민의 가치를 실천할 때, 아이들의 본보기가 될 수 있다.

마인드사이트를 갖추면 각 가족 구성원의 내면세계에 대한 이해에 의미와 목소리가 부여된다. 가족과 대화하며 서로가 공유하는 인간 경험에 대한 생각과 감정을 포용하는 성찰적 언어를 사용하면, 삶에 대한 이야기를 엮어 낼 수 있다. 성찰적 대화를 통해 마인드사이트가 발달할수록 내면의 공통 언어가 가족생활의 일부가 된다.

바쁜 일정에 시달리는 탓에 이러한 과정이 어렵게 느껴질 수 있지만, 부모로서 마인드사이트를 갖추고 연민 어린 방식으로 수용하는 태도를 보이면 서로를 연결하는 중요한 소통이 일어날 가능성이 훨씬 커진다. 아이들과 서로의 주관적인 경험에 초점을 맞추는 대화를 나누고, 역할놀이와 스토리텔링으로 아이들의 공감적 상상력을 자극하는 것은 아이들이 내면을 표현하는 힘을 길러 준다.

성찰적 대화 능력을 개발하면 우리 자신은 물론 우리가 사랑하는 사람들의 마인드사이트도 강화할 수 있다. 마인드사이트는 다른 사람들과 새롭고 깊은 관계를 맺으면서 평생에 걸쳐 발달시켜 나갈 수 있는 능력이다. 아이들과의 성찰적 대화를 삶의 일부로 발전시킴으로써 우리는 아이들의 마인드사이트 능력과 부모에 대한 친밀감을 키우는 중요한 과정 안에서 아이들과 연결될 수 있다. 이런 연결을 통해 물리적 경계를 넘어 우리 삶을, 우리가 사는 더 큰 세상을 풍요롭게 하는 '우리'의 일부가 될 수 있다.

가족들과 대화 나누기

01 가족회의를 열어 특정 문제에 대한 각 가족 구성원들의 생각과 감정을 알아보라. 이는 마음의 요소를 탐구하고 아이들의 마인드사이트 발달을 격려하기 위한 질문을 던질 기회다. 가족의 일원으로서 좋은 점과 나쁜 점, 최근에 있었던 가족 행사에 대한 생각과 감정 등을 주제로 삼을 수 있다. 부모와 자녀가 모두 편안하게 집중할 수 있으며 방해받지 않을 시간을 골라라. 모든 가족 구성원이 참석해야 하지만, 모두가 꼭 이야기해야 하는 것은 아니다. 이는 서로 존중하면서 말하고 듣는 연습이 된다. 말할 사람을 정하고, 나머지 사람들에게는 들을 차례임을 알려 주는 것도 도움이 될 수 있다. 어떤 가족은 원하는 사람이 나서서 말하는 것을 선호하는 반면, 또 다른 가족은 단순히 돌아가면서 말하는 것을 선호한다. 순서를 정하고 각자의 발언권을 존중하며 발언자의 말에 끼어들지 않고 경청하는 것은 가족 안에서 성찰의 가치를 형성한다.

02 자녀와 함께 겪은 경험에 대해 이야기를 나눠 보아라. 서로의 기억이 어떻게 다른지에 주목하라. 자녀의 주도하에 같은 사건을 두고 각자가 겪은 경험의 요소를 되짚어 보라. 경험의 외적인 측면과 마음의 요소에 모두 초점을 맞추려고 노력하라. 여기서 가장 중요한 것은 정확한 내용을 구성하는 것이 아니라, 이야기를 나누면서 서로 연결되는 것이다. 이 과정이 공동으로 구성한 경험의 핵심이다. 즐거운 시간이 되길!

03 가족 책을 함께 만들어 보아라. 가족 구성원 각자가 한 장씩 맡아서 자신에 대한 이야기를 이미지와 글로 표현한다. 사진, 그림, 이야기, 시 등으로 창의력을 발휘할 기회를 제공하라. 남은 페이지에는 기념일, 나들이, 명절 행사, 가족 전통, 가족에게 소중한 사람들 등의 가족 경험을 담을 수 있다. 이렇게 공동으로 구성한 이야기는 가족의 지속적인 삶을 기록하고 서로의 유대감을 더욱 깊게 만들어 준다.

* 언어와 문화와 마인드사이트

인간은 사회적 동물이다. 우리는 인간 이전에 자연적인 돌연변이로 다양성을 확보함으로써 여러 세대에 걸쳐 생존한 종의 물결을 타고 수백만 년에 달하는 생물학적 시간에 걸쳐 진화해 왔으며, 인간 또한 동물로서 돌연변이를 통해 적응하고 번식할 수 있었다. 그러나 좀 더 최근 들어서는 인간의 진화가 유전 정보 및 신체 구조의 변화보다는 마음을 사용하는 방식의 변화로 이루어졌다. 이러한 정신적 변화, 즉 문화적 진화는 한 사람의 마음에서 다른 사람의 마음으로, 또는 세대를 넘어 지식을 공유하는 것을 포함한다.

포유류는 대부분 사회적 동물이다. 이는 뇌의 변연계가 매개하는 특징이며, 특히 영장류는 복잡한 형태의 의사소통을 통해 정교한 사회적 기능을 수행하고 서로의 상태를 비출 수 있다. 인간은 약 500만

년 전 침팬지와 같은 조상으로부터 분기하여 우리의 영장류 사촌들이 가진 능력을 뛰어넘는 새로운 정신 능력을 구축했다. 인간은 자기 자신과 타인의 마음을 표상할 수 있다. 이처럼 마음을 표상하는 능력을 마음 이론, 정신화, 또는 마인드사이트라고 한다.

많은 연구원은 이러한 능력 덕분에 우리가 더 큰 세계에 대한 일반적인 이론을 확립해 올 수 있었다고 주장한다. 대뇌피질의 전두엽 영역이 발달하면서 생긴 이러한 이론화 능력은 우리가 인간 삶의 문화적 요소인 표상적 예술, 세계에 대한 표상적 아이디어(과학), 표상적 언어(추상적인 아이디어를 다른 사람에게 글이나 말로 전달함)를 발달시킬 수 있게 한다.

이러한 인간 능력의 발달은 문화적 진화를 급속도로 앞당겼다. 다음은 학자 스티브 미든이 문화와 마음의 이해에 관해 쓴 글을 일부 발췌한 것이다(Baron-Cohen, Tager-Flusberg, and Cohen 2000, 490; 지금부터 페이지 번호만 기록된 발췌문은 전부 이 문헌에서 인용한 것이다.).

> 마음 이론이 발달하게 된 시기와 성격에 문화적 환경이 영향을 미쳤다는 점은 반드시 인정해야 한다. 마음 이론은 가능한 추론의 범위, 세부 내용, 정확성을 크게 향상시킬 수 있었다. 그 결과 마음 이론이 유전자에 부호화된 사람들은 (강한 의미에서든, 약한 의미에서든) 초기 인류 사회에서 상당한 생식적 이점을 가졌을 것이다. … 한 가지 가능성은 이것이 사회적 일관성

> 을 유지하는 수단으로서 언어의 진화적 뿌리를 반영한다는 것이다.

따라서 언어는 사회적 기능으로서 진화한 것으로 보인다. 그렇다면 아이들이 경험하는 언어의 종류가 발달에 어떤 영향을 미칠까? 이 문제에 대해 미든은 다음과 같이 설명했다(494-496).

> 아이들은 만 네 살 무렵이 되면 확실히 마음 읽기를 시작하며, 실제로 그것을 상당히 지속적이고 강박적으로 하는 것처럼 보인다. 의심할 여지도 없이 인간과 침팬지 사이에는 큰 차이가 있다. … 후기 구석기 시대의 예술에 등장하는 상상의 동물과 제사 의식(주로 흉내 내기를 포함하는 활동)의 증거물도 동굴 예술가들이 마음 읽기를 했었다는 결정적인 증거로 보인다. … 인류의 발달 또는 진화 과정에서 마음 읽기가 형성되려면 먼저 어떤 형태의 언어 능력이 전제되어야 하는 것으로 보인다.

진화와 문화에 대한 이러한 관점을 통해 우리는 언어 발달과 마음을 '보는' 또는 '상상하는' 능력 사이의 연결고리를 파악할 수 있다. 어떤 문화의 언어에 마음에 대한 단어가 없다면 어떻게 될까? 그러한 '정신 상태' 용어는 소위 말하는 서양 문화에서 발견되며, 모든 문화권에 존재하지는 않는다.

문화를 연구하는 페넬로페 빈덴과 자넷 애스팅턴에 따르면, 언어 발달, 감정 이해, 역할놀이, 양육방식, 사회 계층 등의 요인이 마음 이론 발달과 관련 있는 것으로 보인다. 이들은 보편적으로 마음 이론에 대한 연구를 이해하려면 문화적 맥락이 있어야 한다는 중요한 지점을 지적한다(509-510).

> 문화는 언어를 통해 창조되었으므로 언어는 문화의 근간이다. 또한 언어는 상호작용을 위한 도구다. 언어 사용은 개별적인 과정이 아니라, 가장 넓은 의미에서 공유된 문화적 배경이라는 공통점을 바탕으로 참여자들이 함께하는 행동이기 때문이다. … 우리는 자기 자신에게, 그리고 어린아이들을 포함한 다른 사람들에게 정신주의적 태도를 보인다. 우리는 다른 사람들과 상호작용 하는 방식과 우리가 쓰는 어휘를 통해 우리의 정신 상태를 다른 사람들 탓으로 돌린다. … 따라서 아이들은 부모의 언어를 습득하면서 그 안에 내재된 마음 이론까지도 습득한다.

이처럼 우리가 다른 사람들과 의사소통하는 바로 그 방식이 우리가 서로 창조하는 현실의 본질을 형성한다. 어떤 문화권에서는 마음의 존재에 대해 공유된 감각이 사회 시스템의 가정과 신념 전반에 깔려 있다. 그러나 다른 문화권에서는 그러한 믿음이 사회 구성원의 일상에 형성되어 있지 않을 수 있다. 빈덴과 애스팅턴은 모든 문화가 마음에 대해 우리처럼 생각하는 것은 아니며, 그들은 우리와 상당히 다른 개념을 갖고 있을 수도 있다고 지적한다. 또 다른 사회에는 '마음'이라는 개념이 아예 없을 수도 있다. 마음이라는 개념 없이도 사회적 상호작용을 가능하게 하는 행동으로 어떤 것들이 있는지에 대해서는 다양한 접근 방식이 있을 수 있다.

이러한 문화권에서는 정신 상태를 가리키는 단어가 부족할 수 있으며, 해당 문화권의 사람들은 정신화 능력을 평가하기 위해 서양에서 고안한 마음 이론 테스트에서는 낮은 평가를 받을 수도 있다. 빈덴과 애스팅턴은 다음과 같이 말한다(510): "어쩌면 우리는 마음을 이해하는 데 초점을 두고, 보편적이지 않을 수 있는 마음에 문화적 '집착'을 보이고 있는지도 모른다. 다른 곳의 아이들은 행동 이론, 신체 이론, 소유 이론, 또는 문화적으로 다르게 정의된 맥락에서 적용되는 다양한 이론을 발달시켰을 수도 있다."

이것은 마인드사이트를 개발할 때 적용할 수 있는 유용한 관점이다. 전 세계적으로 반응성은 필수적인 의사소통의 한 형태다. 그러나 그렇다고 해서 모든 문화권에 마음에 대한 정교한 개념이, 적어도 그러한 개념을 표현하는 단어라도 있는 것은 아니다. 유전자에 새겨진 마인드사이트 능력은 인간이 공통으로 갖는 잠재력이지만(그리고 이러한 기능을 매개하는 신경조직에 관한 명확한 연구 결과도 있지만), 모든 문화가 이러한 선천적 능력을 바탕으로 세워진 것은 아닐 수도 있다. 의미를 만들고 무엇이 진짜인지를 정의하는 데 있어서 사람들 간에 공유하는 경험은 문화의 필수적인 특징이다. 문화적 편견은 마음과 자아의 기본 정의에도 스며들어 있으며, 연구 결과를 해석하고 다양한 문화적 환경에서 제안된 육아 방식의 유용성을 평가할 때는 이 사실을 염두에 두는 것이 중요하다.

* 마음 이론의 이론: 마인드사이트의 경험적 구성 요소

인류학에서 신경 과학에 이르는 다양한 분야의 연구자들은 서로를 이해하는 인간 능력의 기원을 적극적으로 탐구하고 있다. 웰먼과 라가투타는 근본적인 접근 방식을 제시한다(21).

> 인간은 사회적 생물로, 타인을 양육하고 타인에 의해 양육되며, 가족을 이루어 생활하고 협동하고 경쟁하고 소통한다. 우리는 사회적으로 살아갈 뿐만 아니라, 사회적으로 사고한다. 특히 사람, 관계, 집단, 사회적 기관, 관습, 예의 및 도덕에 대한 수많은 개념을 발전시켰다. '마음 이론'에 대한 연구를 뒷받침하는 주장은 특정 핵심 이해가 이러한 일련의 사회적 지각, 개념, 신념을 조직하고 발달할 수 있게 한다는 것이다. 그

주장에 따르면, 인간에 대한 일상적인 이해는 근본적으로 정신주의적이다. 다시 말해서 우리는 사람을 이해할 때, 그들의 신념, 욕망, 희망, 목표, 내면의 감정과 같은 정신 상태의 관점에서 생각한다. 그 결과 일상적인 정신주의는 어디에나 존재하며, 사회적 세계를 이해하는 데 핵심적이다.

사이먼 배런-코언, 헬렌 태거-플루스버그, 도널드 코언은 마음 이론 능력의 중요성을 정의하는 데 도움을 준다(vii): "타인과 자신의 행동을 주체성과 의도적 상태 측면에서 이해하는 것은 자녀의 사회화 및 성인이 서로를 공감하고 정확하게 이해하는 능력에 핵심적이다. 타인의 마음을 읽는 능력은 오랜 역사에 걸쳐 진화해 왔으며, 신경생물학에 근거를 두고 있다. 그리고 이는 최초의 친밀한 사회적 관계에서 발현된다."

자기 이해를 증진하는 경험은 마인드사이트를 형성하는 경험을 기반으로 한다. 자신의 마음을 이해하면 다른 사람의 마음을 이해하는 능력도 향상하는 것으로 보인다. 결국 부모가 자녀와 감정에 대해서, 특히 감정이 행동과 생각에 미치는 인과적 영향에 대해서 이야기를 나누면, 아이는 자신과 타인의 감정을 더욱 깊이 이해할 수 있다.

자기 이해와 타인에 대한 이해 사이에 어떠한 연관성이 있을까? 크리스 프리스와 우타 프리스는 이러한 문제를 탐구하기 위해 마음 이론의 근간이 되는 신경생리학적 메커니즘을 살펴보았다(351-352).

> 우리는 타인의 의도를 추측하는 인간 능력의 한 측면이 다른 생물의 움직임을 분석하는 시스템에서 진화한 것으로 짐작한다. 타인의 행동에 대한 이러한 정보는 내측 전전두엽 영역에서 나타나는 자신의 정신 작용에 대한 정보와 결합한다. 우리는 인간이 자신과 타인의 마음을 읽는 능력을 발전시킬 수 있었던 중요한 메커니즘이 타인의 행동을 모니터링하는 것과 관련된 더 오래된 사회적 뇌의 적응과 성찰(자신의 마음을 모니터링하는)의 발달에서 비롯되었다고 제안한다.

이러한 방식으로 우리는 내면의 경험을 타인의 행동에 대한 인식과 연결한다.

인간의 발달은 사회적 경험에 의해 가속화된다. 우리의 사회적 세계는 단지 우리가 살아가는 우연한 환경이 아니라, 우리의 마음이 진화하고 아이들의 마음이 발달하는 데 필수적인 사회적 매트릭스다.

리아논 코코런은 마음을 이해하는 사회적 인지 능력이 다양한 상황에서 손상되는 방식을 살펴보았다. 코코런은 마음 이론이 어떻게 경험을 바탕으로 구축되는지를 설명하는 모델을 제안했다(403): "이 모델은 다음과 같이 작동한다. 사람들이 타인의 생각, 의도, 신념 등을 알아내려 할 때 첫 번째 단계는 자기 성찰이다. 우리는 지금 현재의 맥락에서 자기 자신이 무엇을 생각하고, 믿고, 의도하는지를 판단하려고 한다. 그러기 위해 우리는 자전적 기억의 내용을 뒤지고, 거기에서 자신에 대한 관련 정보를 전부 꺼내 온다."

이는 자기 성찰(자기 이해)이 타인 마음의 이해와 밀접한 관련이 있음을 시사한다. 코코런에 따르면 발달 연구자들은 "마음 이론 기술이 최초로 등장하는 시기와 자전적 기억을 최초로 인출하는 시기가 상당히 비슷하다는 사실을 강조"한다(405)(Howe and Courage 1997; Welch and Melissa 1997 참조). 어떤 사람들은 마인드사이트, 실행 기능, 자전적 기억의 과정이 서로 겹치는 이유로 이것들이 전부 온전한 우측 전전두엽 기능에 의존한다는 점에 주목했다. 실행 기능에는 계획하기, 조직하기, 충동 억제 등이 포함되므로 이는 반응 유연성의 일부에 해당한다.

만약 마인드사이트 기술이 이렇게 중요한 정신 작용과 얽혀 있다면, 어떤 경험이 이것들의 발달을 촉진할 수 있을까? 이에 대해 코코런은 다음과 같이 말한다(415).

> 여기서 검토한 수많은 연구에서 가장 강력한 제안 중 하나는 환경적 요인이 마음 이론의 적절한 기능에 큰 영향을 미친다는 것이다. 많은 저자들이 부모의 방임과 학대, 부정적이거나 괴이한 기억이 정신화의 결핍을 일으키는 원인이 될 수 있다고 주장한다. … [마음 이론 능력이 신경적으로 손상된 것으로 보이는 자폐 아동 연구 외에] 다른 임상 표본에 대한 연구에서 명확하게 지적한 것 중 하나는 정신화 기술 또한 가정환경 내에서 일어나는 상호작용의 결과로 습득된다는 것이다.

마음 이론 능력의 등장을 알리는 초기 필수 요소에는 공감적 상호작용(감정 상태 공유), 상호 간 비언어적 신호로 소통하기(의사소통 주고받기), 공동 관심사(제3의 대상에 함께 집중하기), 역할놀이(움직이지 않는 물체를 움직이게 함으로써 상상 속 상황 만들기) 등이 있다. 아이가 발달함에 따라, 생각에 대해 생각하는 메타인지의 사례를 통해 마인드사이트 능력도 점점 분명해진다. 메타인지 발달은 아이들의 마음 이론을 좀 더 정교한 것으로, 그리고 우리가 사는 복잡한 사회적 세계에 더 잘 적응할 수 있는 것으로 만들어 준다.

* 마인드사이트와 뇌: 우뇌와 전전두엽 영역의 통합적 역할

뇌는 어떻게 마음의 표상을 만들어 낼까? 우리가 타인과 자신의 마음을 이해하는 방법을 알기 위해서는 뇌가 일반적으로 정보를 처리하는 기본 방식을 살펴봐야 한다. '중심적 일관성'이라는 용어는 널리 분포된 처리 회로가 일관성 있는 전체로 연결되는 방식을 설명하기 위해 우타 프리스가 제안한 개념이다. 마음의 표상을 만드는 뇌의 능력은 필수적이다. 프란체스카 하페는 이러한 아이디어를 다음과 같이 탐구했다(215).

> 사회적 이해는 일관성과 무관하다고 볼 수 없다. 실생활에서

사람의 생각과 감정을 이해하려면 맥락을 고려하고 다양한 정보를 통합해야 하기 때문이다. 따라서 사회적 이해를 좀 더 자연적이거나 맥락에 민감한 방식으로 측정하면, 중심적 일관성의 기여도를 발견할 수 있으며, 중심적 일관성이 약하고 세부적인 내용에 초점을 맞추는 처리 방식을 가진 사람들은 민감한 사회적 추론에 필요한 정보를 조합하는 데 덜 능숙하다는 사실을 알 수 있다.

마음은 어떻게 그러한 통합 기능을 수행할 수 있을까? 이에 대해 뇌의 회로가 몇 가지 단서를 제공한다. 연구원들은 정신화 과정에서 우뇌 및 고도로 통합적인 전전두엽 영역이 활성화되는 것을 발견했다. 마음 이론은 쉽게 정의하기 어려운 모호한 표상이나 해석을 마음속에 떠올리는 능력에 달려 있는데, 이는 우뇌의 전문 분야인 것으로 보인다(Brownell et alt., 320-323).

우뇌는 좌뇌보다 연관성이 약하거나 정보가 분산되어 있거나 빈도가 낮은 대체 의미를 처리할 가능성이 더 크며, 더 긴 간격으로 활성화를 유지한다. 적절하고 고도로 활성화된 단일 해석이 없을 때마다 우뇌는 여러 가지 고려 사항을 통합하거나 처음에는 매력적이었던 해석을 버리고 더 그럴싸한 해석을 선택하는 것과 같은 큰 임무를 수행한다. … 우뇌는 광범

> 위한 표상적 집합을 활성화하는 데 필요하며, 이런 맥락에서 명시적이거나 기존 루틴을 기반으로 하는 의미보다는 암시적이거나 새로운 의미를 해석하는 데 필요하다. … 우뇌는 암시적 의미를 해석하는 영역에서 우월성을 보인다.

연구원들은 항상 전전두엽의 기능과 우뇌의 기능을 명확하게 구분할 수 있는 것은 아니라고 지적한다. 이처럼 우뇌와 전전두엽 영역은 모두 마음 이론 작업과 관련이 있다. 이 두 영역은 뇌의 통합적 기능에 깊이 관여한다.

마음 이론 과정에 필요한 통합적 기능을 수행하기 위해 뇌는 우뇌와 좌뇌를 전전두엽 영역과 연결한다. 그리고 정신화 기능을 달성하기 위해 이러한 통합 회로는 반드시 표상을 유지하고 다양한 불확실한 조합을 처리해야 한다(323).

> 모호하거나 단계가 많은 작업에 적절한 대응을 선택하려면 다양한 표상의 집합을 장기간 유지해야 한다. 전전두엽은 그보다 좀 더 뒤나 아래에 있는 다른 뇌 영역과의 연결성이 높기 때문에 계산에 필요한 광범위한 네트워크를 유지하는 데 구조적으로 매우 적합하다.

사회적 해석 작업의 성격에 따라 뇌의 여러 영역이 관여할 수 있다. 연구원들은 정신 상태의 내용을 추론하는 신경 프로세스가 작업에 따라 다양하다고 제안한다. 모호하고 관계적인 데이터를 유지하고 업데이트해야 하는 좀 더 새로운 작업은 우뇌가 활성화되어야 하는 반면, 일상적이고 대본화된 작업은 주로 좌뇌 회로가 처리한다.

브라운넬과 그의 동료들은 이 연구 문헌에 대한 관점을 다음과 같이 요약한다(326-327).

> 우리는 우뇌와 전전두엽 영역이 모두 정상적인 마음 이론에 필요하다고 주장한다. 둘 중 어느 하나라도 손상되면 과제 수행에 문제가 생길 수 있다. 모호한 연관성에 대한 대안적 해석을 더 길게 유지해야 하는 경우, 새로운 상황(즉, 적절한 의사 결정 알고리즘이 없는 경우), 특정 대안에 마음이 가는 경우는 모두 우뇌의 잠재적 기여도를 높인다. … 일반적으로 우뇌는 전전두엽과 변연계가 의사 결정 과정에서 받아들인 소재를 보존하는 것을 돕는다.

이처럼 정신화를 위해서는 고도로 통합된 형태의 사회적 인지가 일어날 수 있게 하는 다양한 신경 회로의 협응이 필요하다. 아이에게 이러한 회로가 발달할수록, 통합적 기능을 촉진하는 가족 내 경험이 자신과 타인에 대한 이해를 심화할 수 있는 성찰적 대화와 그 밖의 대인 간 의사소통을 포함할 것으로 볼 수 있다. 향후 학제 간 연구를 통해 우리는 마인드사이트 발달을 가능하게 하는 전전두엽과 우뇌의 통합 프로세스를, 가족 내 경험이 정확히 어떻게 촉진할 수 있는지 명확히 밝혀낼 수 있을 것이다.

되돌아보기

육아는 평생 학습의 기회다. 아이들은 우리에게 자신 및 타인과의 관계를 더욱 끈끈하게 형성할 기회를 제공한다.

우리는 할 수 있는 한 최고의 부모가 되길 원한다. 비록 우리의 어린 시절은 내가 내 아이들에게 주고 싶은 경험과는 다르더라도 우리가 반드시 과거를 반복하리라는 법은 없다. 자기 자신의 어린 시절을 받아들임으로써 우리는 신중하게 경험을 만들어 나가고 자녀와의 일상적인 상호작용을 선택할 기회를 얻는다. 과거의 짐으로부터 해방될 때 우리는 한결 유연하고 자연스러운 마음으로 새로운 기대를 안고 온전하게 살아갈 수 있다.

해결되지 않은 문제와 남겨진 문제는 아이들에게 행복한 관계와 안정 애착을 제공하는 능력을 망가뜨릴 수 있다. 아이들에게 안정감이란 곧 건강한 발달을 위한 기초와 같다. 좋은 소식은, 사람의 애착은 협력적인 관계의 정서적 연결을 통해 안정 애착으로 나아갈 수 있다는 것이다. 부모로서 우리는 가능한 한 어릴 때 안정 애착의 필수 재료를 제공하길 원하지만, 언제 시작해도 절대 늦지 않다. 자녀와의 상호작용에 반응적 의사소통 과정, 반응 유연성, 관계 균열과 복구, 정서적 연결, 성찰적 대화를 적용하는 법을 배웠으니 이제 우리는 자녀의 안정 애착을 증진할 준비를 마친 셈이다.

훌륭한 부모 아래서 자라야 아이를 잘 키울 수 있는 것은 아니다. 부모가 된다는 것은 자기 자신의 어린 시절 경험을 이해함으로써 자신을 다시 양육할 기회를 얻는 것이다. 이러한 과정에서 덕을 보는 것은 아이들뿐만이 아니다. 과거의 경험을 일관성 있는 인생 이야기에 통합함으로써 우리 자신도 훨씬 활기차고 풍성한 삶을 살게 될 것이다.

자녀의 애착을 예측할 수 있는 가장 강력한 지표는 부모의 인생 이야기에 일관성이 있는지다. 이 흥미로운 사실을 통해 우리는 부모에 대한 자녀의 애착을 강화하는 방법을 이해할 수 있다. 우리가 반드시 과거의 패턴을 반복할 운명에 놓여 있는 것은 아니다. 자신의 인생 경험을 이해함으로써 성인 안정 애착을 얻을 수 있기 때문이다. 힘든 유년기를 보낸 사람들은 과거를 받아들이고 그것이 현재에 미치는 영향과 그것이 어떻게 자녀와의 상호작용을 형성하는지를 이해함으로써 일관성을 만들 수 있다. 자신의 인생 이야기를 이해하면 자녀와 더 깊이 연결될 수 있으며, 더욱 즐겁고 일관성 있는 삶을 살 수 있다.

일관성 있는 삶의 핵심은 통합에 있다. 마음 챙김을 실천하고, 순간에 충실하며, 자신과 타인의 경험을 열린 마음으로 수용하면, 자신을 더 깊이 이해하는 과정을 시작할 수 있다. 통합은 '지금 여기'와 초월된 시간을 연결하는 과정을 의미한다. 또한 통합은 우리의 생각 안에서 그리고 행동을 통해서 삶의 지속적인 이야기를 만들어 가며 감정과 신체 감각을 연결하는 것도 포함한다.

감정은 통합적인 과정의 결과이므로, 우리가 감정을 균형 있게 조율하고 나누는 방식은 자신 및 타인과의 통합을 이루는 방식을 반영한다. 자신의 감정과 연결될 때 우리는 타인과도 연결될 준비가 된다. 감정의 공유가 전제되어야 의미 있는 연결을 만들 수 있다. 통합을 통해 마음 안에 일관성이 형성되며, 이는 깊이 있는 활력과 유대감과 의미를 키워 준다.

높은 처리 모드에서는 잠시 멈춰서 심사숙고하여 다양한 반응 선택지를 고려한 후 광범위한 가능성 중에서 하나를 선택할 수 있다. 감성 지능은 유연성과 동의어다. 그러나 우리의 마음이 낮은 길에 들어서면, 통합적인 능력이 차단되고 낮은 길 모드가 되어 자동반사적 반응에 장악당한다. 우리의 미해결 문제와 남겨진 문제가 운전대를 잡는다. 우리는 거기에 갇히고 만다.

우리에게는 각자 세심한 마음 챙김이 필요한 남겨진 문제 또는 해결되지 않은 문제가 있다. 다양한 때 우리는 낮은 길로 향한다. 자부심이나 수치심이 이러한 패턴을 인지하지 못하도록 막으면, 우리는 과거의 감옥에서 벗어나게 해 줄 마인드사이트 능력을 잃을 것이다.

마인드사이트는 자기 자신과 타인의 마음을 볼 수 있는 통합의 형태에 따라 달라진다. 마인드사이트는 사고, 기분, 인식, 감각, 기억, 신념, 태도, 의도 등 우리의 주관적인 내면세계의 핵심을 이루는, 마음의 요소에 집중할 수 있게 해 준다.

일관성 있는 삶의 본질은 다양한 영역의 경험을 통합하는 데 있다. 신체 감각, 감정, 인생 이야기를 통합하는 것은 마음 챙김 생활의 핵심이다. 이처럼 자기 이해가 깊어지면, 과거와 현재를 연결함으로써 자신 및 자녀와의 유대감을 조성하고, 인생 이야기의 능동적인 저자가 될 수 있다.

정서적 조율의 과정을 통해 우리는 자녀와의 직접적인 연결을 이룰 수 있다. 이러한 조율은 대인 관계 통합의 한 형태다. 이러한 조율의 핵심은 어조, 눈 맞춤, 표정, 몸짓, 반응 타이밍과 강도 등을 비롯한 비언어적 신호를 공유하는 데 있다. 아이들의 비언어적 신호에 주의를 기울이는 것은 우리 자신의 신체 감각을 인식하는 것과 비슷하다. 신체 감각은 지금 내 기분이 어떤지, 내 인생에서 의미 있는 것이 무엇인지를 파악하는 데 중요한 기초를 형성한다. 정서적 소통은 우리가 아이들의 기쁨을 본능적으로 느끼고, 그것을 아이들과 공유하고 증폭할 수 있도록 한다. 또한 아이들의 고통을 감지하여 따뜻한 유대를 제공해 괴로움을 달래 줄 수도 있다. 정서적 소통은 우리를 자신 및 타인과 더욱 온전하게 연결해 준다.

이 책의 저자로서 이러한 과정을 말로 옮기는 작업을 하면서 즐거웠다. 살아가면서, 일하면서, 연구하면서 배운 것들을 여기에 담고자 했다. 일관성을 만들어 내는 작업은 인생의 과업이다. 가장 깊은 형태로는 에너지와 정보의 통합, 마음 본질의 통합이 있다. 우리는 자신의 삶을 받아들이고 통합된 자기 이해를 심화하면서 과거, 현재, 미래를 연결하는 정신적 시간 여행을 한다. 이 과정을 말로 표현하기에는 한계가 있지만, 결국은 다음과 같은 문장으로 귀결된다.

우리는 연결된다.
우리는 한 사람의 마음을 다른 마음으로부터 분리하는,
시간과 공간의 경계를 넘어 서로 연결된다.
우리는 일생에 걸쳐 펼쳐지는 우리 자신의 인생 이야기와 연결된다.

일관성을 만드는 것은 평생의 모험이 될 수 있다. 자기 이해를 통합하는 것은 영원히 끝나지 않는 도전이다. 그러한 도전을 새로운 발견의 여정으로 만드는 것은 일관성에 필요한 성장과 변화에 마음을 여는 것에서 비롯된다. 당신이 온전하고 일관성 있는 삶을 통합하기 위한 여정을 계속할 때, 이 책이 당신과 자녀와의 관계를 풍성하게 만들어 줄 새로운 가능성에 마음을 여는 경험이 됐기를 바란다.

Parenting from the inside out

감사의 글

가족, 친구, 동료의 지원이 없었다면 이 책을 집필할 수 없었을 것이다. 수년에 걸쳐 이어진 관계에 영원히 감사할 것이다. 또한 인생과 관계에 대한 우리의 깨달음에 크게 기여해 준 아이들, 부모들, 교사들에게도 큰 빚을 졌다.

이 책의 핵심인 양육의 예술과 과학의 결합에 영감과 열정을 불어넣어 준 퍼스트장로교회 유치원의 학부모와 교직원들에게 감사한다.

집필 초기 단계에 우리와 만나서 아주 훌륭한 출판 에이전트인 미리암 알트슐러를 소개해 준 마이클 시겔과 프리실라 코언에게 감사한다. 미리암 알트슐러는 이 작업을 열정적으로 지지해 주었다. 이 책의 특별함과 부모들을 위한 가치를 인정해 준 출판사 펭귄/푸트남의 편집자 제레미 타처에게 감사한다. 편집자 사라 카더는 원고를 다듬어 주었고 책이 최종본의 형태를 갖출 때까지 길잡이 역할을 해 주었다. 그와 함께 일할 수 있어서 몹시 즐거웠다. 캐서린 L. 스콧은 탁월한 교열 능력으로 원고의 거친 부분을 매끄럽게 교정해 주었다.

멋진 사진 재능을 보여 준 에반 하첼과 예술적 전문성을 보여 준 마크 파그니아노에게 감사를 표한다.

이 책이 과학적 정보를 제공하는 책이 될 수 있도록 격려해 준 메리 메인 박사에게 감사한다. 또한 최종 원고를 검토해 준 앨런 스루프에게도 감사를 표한다. 그는 애착과 발달 분야에서 최대한 최신 정보를 실을 수 있도록 도와주었다.

이 책을 쓰면서 우리는 소중한 시간과 솔직담백한 통찰력을 아낌없이 내어 준 많은 사람들로부터 중요한 피드백을 받았다. 좀 더 많은 부모에게 이 책이 쉽고 의미 있는 책이 될 수 있도록 도와준 조너선 프리드, 졸리 고디노, 리사 림, 쉘리 푸시치, 사라 스탠버그, 멜리사 토마스, 캐롤라인 웰치에게 감사를 표한다.

옮긴이 신유희

텍사스주립대학교 화학과를 졸업하고 직장 생활을 하다가 책과 관련된 일을 하고 싶다는 오랜 꿈으로 번역가가 되었다. 현재는 글밥아카데미 수료 후 바른번역 소속 번역가로 활동 중이다. 옮긴 책으로는『내 몸이 불안을 말한다』『벌레가 지키는 세계』『인생을 운에 맡기지 마라』『전념』『시간도둑에 당하지 않는 기술』『식탁 위의 미생물』등이 있다.

부모의 내면이 아이의 세상이 된다

초판 1쇄 발행 2025년 4월 1일
초판 3쇄 발행 2025년 5월 19일

지은이 대니얼 J. 시겔, 메리 하첼
펴낸이 김선준, 김동환

편집이사 서선행
책임편집 이은애 **편집4팀** 송병규
디자인 엄재선
마케팅팀 권두리, 이진규, 신동빈
홍보팀 조아란, 장태수, 이은정, 권희, 박미정, 조문정, 이건희, 박지훈, 송수연, 김수빈
경영관리 송현주, 윤이경, 정수연

펴낸곳 페이지2북스
출판등록 2019년 4월 25일 제2019-000129호
주소 서울시 영등포구 여의대로 108 파크원타워1 28층
전화 070) 4203-7755 **팩스** 070) 4170-4865
이메일 page2books@naver.com
종이 ㈜월드페이퍼 **출력·인쇄·후가공** 더블비 **제본** 책공감

ISBN 979-11-6985-130-5 (03590)

- 책값은 뒤표지에 있습니다.
- 파본은 구입하신 서점에서 교환해드립니다.